T0223067

Marlene Marinescu | Jürgen Winter

Grundlagenwissen Elektrotechnik

Marlene Marinescu | Jürgen Winter

Grundlagenwissen Elektrotechnik

Gleich-, Wechsel- und Drehstrom

3., bearbeitete und erweiterte Auflage

Mit 281 Abbildungen und ausführlichen Beispielen

STUDIUM

**VIEWEG+
TEUBNER**

Bibliografische Information der Deutschen Nationalbibliothek
Die Deutsche Nationalbibliothek verzeichnet diese Publikation in der
Deutschen Nationalbibliografie; detaillierte bibliografische Daten sind im Internet über
<http://dnb.d-nb.de> abrufbar.

Das in diesem Werk enthaltene Programm-Material ist mit keiner Verpflichtung oder Garantie irgendeiner Art verbunden. Der Autor übernimmt infolgedessen keine Verantwortung und wird keine daraus
folgende oder sonstige Haftung übernehmen, die auf irgendeine Art aus der Benutzung dieses
Programm-Materials oder Teilen davon entsteht.

Höchste inhaltliche und technische Qualität unserer Produkte ist unser Ziel. Bei der Produktion und
Auslieferung unserer Bücher wollen wir die Umwelt schonen: Dieses Buch ist auf säurefreiem und
chlorfrei gebleichtem Papier gedruckt. Die Einschweißfolie besteht aus Polyäthylen und damit aus
organischen Grundstoffen, die weder bei der Herstellung noch bei der Verbrennung Schadstoffe frei-
setzen.

1. Auflage 2005
2. Auflage 2008
Die Vorauflagen sind unter dem Titel „Basiswissen Gleich- und Wechselstromtechnik" erschienen.
3., bearbeitete und erweiterte Auflage 2011

Alle Rechte vorbehalten
© Vieweg+Teubner Verlag | Springer Fachmedien Wiesbaden GmbH 2011

Lektorat: Reinhard Dapper | Walburga Himmel

Vieweg+Teubner Verlag ist eine Marke von Springer Fachmedien.
Springer Fachmedien ist Teil der Fachverlagsgruppe Springer Science+Business Media.
www.viewegteubner.de

Umschlaggestaltung: KünkelLopka Medienentwicklung, Heidelberg
Umschlagbild: Marinescu/Winter
Druck und buchbinderische Verarbeitung: MercedesDruck, Berlin
Gedruckt auf säurefreiem und chlorfrei gebleichtem Papier
Printed in Germany

ISBN 978-3-8348-0555-3

Vorwort

Das vorliegende Buch ist hervorgegangen aus zwei Lehrbüchern, die im Vieweg Verlag in der Reihe uniscript erschienen sind: „Gleichstromtechnik. Grundlagen und Beispiele" und „Wechselstromtechnik. Grundlagen und Beispiele". Es ist gleichermaßen als Lehrbuch und Arbeitsbuch mit vielen *ausführlichen Beispielen* und *Aufgaben* konzipiert.

Aufgrund seiner Kompaktheit ist es besonders für Studierende der Bachelor-Studiengänge an Fachhochschulen und technischen Universitäten, die in den ersten Semestern die Grundlagen der Elektrotechnik lernen, geeignet. Auch in der Praxis stehenden Ingenieuren kann dieses Buch zum Auffrischen ihrer Grundkenntnisse über elektrische Schaltungen helfen.

Die beiden erwähnten Bücher wurden vollständig überarbeitet, der Stoff etwas gestrafft, alle Bilder gemäß der geltenden DIN-Normen und VDE-Vorschriften neu erstellt.

Wir freuen uns, dass unser Buch jetzt in der 3. Auflage erscheint und wir somit die notwendigen Korrekturen durchführen und Anregungen unserer Leser berücksichtigen konnten. Gegenüber der 2. Auflage enthält die vorliegende einen neuen Abschnitt: Drehstromsysteme, der von vielen Lesern als sinnvolle Ergänzung gewünscht wurde.

Die *Gleichstromschaltungen* werden in diesem Buch aus didaktischen Gründen ausführlich behandelt: Der Zugang zu der für die Praxis sicher wichtigeren, aber auch komplizierteren Wechselstromschaltungen wird für den Anfänger sehr viel einfacher, wenn er alle Methoden der Schaltungstechnik erst bei Gleichstromkreisen versteht und lernt. Fast alle Berechnungsmethoden können dann auf die *Wechselstromschaltungen* übertragen werden. Der fortgeschrittene Leser kann sich jedoch auch direkt mit dem Teil III befassen.

Zum Verständnis der Gesetzmäßigkeiten der Gleichstromkreise sind lediglich elementare mathematische Kenntnisse erforderlich: solide Kenntnisse der Algebra, vor allem der Bruchrechnung und einige Kenntnisse über Matrizen und lineare Gleichungssysteme. Die Arbeit mit den Studierenden zeigte uns jedoch, dass trotz der relativen Einfachheit der Begriffe und des mathematischen Werkzeugs man viel üben muss, bis man ein Gefühl für elektrische Schaltungen bekommt.

Um *Wechselstrom*aufgaben lösen zu können, muss man zusätzlich Trigonometrie und Operationen mit komplexen Zahlen gut beherrschen. Viele dieser mathematischen Aufgaben werden heute von Taschenrechnern gelöst, was dem Anwender eine erhebliche Zeitersparnis bringt.

Bei der Darstellung der Grundlagen der Wechselstromschaltungen wird in diesem Buch besonderer Wert auf das Verständnis der physikalischen Zusammenhänge gelegt. So wird zunächst der Behandlung der Sinusstromkreise im Zeitbereich viel Aufmerksamkeit gewidmet und erst dann wird zu den „symbolischen" Verfahren übergegangen. Damit wird besonders die physikalische Bedeutung von Zeigern und komplexen Zahlen betont.

Der Aufbau des Stoffes führt den Leser schrittweise und leicht verständlich an die Berechnungsmethoden der Sinusstromnetzwerke heran, die ein vertiefendes Studium verschiedener Kapitel der Wechselstromtechnik ermöglichen. Dabei werden lediglich die Unterschiede zwischen Gleich- und Wechselstrom detailliert dargestellt. Der neue Abschnitt über Drehstrom befasst sich mit den spezifischen Fragestellungen symmetrischer und unsymmetrischer dreiphasiger Systeme und setzt die Kenntnis der Grundlagen der Wechselstromschaltungen voraus. Spezielle Kapitel der Wechselstromtechnik (Zweitortheorie, Ortskurven, nichtsinusförmige Vorgänge u.a.) gehören nicht mehr zum grundlegenden Basiswissen der Schaltungstechnik. Ihre Behandlung würde den Rahmen dieses Buches sprengen. Der interessierte Leser findet dazu eine umfangreiche fortführende Literatur, zu deren Verständnis er nach der Bearbeitung dieses Buches den Schlüssel besitzen wird.

Mit diesem Buch möchten wir unseren Lesern die Möglichkeit geben, sich die grundlegenden Methoden zur Analyse von Schaltungen zu erarbeiten und diese sicher anzuwenden. Dies erfordert selbstständiges Üben, wozu wir motivieren möchten: Das Buch stellt zahlreiche Beispiele mit ausführlicher Erläuterung des Lösungsweges zur Verfügung. Zusätzlich bietet es Übungsaufgaben, deren ausführliche Lösungen im Internet als Online-Service unter **viewegteubner.de** zu finden sind.

Ein Lehrbuch über die Grundlagen der Elektrotechnik, die in vielen Büchern auf den unterschiedlichsten Ebenen behandelt wurden, kann nicht völlig neu sein. Die fremden Quellen, aus denen dieses Buch schöpft, sind im Literaturverzeichnis angeführt; dort findet der Leser auch andere Werke, die ihm zum Verständnis und zu seiner Fortbildung helfen können.

Wir danken dem Vieweg+Teubner Verlag für die sehr gute Zusammenarbeit. Unseren Lesern wünschen wir viel Freude mit diesem Buch. Wir hoffen, ihnen alle Chancen gegeben zu haben, sich das Basiswissen über Gleich- Wechsel- und Drehstrom anzueignen.

Frankfurt und Rüsselsheim, im März 2011

Marlene Marinescu
Jürgen Winter

Inhaltsverzeichnis

Teil I.

Grundlegende Begriffe

1. Strom und Spannung

1.1. Der elektrische Strom

In Metallen sind die Elektronen nur lose gebunden und können sich als **freie** Elektronen bewegen. Ein **elektrischer Strom** entsteht dann, wenn der unregelmäßigen Bewegung der elektrischen Ladungen ein **gerichteter** Ladungstransport überlagert wird, d.h. wenn gleichnamige Ladungen in eine bestimmte Richtung bewegt werden (Driftbewegung).

Für die Richtung des elektrischen Stromes wurde vereinbart, dass diese **entgegengesetzt zu dem Elektronenstrom** ist[1].

Ein elektrischer (zeitlich konstanter) Strom kann nur in einem **geschlossenen** Kreis fließen.

1.1.1. Stromstärke

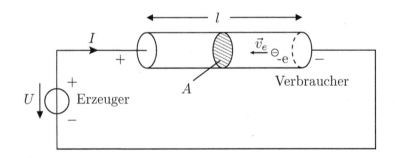

Abbildung 1.1.: Stromkreis aus Erzeuger und Verbraucher

Die Abbildung 1.1 zeigt einen Erzeuger[2] und einen Verbraucher.

Merksatz *Der Strom fließt im Verbraucher von + nach -, im Erzeuger von - nach +. Der Strom kommt aus der Plusklemme des Akkus heraus.*

Die Elektronen bewegen sich im Metall dagegen von - nach +. Es sind etwa $n \approx 10^{23}$ freie Elektronen pro cm^3 Metall[3].

---

[1] Diese Richtung nennt man auch „technische" oder „konventionelle" Stromrichtung

[2] Ein Erzeuger kann eine Batterie, ein Akku, ein Generator u.a. sein

[3] Bei Kupfer sind es z.B. $0,8 \cdot 10^{23}$

Jedes Elektron besitzt die negative Ladung (Elementarladung)

$$-e = 1,602 \cdot 10^{-19} \; As \; .$$

Somit ist die freie Elektrizitätsmenge in jedem cm^3:

$$n \cdot e = -n \cdot 1,602 \cdot 10^{-19} \; As \; .$$

Fließt ein Strom, so bewegt sich in einem Draht der Länge l mit dem Querschnitt A eine Gesamtladung von

$$Q = n \cdot e \cdot l \cdot A \; .$$

Jedes Elektron braucht die Zeit t um die Länge l zu durchlaufen.
Die Stromstärke wird als das Verhältnis

$$I = \frac{Q}{t} = \frac{n \cdot e \cdot l \cdot A}{t} \tag{1.1}$$

definiert. Da die Einheiten für I und t in dem MKSA–System festgelegt sind, resultiert für die Einheit der Ladung Q:

$$[Q] = [I] \cdot [t] = 1 \; A \cdot 1 \; s = 1 \; As = 1 \; \text{Coulomb} \; = 1 \; C \; . \tag{1.2}$$

Die Gleichung (1.1) gilt wenn I zeitlich konstant ist. Allgemein gilt jedoch

$$i(t) = \frac{dq}{dt} \; . \tag{1.3}$$

Die Schreibweise nach Gleichung (1.3) bedarf einer Erklärung:

Vereinbarung *Zeitlich konstante Größen bezeichnet man mit großen Buchstaben. Veränderliche Größen bezeichnet man mit kleinen Buchstaben.*

1.1.2. Stromdichte

Als Stromdichte S wird das Verhältnis

$$S = \frac{I}{A} \tag{1.4}$$

definiert. Diese Formel gilt nur bei gleichmäßiger Verteilung des Stromes I über den Querschnitt A.
Als Einheit für die Stromdichte ergibt sich:

$$[S] = \frac{[I]}{[A]} = 1 \; \frac{A}{m^2} \; . \tag{1.5}$$

Üblicherweise wird die Stromdichte in $\frac{A}{mm^2}$ angegeben.

Allgemein ist S nicht konstant[4] und die allgemeine Formel für den Strom I ist:

$$I = \iint \vec{S} \cdot d\vec{A} \tag{1.6}$$

wobei $\vec{S}$ und das Flächenelement $d\vec{A}$ Vektoren sind und $\vec{S}$ ortsabhängig sein kann. Die Strömungsgeschwindigkeit der Elektronen in Metallen ist nach Gleichung (1.1):

$$v_e = \frac{l}{t} = \frac{I}{n \cdot e \cdot A} = \frac{S}{n \cdot e} \; . \tag{1.7}$$

In der Energietechnik werden Stromdichten zwischen $S = 1 \; \frac{A}{mm^2}$ und $S = 10 \; \frac{A}{mm^2}$, in Störungsfällen bis $S = 100 \; \frac{A}{mm^2}$ verwendet.

■ Beispiel 1.1

In welchen Grenzen ändert sich die Driftgeschwindigkeit der Elektronen normalerweise in der Energietechnik, wenn $n = 10^{23} \; cm^{-3}$ ist ?

Mit $v_e = \frac{S}{n \cdot e}$ ergibt sich für die minimale und maximale Driftgeschwindigkeit:

$$v_{e_{min}} = \frac{1 \; \frac{A}{mm^2}}{10^{23} \; cm^{-3} \cdot 1,602 \cdot 10^{-19} \; As} = \frac{10^{-4} \cdot 10^{-6} \; m^3}{1,602 \cdot 10^{-6} \; m^2 \cdot s} = 0,62 \cdot 10^{-4} \; \frac{m}{s}$$

$$= 0,062 \; \frac{mm}{s}$$

$$v_{e_{max}} = 10 \cdot v_{e_{min}} = 6,2 \cdot 10^{-4} \; \frac{m}{s} = 0,62 \cdot \frac{mm}{s}.$$

*Gegenüber der Lichtgeschwindigkeit von $c \approx 3 \cdot 10^8 \; \frac{m}{s}$ ist die Driftgeschwindigkeit um 11 bis 12 Potenzen kleiner. Trotz der geringen Driftgeschwindigkeit entsteht der Strom in einem Kreis mit Lichtgeschwindigkeit, da sich der Bewegungs**impuls** der Elektronen mit Lichtgeschwindigkeit fortpflanzt.*

■

1.1.3. Stromarten

Um das zeitliche Verhalten von Strömen zu charakterisieren, haben sich die folgenden Bezeichnungen durchgesetzt:

a) Als *Gleichstrom* bezeichnet man einen Strom, der unabhängig von der Zeit t ist, d.h. seine Stromstärke und seine Richtung ändern sich im zeitlichen Verlauf nicht. Trägt man die Stromstärke über der Zeit auf, erhält man den in Abbildung 1.2 a) dargestellten Verlauf.

---

[4]z.B. bei hochfrequenten Strömen: Stromverdrängung (Skineffekt)

b) Als *Wechselstrom* bezeichnet man einen zeitabhängigen Strom, dessen Stromstärke eine periodische Zeitfunktion ist und den Mittelwert Null besitzt.

c) Der *Sinusstrom* ist eine Sonderform des Wechselstroms. Die zeitliche Abhängigkeit der Stromstärke ist sinusförmig.

d) Als *Mischstrom* bezeichnet man einen Strom, der sich durch Addition eines Gleichstroms i_- und eines Wechselstroms $i_\sim$ erzeugen lässt: $i = i_- + i_\sim$.

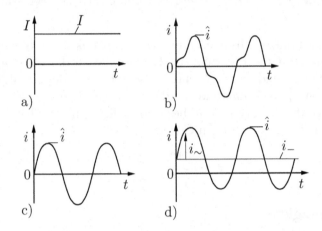

Abbildung 1.2.: Stromarten nach DIN 5488

Die Abbildung 1.2 zeigt die Stromarten nach DIN 5488. Der Gleichstrom und der Effektivwert des Wechselstroms werden mit I und die zeitabhängigen Ströme mit i bezeichnet. Mit $\hat{i}$ wird die Amplitude, d.h. das Maximum der Stromstärke bezeichnet.

1.2. Elektrische Spannung und Energie

1.2.1. Elektrische Feldstärke

Um die Elektronen im Metall zur Plusklemme (in der Abbildung 1.3 nach links) zu bewegen, muss auf sie eine Kraft $\vec{F_e}$ ausgeübt werden.

Bezieht man diese Kraft auf eine Ladung Q, so erhält man eine vektorielle Feldgröße, die unabhängig von Q ist:

$$\vec{E} = \frac{\vec{F}}{Q} .\tag{1.8}$$

Man nennt diese Feldgröße die **elektrische Feldstärke** und die Formel nach Gleichung (1.8) wird auch als **Formel von Coulomb** bezeichnet.

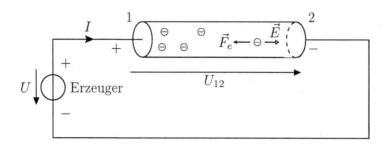

Abbildung 1.3.: Coulombsche Kraft und elektrische Feldstärke

$\vec{E}$ ist eine der wichtigsten Größen in der Elektrotechnik. Sie gibt die Kraft auf Ladungen an und hat die Richtung der Kraft $\vec{F}$, wenn die Ladung Q positiv ist. Ist Q negativ, so sind $\vec{F}$ und $\vec{E}$ entgegengerichtet. In der Abbildung 1.3 ist die Richtung von $\vec{F_e}$ nach links, wegen der negativen Ladung der Elektronen. $\vec{E}$ kann vom Ort abhängig sein. Man bezeichnet dies dann als elektrisches Feld. Die Einheit von $\vec{E}$ ergibt sich nach Gleichung (1.8):

$$[E] = \frac{[F]}{[Q]} = \frac{N}{As} \; . \tag{1.9}$$

1.2.2. Leitfähigkeit

Die elektrische Feldstärke $\vec{E}$ in einem beliebigen Punkt ist die Ursache für die an dieser Stelle auftretende Wirkung, die Stromdichte $\vec{S}$. In der Makrophysik gibt es immer eine **eindeutige** Abhängigkeit der Wirkung von der Ursache[5]. (In der Mikrophysik folgen die Zusammenhänge meist statistischen Gesetzen). Die Abhängigkeit muss jedoch nicht unbedingt linear sein, sie ist nur eindeutig. Zwischen der Wirkung $\vec{S}$ und der Ursache $\vec{E}$ gilt die Beziehung:

$$\vec{S} = \kappa \cdot \vec{E} \; . \tag{1.10}$$

In dieser Gleichung ist κ ein Proportionalitätsfaktor, der unter Umständen ortsabhängig sein kann. Im homogenen Strömungsfeld (Gleichstrom) gilt:

$$S = \kappa \cdot E \; . \tag{1.11}$$

Definition κ *heißt spezifische elektrische Leitfähigkeit und ist ein Maß für die Beweglichkeit der Elektronen im Metall.*

In der Tat ist nach Gleichung (1.7), Seite 4:

$$v = \frac{S}{n \cdot e} = \frac{\kappa \cdot E}{n \cdot e} = b \cdot E \tag{1.12}$$

---

[5]Diesen Zusammenhang nennt man **Kausalitätsprinzip**

mit

$$b = \frac{\kappa}{n \cdot e} = \text{Driftbeweglichkeit}$$

$$\kappa = b \cdot n \cdot e \ . \tag{1.13}$$

In den Gl. (1.12) und (1.13) bedeutet e die Elementarladung und soll als positiv betrachtet werden.

Betrachtet man die Gleichung (1.12) genauer, scheint hier etwas paradox zu sein. v ist proportional E, aber eigentlich ist die Beschleunigung a proportional E ($F = m \cdot a = Q \cdot E$). Die Lösung: v ist die **Driftgeschwindigkeit** der Elektronen, also eine **mittlere** Geschwindigkeit und nicht diejenige, die aus der Beschleunigung a zwischen zwei Stößen resultieren würde.

1.2.3. Elektrische Spannung

Wichtig für technische Anwendungen ist das **Linienintegral der Feldstärke** $\vec{E}$ **zwischen zwei Punkten** des Stromkreises (z.B. zwischen 1 und 2 des Verbrauchers in Abbildung 1.3). Dieses Integral wird elektrische Spannung genannt.

$$U_{12} = \int_{1}^{2} \vec{E} \, d\vec{l} = \varphi_1 - \varphi_2 \ . \tag{1.14}$$

Die Spannung kann auch als Differenz der elektrischen Potentiale in den Punkten 1 und 2 betrachtet werden. Diese **Potentialdifferenz** ist die Ursache des Stromes zwischen 1 und 2. Dabei ist φ_1 die Spannung zwischen dem Punkt 1 und einem beliebigen Bezugspunkt. Analog ist φ_2 die Spannung zwischen dem Punkt 2 und demselben Bezugspunkt.

Ist der Verbraucher ein Draht der Länge l mit dem Querschnitt A, so vereinfacht sich die Gleichung (1.14) zu:

$$U_{12} = E \cdot l \ . \tag{1.15}$$

Führt man für E die Beziehung nach Gleichung (1.8) ein, so ist:

$$U_{12} = \frac{F \cdot l}{Q} = \frac{W_{12}}{Q} \ . \tag{1.16}$$

Hier bedeutet W_{12} die **Arbeit** die nötig ist um die Ladung Q zwischen den Punkten 1 und 2 zu bewegen.

Vereinbarung *Im Verbraucher V hat die Spannung U dieselbe Richtung wie der Strom I. Mann nennt diese Vereinbarung* **Verbraucherzählpfeilsystem**.

Vereinbarung *Im Generator fließt der Strom aus der Plusklemme heraus, also sind im Generator Strom und Spannung entgegengesetzt.*

Die Spannung der Quelle bezeichnet man oft mit U_q (Quellenspannung). Sie muss aber nicht zwingend die Klemmenspannung sein; dies ist nur beim **idealen** Generator der Fall.

Die Einheit der Spannung ergibt sich nach folgender Gleichung:

$$[U] = [E] \cdot [l] = \frac{N \cdot m}{A \cdot s} = V \text{ (Volt)} . \tag{1.17}$$

Somit ergibt sich für die elektrische Feldstärke die Einheit:

$$[E] = \frac{V}{m} .$$

■ **Beispiel 1.2**

Welche elektrische Feldstärke herrscht in einem Draht der Länge $l = 1\ km$, der an der Spannung $U = 230\ V$ liegt? Wie groß ist in diesem Draht die Kraft F_e auf ein Elektron?

$$E = \frac{U}{l} = \frac{230\ V}{1000\ m} = 0,23\ \frac{V}{m}$$

$$F_e = e \cdot E = 0,23\ \frac{V}{m} \cdot 1,602 \cdot 10^{-19}\ As = 0,368 \cdot 10^{-19} \frac{V \cdot As}{m} = 0,368 \cdot 10^{-19}\ N.$$

Hier hat man den Betrag (also die Größe) der Kraft ermittelt.

1.2.4. Elektrische Energie

Nach Gleichung (1.16) und Gleichung (1.1) gilt:

$$W = U \cdot Q = U \cdot I \cdot t . \tag{1.18}$$

W ist die **elektrische Energie**, die umgesetzt wird, wenn während der Zeit t infolge der Spannung U der Strom I fließt.

Sind Spannung und Strom zeitlich nicht konstant, so gilt für die umgesetzte Energie (oder elektrische Arbeit) allgemein:

$$W = \int_{t_1}^{t_2} u(t) \cdot i(t)\, dt . \tag{1.19}$$

Als Einheit der Energie ergibt sich mit (1.19) :

$$[W] = \underbrace{V \cdot A}_{Watt} \cdot s = Ws = \underbrace{J}_{Joule} = Nm .$$

1.2.5. Elektrische Leistung

Meistens interessiert nicht die Arbeit, die eine Maschine innerhalb einer Zeit t vollbringen kann, sondern was sie augenblicklich leisten kann. Diese auf die Zeit t bezogene Arbeit nennt man **elektrische Leistung**:

$$P = \frac{W}{t} = U \cdot I \qquad (1.20)$$

oder allgemein, d.h. bei zeitabhängigen Größen für Strom und Spannung:

$$p_t = u \cdot i \; . \qquad (1.21)$$

Als Einheit der elektrischen Leistung ergibt sich

$$[P] = [U] \cdot [I] = V \cdot A = W \; .$$

Bei jeder Energieumwandlung geht **keine** Energie verloren, doch ist die zugeführte Leistung P_1 immer größer als die abgeführte Leistung P_2, weil **Verluste** $P_v = P_1 - P_2$ auftreten. Man definiert als Wirkungsgrad (immer positiv):

$$\eta = \frac{P_2}{P_1} = \frac{P_1 - P_v}{P_1} = 1 - \frac{P_v}{P_1} \leq 1 \; . \qquad (1.22)$$

In der Energietechnik strebt man eine möglichst verlustfreie Energieübertragung an. In großen elektrischen Maschinen erreicht man η bis $0,99$.
Wird eine Kraft F bei der Geschwindigkeit v überwunden, oder ein Drehmoment M bei der Winkelgeschwindigkeit $\omega = 2\,\pi \cdot n$ (n ist hier die Drehzahl) erzeugt, so ist die **mechanische Leistung**

$$P = F \cdot v = M \cdot 2\,\pi \cdot n \qquad (1.23)$$

wirksam. Die Einheit der mechanischen Leistung ist

$$[P] = N \cdot \frac{m}{s} = W \; .$$

Somit gilt auch

$$1 \, Joule = 1 \, Nm \; .$$

Teil II.

Gleichstromschaltungen

2. Die Grundgesetze

2.1. Der Stromkreis

Jede elektrische Anlage besteht aus:

- **Quellen**, die den elektrischen Strom verursachen, d.h. elektrische Energie aus anderen Energiearten erzeugen (Generatoren, Akkumulatoren, usw.)

- **Verbraucher**, die elektrische Energie in eine andere erwünschte Energieform umwandeln (Motoren, Glühlampen, Heizöfen, Lautsprecher, usw.)

- **Verbindungsleitungen**, die Quellen mit den Verbrauchern verbinden

- **Schalter**, mit denen man den Stromkreis (oder Teile davon) ein- oder ausschalten kann.

Dazu können noch kommen:

- **Steuergeräte** (z.B. Vorwiderstände, Verstärker, Gleichrichter, u.a.)

- **Messgeräte**

- **Schutzeinrichtungen**.

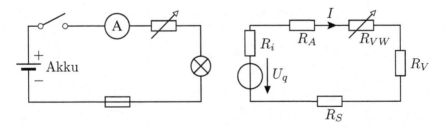

Abbildung 2.1.: Übersichtsschaltplan und Ersatzschaltbild eines Stromkreises

Die Abbildung 2.1 zeigt links den Übersichtsschaltplan einer Schaltung, die aus einer Quelle (Akku), einem Energieverbraucher (Glühlampe), einem Strommesser (A), einem einstellbaren Vorwiderstand, einer Sicherung und einem Schalter besteht. Rechts ist das Ersatzschaltbild dieser Schaltung dargestellt. Man erkennt, dass die Darstellung des Übersichtsschaltplans zu speziell ist.

Man benutzt deswegen Darstellungen, die aus „idealisierten" Bauelementen bestehen, ähnlich wie in Abbildung 2.1 rechts dargestellt. Die Quellen werden durch eine Quellenspannung U_q und ihrem Widerstand R_i ersetzt; alle anderen Elemente durch ihre Widerstände (ideale Schalter haben $R \approx 0$).

Die Pfeile für Strom und Spannung bezeichnen im Allgemeinen nicht ihre Richtung, sondern sind **Zählpfeile**, die die positive Zählrichtung angeben.

Merksatz *Die Pfeile für Ströme und Spannungen in einer Ersatzschaltung sind nur Zählpfeile, die die positive Zählrichtung angeben.*

2.2. Das Ohmsche Gesetz

Man hat bereits einen kausalen Zusammenhang zwischen der Stromdichte S und der verursachenden elektrischen Feldstärke E kennen gelernt:

$$S = \kappa \cdot E \; .$$

Dies ist die „differentielle Form" des Ohmschen Gesetzes. Man kann den Zusammenhang auch so schreiben, dass die Spannung U die Ursache des Stromes I ist:

$$I = G \cdot U \tag{2.1}$$

mit dem Proportionalitätsfaktor $G=$ **elektrischer Leitwert**.

Dies ist die integrale („natürliche") Form des Ohmschen Gesetzes. Verbreiteter ist die folgende Form des Gesetzes, in der als Proportionalitätsfaktor der **elektrische Widerstand** R auftritt:

$$U = R \cdot I \tag{2.2}$$

$$\text{mit} \qquad R = \frac{1}{G} \; . \tag{2.3}$$

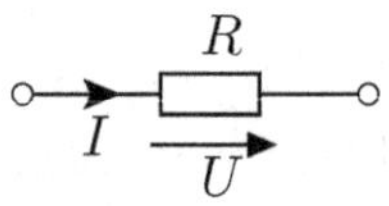

Abbildung 2.2.: Zur Erläuterung des Ohmschen Gesetzes

Das Ohmsche Gesetz wird praktisch bei jeder Berechnung einer elektrischen Schaltung angewandt.

2.3. Der elektrische Widerstand

2.3.1. Berechnung von Widerständen

Aus der Gleichung (2.1) und aus den Definitionsformeln für Strom und Spannung (vgl. Gleichung (1.4), Seite 3 und Gleichung (1.15), Seite 7) ergibt sich für einen Verbraucher mit homogener Strömung:

$$S \cdot A = G \cdot E \cdot l \qquad (2.4)$$

und somit:
$$G = \frac{S \cdot A}{E \cdot l} = \frac{\kappa \cdot A}{l} \; . \qquad (2.5)$$

Der Widerstand R ergibt sich als:

$$R = \frac{l}{\kappa \cdot A} \; . \qquad (2.6)$$

R hängt nur von den Abmessungen l und A und von den Werkstoffeigenschaften (κ) ab. Wenn l, A oder κ nur für Teile des Stromkreises konstant sind, kann man mit Gleichung (2.6) nur Teilwiderstände berechnen.
Als Einheiten ergeben sich:

$$[G] = \frac{[I]}{[U]} = \frac{A}{V} = S \; (\text{Siemens})$$

$$[R] = \frac{[U]}{[I]} = \Omega \; (\text{Ohm}) = S^{-1}$$

$$[\kappa]^1 = \frac{[G] \cdot [l]}{[A]} = \frac{S \cdot m}{m^2} = \frac{S}{m} \; .$$

Außer der spezifischen elektrischen Leitfähigkeit κ benutzt man oft ihren Kehrwert, den **spezifischen elektrischen Widerstand** ϱ:

$$\varrho = \frac{1}{\kappa} \; . \qquad (2.7)$$

Damit ändert sich die Gleichung (2.6) zu:

$$R = \frac{\varrho \cdot l}{A} \; . \qquad (2.8)$$

Die übliche Einheit für ϱ ist:

$$[\varrho] = \frac{\Omega \cdot mm^2}{m} \; .$$

---

[1] üblicherweise wird κ in $\frac{Sm}{mm^2}$ angegeben

■ **Beispiel 2.1**

Eine Kupferleitung ($\kappa_{Cu} = 56 \frac{Sm}{mm^2}$) mit dem Querschnitt $A = 10\ mm^2$ soll durch eine widerstandsgleiche Aluminiumleitung ($\kappa_{Al} = 35 \frac{Sm}{mm^2}$) mit derselben Länge l ersetzt werden.

Welchen Querschnitt muss die Aluminiumleitung erhalten?

Die beiden Widerstände sind:

$$R_{Cu} = \frac{l}{\kappa_{Cu} \cdot A_{Cu}}$$

$$R_{Al} = \frac{l}{\kappa_{Al} \cdot A_{Al}} \ .$$

Da sie gleich sein müssen, gilt:

$$\kappa_{Cu} \cdot A_{Cu} = \kappa_{Al} \cdot A_{Al} \ .$$

Somit folgt für den Querschnitt des Aluminiumleiters:

$$A_{Al} = \frac{\kappa_{Cu}}{\kappa_{Al}} \cdot A_{Cu} = \frac{56 \ \dfrac{Sm}{mm^2}}{35 \ \dfrac{Sm}{mm^2}} \cdot 10 \ mm^2 = 16 \ mm^2 \ .$$

■

2.3.2. Lineare und nichtlineare Widerstände, differentieller Widerstand

Sind in Gleichung (2.8) alle Größen unabhängig von der Spannung U, so ist der Zusammenhang

$$U = R \cdot I$$

linear. Der Widerstand R ist dann konstant (vgl. Kennlinie 1 in Abbildung 2.3).

In dem vorliegenden Buch werden meist lineare Widerstände vorausgesetzt. Die Kennlinien 2 und 3 in Abbildung 2.3 sind **nichtlinear**, wobei die Kennlinie 2 (links)[2] darüber hinaus ein von der Stromrichtung abhängiges Verhalten aufweist. Diese Kennlinie ist typisch für Ventile, die eine Sperr- und eine Durchlassrichtung haben.

Bei linearen Widerständen ist R konstant, während bei nichtlinearen Widerständen das Verhältnis $\frac{U}{I}$ von I bzw. von U abhängig ist. Ein solches Verhalten wird durch den **differentiellen Widerstand**

$$r_d = \frac{dU}{dI} = \tan\alpha \tag{2.9}$$

---

[2] Diese Kennlinie ist eine Diodenkennlinie

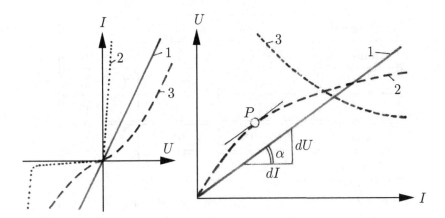

Abbildung 2.3.: links: lineare (1) und nichtlineare (2,3) Widerstandskennlinien;
rechts: differentieller Widerstand

beschrieben. Die Kennlinie 2 in Abbildung 2.3, rechts, weist nur im Punkt P denselben differentiellen Widerstand auf wie die Kennlinie 1. In allen anderen Punkten ist der Wert größer bzw. kleiner.

2.3.3. Temperaturabhängigkeit von Widerständen

Bei zunehmender Temperatur steigt in Metallen, auf Grund der stärkeren Atombewegung, die statistische Wahrscheinlichkeit, dass Elektronen und Ionen zusammenstoßen. Der elektrische Widerstand R nimmt zu.

Bei reinen Metallen ist der spezifische elektrische Widerstand ϱ oberhalb einer bestimmten Temperatur eine nahezu lineare Funktion der Temperatur ϑ.

Der Temperatureinfluss lässt sich mit dem **Temperaturbeiwert** (oder Temperaturkoeffizient) α folgendermaßen erfassen:

Wird die Temperatur von ϑ_1 auf ϑ_2 gebracht, so geht der Widerstand R_1 auf den Wert

$$R_2 = R_1 \cdot \left[1 + \alpha\left(\vartheta_2 - \vartheta_1\right)\right] . \tag{2.10}$$

Eigentlich ist dieser Zusammenhang nicht völlig linear und es gilt allgemein:

$$R_2 = R_1 \left[1 + \alpha\left(\vartheta_2 - \vartheta_1\right) + \beta\left(\vartheta_2 - \vartheta_1\right)^2 + \ldots\right] . \tag{2.11}$$

Die Temperaturbeiwerte werden meist auf die Temperatur $\vartheta_1 = 20°C$ bezogen und heißen dann α_{20} und β_{20}. Für Metalle gilt dann in guter Näherung:

$$R = R_{20} \cdot \left[1 + \alpha_{20}\left(\vartheta - 20°C\right)\right] . \tag{2.12}$$

Man findet α in Tabellen in $\frac{1}{K}$ angegeben, seitdem die Standard-Einheit für die Temperatur nicht mehr $°C$, sondern K ist. Der Temperaturbeiwert α multipliziert in Gl. (2.12) eine Temperatur**differenz** und Temperaturdifferenzen sind in K und $°C$ gleich (Kelvin und Celsius-Grade sind gleich groß).

Material	ϱ_{20} in $\frac{\Omega\,mm^2}{m}$	κ_{20} in $\frac{Sm}{mm^2}$	α_{20} in $\frac{1}{K}$
Aluminium	$0,027$	37	$4,3 \cdot 10^{-3}$
Kupfer	$0,017$	58	$3,9 \cdot 10^{-3}$
Eisen	$0,1$	10	$6,5 \cdot 10^{-3}$
Wasser	$2,5 \cdot 10^{11}$	$4 \cdot 10^{-10}$	
Trafo-Öl	$10^{16} \ldots 10^{19}$		

Tabelle 2.1.: Materialeigenschaften verschiedener Werkstoffe

Einige Werte für den **spezifischen Widerstand** ϱ, die **spezifische Leitfähigkeit** κ und den **Temperaturbeiwert** α_{20} gibt die Tabelle 2.1 an. Neben Kohlenstoff zeichnen sich Halbleiterwerkstoffe durch einen negativen Temperaturkoeffizienten aus.

Bei einigen Metallen (z.B. Quecksilber) wird der Widerstand in der Nähe des absoluten Nullpunktes $(-273°C \mathrel{\hat=} 0\,K)$ zu Null.[3] Neuere Forschungen führten zu Legierungen, die weit oberhalb des Nullpunktes noch supraleitend sind (warme Supraleiter). Diese Legierungen werden immer öfter eingesetzt (Medizintechnik, Bahnen, u.v.a.).

Nachfolgend wird ein Beispiel zum Arbeiten mit den Gleichungen (2.10), (2.11) und (2.12) gerechnet.

■ Beispiel 2.2

Eine Spule aus Kupferdraht hat bei $15°C$ den Widerstand $R_k = 20\ \Omega$ und betriebswarm den Widerstand $R_w = 28\ \Omega$. Welche Temperatur hat die betriebswarme Spule ?

Da man aus Tabellen nur den Wert für α_{20} kennt, muss man erst den kalten Widerstand R_k durch R_{20} ausdrücken:

$$R_k = R_{20} \cdot \left[1 + \alpha_{20}\,(15 - 20)\right] = R_{20} \cdot (1 - 5 \cdot \alpha_{20})\ .$$

Für der warmen Widerstand R_w gilt andererseits:

$$R_w = R_{20} \cdot \left[1 + \alpha_{20}\,(\vartheta_w - 20)\right]\ .$$

Dividiert man die beiden Gleichungen, so eliminiert man die Unbekannte R_{20}:

$$\frac{R_k}{R_w} = \frac{1 - 5 \cdot \alpha_{20}}{1 + \alpha_{20}\,(\vartheta_w - 20)}\ .$$

---

[3]Diesen Fall nennt man dann **Supraleitung**

Daraus ergibt sich für ϑ_w:

$$R_k \cdot \left[1 + \alpha_{20}\left(\vartheta_w - 20\right)\right] = R_w\left(1 - 5 \cdot \alpha_{20}\right)$$
$$1 + \alpha_{20} \cdot \vartheta_w - \alpha_{20} \cdot 20 = \frac{R_w}{R_k} \cdot \left(1 - 5 \cdot \alpha_{20}\right)$$
$$\vartheta_w = \frac{1}{\alpha_{20}}\left[\frac{R_w}{R_k}\left(1 - 5 \cdot \alpha_{20}\right) - 1 + 20 \cdot \alpha_{20}\right]$$
$$\vartheta_w = 115°C$$

mit $\alpha_{20} = 3,9 \cdot 10^{-3} \frac{1}{K}$.

Das berechnete Beispiel stellt die theoretische Grundlage eines Verfahrens zur Temperaturmessung dar. So kann man z.B. bei einer elektrischen Maschine die mittlere Erwärmung der Wicklungen (die Wicklungen sind für andere Messverfahren nicht zugänglich) durch zwei Widerstandsmessungen, im kalten und im betriebswarmen Zustand, ermitteln. ∎

2.4. Erste Kirchhoffsche Gleichung (Knotengleichung)

Neben dem Ohmschen Gesetz bilden die beiden Kirchhoffschen Gleichungen die Grundlage zur Berechnung elektrischer Stromkreise.[4]

Die 1. Kirchhoffsche Gleichung – auch Knotengleichung oder Knotensatz genannt – befasst sich mit der **Stromsumme in einem Knotenpunkt**. Ihre physikalische Grundlage ist das **Gesetz von der Erhaltung elektrischer Ladung in einem geschlossenen System**.

Gesetz *In einem geschlossenen System ist die resultierende Elektrizitätsmenge konstant (Ladungen können nicht verschwinden oder entstehen).*

Auf ein Strömungsfeld übertragen: **Die Summe aller in eine Hülle hinein- oder herausfließenden Ströme ist gleich Null** (vgl. Abbildung 2.4). Die Integralform dieses Gesetzes ist:

$$\oiint_A \vec{S}\,d\vec{A} = 0. \tag{2.13}$$

---

[4]Die Kirchhoffschen Gleichungen werden oft auch „Gesetze" genannt, doch sind sie nur Konsequenzen von zwei allgemeineren physikalischen Gesetzen (der „Ladungserhaltungssatz" und das „Induktionsgesetz").

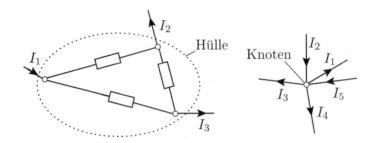

Abbildung 2.4.: Zur Erläuterung der 1. Kirchhoffschen Gleichung

Achtung:

$$\iint \vec{S}\,d\vec{A} \text{ ist ein Strom und nicht Null, dagegen ist } \oiint_A \vec{S}\,d\vec{A} \text{ immer Null.}$$

Sind mehrere Leitungen (Zweige) in einem Punkt (Knoten) miteinander verbunden, so gilt:

Merksatz *Die Summe der zufließenden Ströme in einem Knoten ist gleich der Summe der abfließenden Ströme:* $\sum I_{zu} = \sum I_{ab}$.

Zur Verdeutlichung des Merksatzes siehe auch Abbildung 2.4, rechts. Aus diesem Bild geht folgendes hervor:

$$I_2 + I_5 = I_1 + I_3 + I_4 \quad \text{oder:} \quad I_2 + I_5 - I_1 - I_3 - I_4 = 0 \,.$$

Die allgemeine Formulierung lautet:

1. Kirchhoffsche Gleichung: Die Summe aller zu- und abfließenden Ströme an jedem Knotenpunkt ist, unter Beachtung ihrer Vorzeichen, zu jedem Zeitpunkt Null.

$$\sum_{\mu=1}^{n} I_\mu = 0 \,. \tag{2.14}$$

Hier ist n die Anzahl der Leitungen, die in dem betreffenden Knoten zusammengeschaltet sind.

Es ist egal, welche Ströme als positiv gezählt werden. Daher kann man z.B. für das vorliegende Buch vereinbaren:

Vereinbarung *Die abfließenden Ströme sind positiv, die zufließenden Ströme negativ.*

Damit ergibt sich mit der Gleichung (2.14) und der obigen Vereinbarung die Knotengleichung gemäß Abbildung 2.4:

$$I_1 + I_3 + I_4 - I_2 - I_5 = 0 \,.$$

Merksatz *Hat ein Netzwerk k Knoten, so darf man den 1. Kirchhoffschen Satz nur (k − 1)mal anwenden. Die k. Gleichung ließe sich aus den übrigen Gleichungen ableiten und ist damit nicht mehr unabhängig. (Theorem von Euler).*

2.5. Zweite Kirchhoffsche Gleichung (Maschen- oder Umlaufgleichung)

Dieser wichtige Satz befasst sich mit der **Spannungssumme in einer Masche**, in der sich beliebig viele Quellen und Verbraucher befinden können.

Definition *Eine „Masche" ist ein in sich **geschlossener Kettenzug** von Zweigen und Knotenpunkten.*

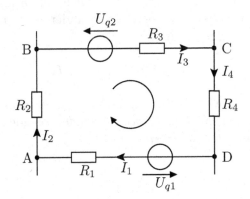

Abbildung 2.5.: Darstellung einer geschlossenen Masche aus 4 Zweigen

Für die Masche nach Abbildung 2.5 kann man die vier Teilspannungen als Funktion von den Knotenpotentialen φ_A, φ_B, φ_C, φ_D schreiben:

$$U_{AB} = \varphi_A - \varphi_B$$
$$U_{BC} = \varphi_B - \varphi_C$$
$$U_{CD} = \varphi_C - \varphi_D$$
$$U_{DA} = \varphi_D - \varphi_A$$
$$U_{AB} + U_{BC} + U_{CD} + U_{DA} = 0 \, .$$

Die Summe aller Teilspannungen in der Masche, genannt **Umlaufspannung**, ist gleich Null. Die Spannungen, einschließlich der Quellenspannungen, befinden sich in einer Masche im Gleichgewicht. Ordnet man allen Strömen und Spannungen Zählpfeile zu, so lautet

Die 2. Kirchhoffsche Gleichung: Die Summe der Teilspannungen in einer Masche ist stets Null.

$$\sum_{\mu=1}^{n} U_\mu = 0 \ . \tag{2.15}$$

Die Anzahl der unabhängigen Gleichungen, die man mit dem Umlaufsatz aufstellen darf, wird von einem „Euler-Theorem" (ohne Ableitung) festgelegt: **Merksatz** *In einem Netz mit z Zweigen und k Knoten sind $m = z - k + 1$ Maschen unabhängig.*

Somit erreicht man insgesamt $k - 1 + z - k + 1 = z$ Gleichungen für die z unbekannten Ströme.

Beim Aufstellen der Spannungsgleichung (2.15) muss man **streng** auf die Vorzeichen achten! Man wählt dazu erst willkürlich einen **Umlaufsinn** (Pfeil) für die Masche (nach rechts oder nach links). Danach gelten alle Größen, deren Zählpfeile diesem Sinn folgen als **positiv**, die anderen als **negativ**. Für die Masche nach Abbildung 2.5 gilt also:

$$R_1 \cdot I_1 + R_2 \cdot I_2 - U_{q2} + R_3 \cdot I_3 + R_4 \cdot I_4 - U_{q1} = 0 \ .$$

Merksatz *Die 1. und 2. Kirchhoffsche Gleichung gehen ineinander über, wenn man Spannungen U_μ und Ströme I_μ gegeneinander vertauscht. Knotenpunkt und Masche verhalten sich* **dual** *zueinander.*

■ **Aufgabe 2.1**
Für die Schaltung nach Abbildung 2.5 soll der Strom I_4 bestimmt werden, wenn die anderen Ströme $I_1 = 5 \, A$, $I_2 = 0,2 \, A$ und $I_3 = 4 \, A$ und die Spannungen $U_{q1} = 24 \, V$ und $U_{q2} = 12 \, V$ sind. Die Widerstände sind: $R_1 = 2 \, \Omega$, $R_2 = 30 \, \Omega$, $R_3 = 5 \, \Omega$, $R_4 = 20 \, \Omega$.

■

Regeln für die Anwendung der Kirchhoffschen Gleichungen in einem Netz mit k Knoten und z Zweigen

Folgende Regeln sollten bei der Anwendung der Kirchhoffschen Gleichungen beachtet werden:

- Alle Spannungsquellen werden mit Spannungs-Zählpfeilen (von der Plus-zu der Minusklemme) versehen und gegebenenfalls durchnummeriert.

- In allen Zweigen werden – willkürliche – Strom-Zählpfeile eingetragen und durchnummeriert.

- Schreibt man die Knotengleichung in einem Knoten, so werden alle abfließenden Ströme als positiv, alle zufließenden als negativ (oder umgekehrt) betrachtet. Es sind

$$(k - 1)$$

  Gleichungen unabhängig. Ein beliebiger Knoten bleibt unberücksichtigt.

- Für die Umlaufgleichung wählt man - willkürlich - einen Umlaufsinn, der für die gesamte Masche beibehalten werden muss. Alle Quellenspannungen $U_{q\mu}$ und Widerstandsspannungen $U_\mu = R_\mu \cdot I_\mu$, deren Spannungs- und Strom-Zählpfeile dem gewählten Umlaufsinn folgen, werden mit positivem Vorzeichen eingeführt, die übrigen mit negativem Vorzeichen. Es sind

$$m = z - k + 1$$

  Gleichungen unabhängig.

- Ergeben sich die Ströme als positiv, so fließen sie in Richtung der gewählten Strom-Zählpfeile. Ergeben sich Ströme mit negativem Vorzeichen, so fließen sie in die entgegengesetzte Richtung. Man ersieht, dass die Wahl der Strom–Zählpfeile willkürlich ist; die tatsächliche Stromrichtung ergibt sich eindeutig aus den Lösungen des Gleichungssystems.

Möglichkeiten zur Überprüfung der korrekten Anwendung der Gleichungen

Um die korrekte Anwendung der Gleichungen zu überprüfen hat man viele Möglichkeiten, wie zum Beispiel:

- Man schreibt die Umlaufgleichung für eine Masche, die noch nicht benutzt wurde. Es muss wieder gelten, dass die Summe der Teilspannungen gleich Null ist.

- Man schreibt die Spannung zwischen zwei beliebigen Punkten auf mehreren Wegen. Die Ergebnisse müssen gleich sein.

- Man überprüft die Leistungsbilanz. Die Summe der von den Quellen abgegebenen Leistungen (negativ) und der verbrauchten Leistungen (positiv) ist immer gleich Null.

$$\sum P_g + \sum P_R = 0 \implies -\sum_{\mu=1}^{n} U_{q\mu} \cdot I_\mu + \sum_{\nu=1}^{m} R_\nu \cdot I_\nu^2 = 0 \ .$$

Diese Überprüfungsmethode ist die sicherste, da hier alle auftretenden Zweigströme erscheinen. Ist ein einziger Strom nicht korrekt, so wird die Summe dieser Leistungen nicht Null sein.

■ **Beispiel 2.3**

Berechnen Sie alle Ströme in der folgenden Schaltung. Die Spannungen sind:
$U_{q1} = 100\ V$ *und* $U_{q2} = 80\ V$, *die Widerstände sind:* $R_1 = 10\,\Omega$, $R_2 = 2\,\Omega$,
$R_3 = 15\,\Omega$.

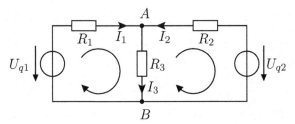

Die Schaltung hat $k = 2$ *Knoten und* $z = 3$ *Zweige. Man darf die 1. Kirchhoff-sche Gleichung nur in einem Knoten (z.B. Knoten A) und die 2. Kirchhoffsche Gleichung für* $m = z - k + 1 = 3 - 2 + 1 = 2$ *Maschen schreiben. Der Umlaufsinn für die Maschen, sowie die Strom-Zählpfeile, sind bereits vorgegeben.*

Dann ist im Knoten A: $I_3 = I_1 + I_2$.

Für die linke Masche gilt: $R_1 \cdot I_1 + R_3 \cdot I_3 - U_{q1} = 0 \implies 10\,\Omega \cdot I_1 + 15\,\Omega \cdot I_3 = 100\ V$.

Für die rechte Masche gilt:
$-R_2 \cdot I_2 - R_3 \cdot I_3 + U_{q2} = 0 \implies -2\,\Omega \cdot I_2 - 15\,\Omega \cdot I_3 = -80\ V$

Setzt man I_3 *in die 2 Umlaufgleichungen ein, so ergibt sich:*

$$10\,\Omega \cdot I_1 + 15\,\Omega \cdot I_1 + 15\,\Omega \cdot I_2 = 100\ V$$

$$2\,\Omega \cdot I_2 + 15\,\Omega \cdot I_1 + 15\,\Omega \cdot I_2 = 80\ V$$

Man fasst nun zusammen:

$$\begin{cases} 25\,\Omega \cdot I_1 + 15\,\Omega \cdot I_2 = 100\ V & |\cdot 3 \\ 15\,\Omega \cdot I_1 + 17\,\Omega \cdot I_2 = 80\ V & |\cdot 5 \end{cases}$$

und subtrahiert:

$$(45\,\Omega - 85\,\Omega) \cdot I_2 = -100\ V \longrightarrow I_2 = \frac{100\ V}{40\,\Omega} = 2,5\ A\ .$$

Weiter gilt für I_1:

$$25\,\Omega \cdot I_1 + 15\,\Omega \cdot 2,5\ A = 100\ V \longrightarrow I_1 = \frac{100\ V - 37,5\ V}{25\,\Omega} = 2,5\ A$$

$$I_3 = I_1 + I_2 = 5\ A\ .$$

Diskussion:

1. *Alle Ströme sind positiv, also fließen sie in die Richtung der entsprechenden Zählpfeile*

2. *Überprüfung:*

   - *Man kann die 2. Kirchhoffsche Gleichung auf die große Masche anwenden (Uhrzeigersinn):*

   $$R_1 \cdot I_1 - R_2 \cdot I_2 + U_{q2} - U_{q1} = 0$$

   $$10 \,\Omega \cdot 2,5 \, A - 2 \,\Omega \cdot 2,5 \, A + 80 \, V - 100 \, V = 0$$

   $$25 \, V - 5 \, V + 80 \, V - 100 \, V = 0$$

   - *Man kann die Spannung zwischen dem Knoten A und dem Knoten B auf mehreren Wegen schreiben:*

   $$U_{AB} = R_3 \cdot I_3 = 15 \,\Omega \cdot 5 \, A = 75 \, V$$

   $$U_{AB} = U_{q1} - R_1 \cdot I_1 = 100 \, V - 10 \,\Omega \cdot 2,5 \, A = 75 \, V$$

   $$U_{AB} = -R_2 \cdot I_2 + U_{q2} = -2 \,\Omega \cdot 2,5 \, A + 80 \, V = 75 \, V$$

   - *Leistungsbilanz:*

   $$-U_{q1} \cdot I_1 - U_{q2} \cdot I_2 + R_1 \cdot I_1^2 + R_2 \cdot I_2^2 + R_3 \cdot I_3^2 = 0$$

   $$100V \cdot 2,5A - 80V \cdot 2,5A + 10 \,\Omega \cdot (2,5A)^2 + 2 \,\Omega \cdot (2,5A)^2 + 15 \,\Omega \cdot (5A)^2 = 0$$

   $$-250 \, W - 200 \, W + 62,5 \, W + 12,5 \, W + 375 \, W = 0.$$

   ∎

3. Reihen– und Parallelschaltung von Widerständen

3.1. Reihenschaltung von Widerständen

3.1.1. Gesamtwiderstand

Die Abbildung 3.1 zeigt drei in Reihe geschaltete Widerstände, die an der Spannung U liegen.

Es wird der Gesamtwiderstand R_g gesucht, der gewährleistet, dass bei derselben Spannung U wie in der Schaltung links derselbe Strom I auch in der Schaltung rechts fließt.

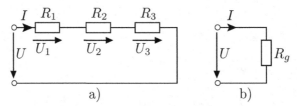

a)   b)

Abbildung 3.1.: a) Reihenschaltung von Widerständen, b) Ersatzschaltung

Mit dem Maschensatz kann man schreiben:

$$U = U_1 + U_2 + U_3 \ .$$

Außerdem ergibt das Ohmsche Gesetz:

$$U_1 = R_1 \cdot I \ , \ U_2 = R_2 \cdot I \ , \ U_3 = R_3 \cdot I \ , \ U = R_g \cdot I \ , \ \text{also}$$

$$R_g \cdot I = R_1 \cdot I + R_2 \cdot I + R_3 \cdot I \ .$$

Dividiert man durch den Strom I, so erhält man:

$$R_g = R_1 + R_2 + R_3$$

oder, für eine beliebige Anzahl n von Widerständen R_μ:

$$\boxed{R_g = \sum_{\mu=1}^{n} R_\mu}$$ (Reihenschaltung).   (3.1)

Sind alle n Widerstände gleich R, berechnet sich der Gesamtwiderstand zu:

$$R_g = n \cdot R \ . \tag{3.2}$$

Merksatz *Reihenschaltung bedeutet, dass alle Widerstände von **demselben** Strom I durchflossen sind.*

3.1.2. Spannungsteiler

Nun soll in der Schaltung nach Abbildung 3.1 das Verhältnis zwischen den Teilspannungen U_1, U_2, U_3 und der Gesamtspannung U bestimmt werden, also die wichtige Frage beantwortet werden, wie sich die Spannung U „teilt".
Der Strom I, der durch die Widerstände R_1, R_2, R_3 fließt, ist derselbe, es gilt also:

$$I = \frac{U}{R_1 + R_2 + R_3} = \frac{U_1}{R_1} = \frac{U_2}{R_2} = \frac{U_3}{R_3}$$

und weiter:

$$\frac{U_1}{U} = \frac{R_1}{R_1 + R_2 + R_3} \ ; \qquad \frac{U_2}{U} = \frac{R_2}{R_1 + R_2 + R_3} \ \text{usw.}$$

Allgemein gilt für die Teilspannung U_μ am μ-ten Teilwiderstand R_μ einer Reihenschaltung von n Widerständen:

$$U_\mu = \frac{R_\mu}{\displaystyle\sum_{\mu=1}^{n} R_\mu} \cdot U \tag{3.3}$$

Die folgende Schaltung (Abbildung 3.2) zeigt ein Potentiometer und das zugehörige Ersatzschaltbild. Das Potentiometer dient zur Einstellung der Spannung U_1 zwischen den Werten $U_1 = 0$ und $U_1 = U$.

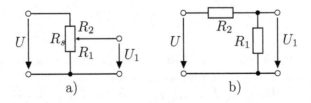

a)   b)

Abbildung 3.2.: a) Potentiometer, b) Ersatzschaltbild

Es gilt:

$$U_1 = \frac{R_1}{R_1 + R_2} \cdot U$$

Man definiert:
$$\frac{R_1}{R_1 + R_2} = k \ .\tag{3.4}$$

Der Faktor k variiert zwischen:

$$k = 0 \quad \leftrightarrow \quad R_1 = 0,\, R_2 = R_s$$
$$k = 1 \quad \leftrightarrow \quad R_1 = R_s,\, R_2 = 0 \ .$$

Bei dem „**unbelasteten**" **Spannungsteiler** (Abbildung 3.2 b) ist $\frac{U_1}{U} = k$, d.h., die Klemmenspannung U_1 ist proportional zur Stellung des Schleifkontaktes (siehe Abbildung 3.3).

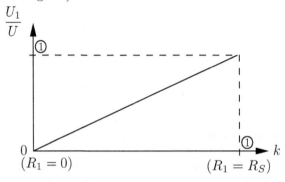

Abbildung 3.3.: Abhängigkeit der relativen Ausgangsspannung von der Stellung des Schleifkontaktes, beim unbelasteten Spannungsteiler.

■ **Beispiel 3.1**

Ein Spannungsteiler nach Abbildung 3.2 hat den Gesamtwiderstand $R_s = 1,1\,k\Omega$ und liegt an der Spannung $U = 220\,V$.
Welchen Wert hat die Spannung U_1, wenn der Widerstand $R_1 = 400\,\Omega$ betragen soll?

$$U_1 = \frac{R_1}{R_1 + R_2} \cdot U = \frac{400\,\Omega}{1100\,\Omega} \cdot 220\,V = 80\,V.$$

■

Ist der Spannungsteiler mit einem Widerstand R_a „**belastet**"(Abbildung 3.4), so gilt dieser lineare Zusammenhang nicht mehr.
Gesucht wird wieder $U_1 = R_1 \cdot I_1 = R_a \cdot I_a$. Dazu stellt man das Ersatzschaltbild des belasteten Spannungsteilers (Abbildung 3.4 b) auf. Man hat ein Netz mit $k = 2$ und $z = 3$. Das Gleichungssystem lautet:

Knotengleichung: $I = I_1 + I_a$
Maschengleichungen: $R_2 \cdot I + R_1 \cdot I_1 - U = 0$.
                                          $R_1 \cdot I_1 = R_a \cdot I_a$

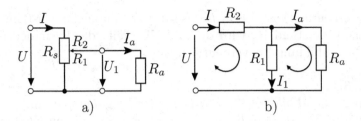

Abbildung 3.4.: a) Belasteter Spannungsteiler, b) Ersatzschaltbild.

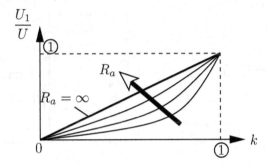

Abbildung 3.5.: Ausgangsspannung bei verschiedenen Widerständen R_a.

Durch Umstellen der zweiten Maschengleichung erhält man

$$I_1 = \frac{R_a}{R_1} \cdot I_a$$

und somit

$$I = I_a \left(1 + \frac{R_a}{R_1}\right).$$

Diese Gleichungen werden in die erste Maschengleichung eingesetzt:

$$
\begin{aligned}
R_2 \cdot I_a \left(1 + \frac{R_a}{R_1}\right) + R_a \cdot I_a &= U \\
I_a \left(R_2 + R_a + R_2 \cdot \frac{R_a}{R_1}\right) &= U \\
U_1 = R_a \cdot I_a &= \frac{U}{\dfrac{R_2}{R_a} + \dfrac{R_2}{R_1} + 1} .
\end{aligned}
$$

Führt man $k = \frac{R_1}{R_1 + R_2}$ ein, so ergibt sich ein **nichtlinearer** Zusammenhang:

$$\frac{U_1}{U} = \frac{k}{1 + k \cdot (1 - k) \cdot \dfrac{R_s}{R_a}}. \tag{3.5}$$

Bei $R_a = \infty$ (Leerlauf) ist $\frac{U_1}{U} = k$, also der Zusammenhang ist linear. Mit kleinerem Lastwiderstand R_a wird die „Regelbarkeit" der Klemmenspannung erschwert. Die Abbildung 3.5 verdeutlicht dies.

■ **Aufgabe 3.1**

Die Schaltung aus Abbildung 3.6 wird mit der Eingangsspannung $U_1 = 9\,V$ gespeist und gibt im Leerlauf die Spannung $U_2 = 1,8\,V$ an den Klemmen A–B ab.

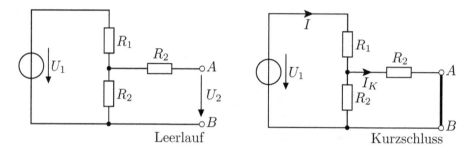

Abbildung 3.6.: Schaltung zu Aufgabe 3.1

Wie groß müssen die Widerstände R_1 und R_2 sein, damit der Kurzschlussstrom $I_K = 1\,A$ ist?

■

3.1.3. Vorwiderstand (Spannungs–Messbereichserweiterung)

Reine Reihenschaltungen werden zu vielen Zwecken verwendet. Meistens wird mittels eines Vorwiderstandes R_{VW}

1. der Strom I eines Verbrauchers herabgesetzt oder auf einen bestimmten Wert gehalten (z.B. Drehzahlregelung bei Gleichstrommaschinen durch Feldschwächung)

2. der Stromkreis für eine größere Spannung eingerichtet.

Ein Beispiel für den 2. Punkt ist die **Spannungs–Messbereichserweiterung** eines Spannungsmessers. Falls man eine Spannung messen möchte, die größer als die Spannung ist, für die das Messgerät ausgelegt ist, so kann man einen Vorwiderstand in Reihe mit dem Messgerät schalten, der den Messbereich erweitert.

■ **Beispiel 3.2**

Ein Spannungsmesser mit dem Innenwiderstand $R_M = 1\,k\Omega$ hat den Messbereich $U_M = 3\,V$.

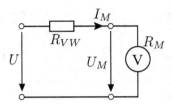

Abbildung 3.7.: Schaltung zu Beispiel 3.2

1. Welcher Vorwiderstand R_{VW} ist erforderlich, um den Bereich auf $U = 30\,V$ zu erweitern?

2. Wie groß ist der Strom I_M im Messkreis nach und vor der Messbereichserweiterung?

1.

$$U_M = U \cdot \frac{R_M}{R_M + R_{VW}} \implies U_M \left(R_M + R_{VW} \right) = U \cdot R_M$$

$$R_{VW} = \frac{R_M \left(U - U_M \right)}{U_M} = 10^3\,\Omega \cdot \frac{30\,V - 3\,V}{3\,V} = 9 \cdot 10^3\,\Omega$$

2.

$$I_M = \frac{U}{R_M + R_{VW}} = \frac{30\,V}{1\,k\Omega + 9\,k\Omega} = 3\,mA$$

Dieser Strom ist derselbe wie vor der Messbereichserweiterung, als man maximal U_M messen konnte:

$$I_M = \frac{U_M}{R_M} = \frac{3\,V}{1\,k\Omega} = 3\,mA \ ,$$

denn er bestimmt den maximalen Ausschlag des Gerätes.

■

3.2. Parallelschaltung von Widerständen

3.2.1. Gesamtleitwert

Hier empfiehlt es sich, mit Leitwerten G statt mit Widerständen zu arbeiten (vgl. Abbildung 3.8).
Man sucht wiederum den äquivalenten Gesamtleitwert G_g der denselben Strom I bei der Spannung U gewährleistet. Die Knotengleichung liefert:

$$I = I_1 + I_2 + I_3$$

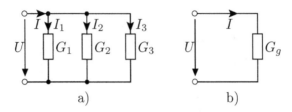

Abbildung 3.8.: a) Parallelschaltung von Widerständen, b) Ersatzschaltung

und das Ohmsche Gesetz ($I = G \cdot U$):

$$G_g \cdot U = G_1 \cdot U + G_2 \cdot U + G_3 \cdot U \, .$$

Dividiert man durch U, so ergibt sich:

$$G_g = G_1 + G_2 + G_3$$

oder, für eine beliebige Anzahl n von parallel geschalteten Leitwerten G_μ:

$$\boxed{G_g = \sum_{\mu=1}^{n} G_\mu} \qquad . \qquad (3.6)$$

Da meist die Widerstände R gegeben sind, gilt mit $R = \frac{1}{G}$:

$$\boxed{\frac{1}{R_g} = \sum_{\mu=1}^{n} \frac{1}{R_\mu}} \qquad . \qquad (3.7)$$

Sind alle Widerstände gleich, so ist:

$$R_g = \frac{R_\mu}{n} \, .$$

Die Parallelschaltung von zwei Widerständen R_1 und R_2 ist demnach:

$$\frac{1}{R_g} = \frac{1}{R_1} + \frac{1}{R_2} \Longrightarrow R_g = \frac{R_1 \cdot R_2}{R_1 + R_2}$$

Merksatz *Der Gesamtwiderstand R_g einer Parallelschaltung ist immer* **kleiner als der kleinste Teilwiderstand.**

3.2.2. Stromteiler

In der Schaltung in Abbildung 3.8 wird nach dem Verhältnis der Teilströme I_1, I_2, I_3 zum gesamten Strom I gesucht, also es wird wieder die Frage gestellt, wie sich der Strom „teilt".

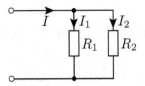

Abbildung 3.9.: Stromteiler

Die Spannung ist hier dieselbe. Es gilt:

$$U = \frac{I_1}{G_1} = \frac{I_2}{G_2} = \frac{I_3}{G_3} = \frac{I}{G_1 + G_2 + G_3} \;.$$

Weiterhin gilt:

$$I_1 = \frac{G_1}{G_1 + G_2 + G_3} \cdot I \; ; \qquad I_2 = \frac{G_2}{G_1 + G_2 + G_3} \cdot I \text{ usw.}$$

Allgemein gilt für den Teilstrom I_μ am μ-ten Leitwert G_μ:

$$\boxed{I_\mu = \frac{G_\mu}{\displaystyle\sum_{\mu=1}^{n} G_\mu} \cdot I} \tag{3.8}$$

Die Ströme verhalten sich in einer Parallelschaltung wie die zugehörigen Teilleitwerte. Im Falle von nur zwei Widerständen teilt sich der Strom I also folgendermaßen (siehe Abbildung 3.9):

$$I_1 = \frac{G_1}{G_1 + G_2} \cdot I = \frac{\dfrac{1}{R_1}}{\dfrac{1}{R_1} + \dfrac{1}{R_2}} \cdot I \implies \boxed{I_1 = \frac{R_2}{R_1 + R_2} \cdot I} \;.$$

Es gilt auch:

$$\boxed{\frac{I_1}{I_2} = \frac{R_2}{R_1}} \;.$$

Merksatz *Für den Zähler eines Teilstromes ist der gegenüberliegende Widerstand zu nehmen.*

Diese einfache Formel gilt nur für **zwei** parallel geschaltete, **passive** Zweige!

Die Stromteilerregel wird sehr oft zur Berechnung von Stromkreisen eingesetzt, vor allem dann, wenn nur eine Quelle wirkt.

■ **Beispiel 3.3**

Berechnen Sie in der Schaltung aus Abbildung 3.10 alle Ströme.

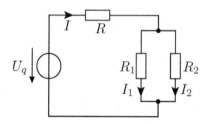

Abbildung 3.10.: Schaltung zu Beispiel 3.3

Zur Berechnung des Stromes I schreibt man das Ohmsche Gesetz:

$$U_q = R_g \cdot I$$

mit

$$R_g = R + \frac{R_1 \cdot R_2}{R_1 + R_2} = 3\,\Omega + \frac{3\,\Omega \cdot 6\,\Omega}{3\,\Omega + 6\,\Omega} = 5\,\Omega \ .$$

Damit wird der Gesamtstrom

$$I = \frac{U_q}{R_g} = \frac{30\,V}{5\,\Omega} = 6\,A \ .$$

Jetzt wendet man die Stromteilerregel zweimal an:

$$I_1 = I \cdot \frac{R_2}{R_1 + R_2} = 6\,A \cdot \frac{6\,\Omega}{9\,\Omega} = 4\,A \ ; \ I_2 = I \cdot \frac{R_1}{R_1 + R_2} = 6\,A \cdot \frac{3\,\Omega}{9\,\Omega} = 2\,A.$$

Überprüfungen:

1. Erste Kirchhoffsche Gleichung: $I = I_1 + I_2 \implies 6\,A = 4\,A + 2\,A$

2. Zweite Kirchhoffsche Gleichung (z.B. auf der inneren Masche):

   $R \cdot I + R_1 \cdot I_1 - U_q = 0$
   $3\,\Omega \cdot 6\,A + 3\,\Omega \cdot 4\,A = 30\,V$
   $30\,V = 30\,V$

3. Leistungsbilanz:

   $-U_q \cdot I + R \cdot I^2 + R_1 \cdot I_1^2 + R_2 \cdot I_2^2 = 0$
   $-30\,V \cdot 6\,A + 3\,\Omega \cdot (6\,A)^2 + 3\,\Omega \cdot (4\,A)^2 + 6\,\Omega \cdot (2\,A)^2 = 0$
   $-180\,W + 180\,W = 0.$

■

■ **Beispiel 3.4**

Einer Parallelschaltung von drei Widerständen ($R_1 = 10\,\Omega$, $R_2 = 20\,\Omega$, $R_3 = 30\,\Omega$) wird der Strom $I = 11\,A$ zugeführt (Abb. 3.11).

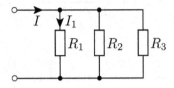

Abbildung 3.11.: Schaltung zu Beispiel 3.4

Der Zweigstrom I_1 ist zu berechnen.

Man schaltet R_2 parallel zu R_3. Der daraus resultierende Widerstand R' ist:

$$R' = \frac{R_2 \cdot R_3}{R_2 + R_3} = \frac{20\,\Omega \cdot 30\,\Omega}{20\,\Omega + 30\,\Omega} = \frac{600\,\Omega^2}{50\,\Omega} = 12\,\Omega \;.$$

Der gesuchte Strom berechnet sich wie folgt:

$$I_1 = I \cdot \frac{R'}{R_1 + R'} = 11\,A \cdot \frac{12\,\Omega}{22\,\Omega} = 6\,A$$

Oder mit Leitwerten:

$$I_1 = I \cdot \frac{G_1}{G_1 + G_2 + G_3}\;,$$

wobei $G_1 = 0,1\,S$, $G_2 = 0,05\,S$ und $G_3 = 0,0333\,S$ ist.

$$I_1 = 11\,A \cdot \frac{0,1\,S}{0,1833\,S} = 6\,A.$$

■

3.2.3. Nebenwiderstand (Strom–Messbereichserweiterung)

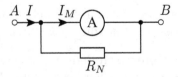

Abbildung 3.12.: Strommessbereichserweiterung

Nebenwiderstände benutzt man z.B. zur **Strom**-Messbereichserweiterung. Soll ein Strom gemessen werden, der größer als der Vollausschlagsstrom I_M ist, so schaltet man parallel zum Strommesser einen Nebenwiderstand R_N (vgl. Abbildung 3.12). Dann ist

$$I_M = I \cdot \frac{R_N}{R_M + R_N} \ ,$$

d.h. man kann Ströme bis

$$I = I_M \cdot \frac{R_M + R_N}{R_N} = I_M \cdot \left(1 + \frac{R_M}{R_N}\right)$$

messen (Skalenendwert).

■ **Beispiel 3.5**
Ein Drehspulinstrument mit dem Vollausschlagsstrom $I_M = 50\,\mu A$ und dem Messwerkswiderstand $R_M = 1\,k\Omega$ soll Ströme bis $I = 1\,mA$ (Faktor 20) messen. Wie groß muss der Nebenwiderstand R_N sein?

$$1 + \frac{R_M}{R_N} = \frac{I}{I_M} \implies \frac{R_M}{R_N} = \frac{I}{I_M} - 1 = \frac{10^{-3}\,A}{50 \cdot 10^{-6}\,A} - 1 = 19$$

$$R_N = \frac{R_M}{19} = \frac{1\,k\Omega}{19} = 52,6\,\Omega \ .$$

■

3.3. Vergleich zwischen Reihen- und Parallelschaltung

Die Tabelle 3.1, Seite 35 stellt die Reihen– und Parallelschaltung gegenüber. Man kommt aufgrund dieser Tabelle zu folgenden Schlussfolgerungen:

- Die Gleichungen links und rechts sind dieselben, wenn man I gegen U **und** R gegen G austauscht. Die Reihen- und die Parallelschaltung verhalten sich **dual** zueinander.
  Man kann sich die Formeln für nur eine Schaltung merken, die anderen ergeben sich durch Vertauschen von U in I und von R in G.

- Die Formeln für die **Reihenschaltung** sind einfacher, wenn man mit **Widerständen R** arbeitet. Die Formeln für die **Parallelschaltung** sind dagegen einfacher, wenn man mit **Leitwerten G** arbeitet.

Merksatz *Reihenschaltung und Parallelschaltung verhalten sich dual zueinander.*

Reihenschaltung	Parallelschaltung
Spannungsgleichung: $$U = \sum_{\mu=1}^{n} U_\mu$$ $U = U_1 + U_2 + U_3$	Stromgleichung: $$I = \sum_{\mu=1}^{n} I_\mu$$ $I = I_1 + I_2 + I_3$
Teilspannungen: $U_\mu = R_\mu \cdot I$	Teilströme: $I_\mu = G_\mu \cdot U$
Gesamtwiderstand: $R_g \cdot I = R_1 \cdot I + R_2 \cdot I + R_3 \cdot I$ $$R_g = \sum_{\mu=1}^{n} R_\mu$$ n gleiche Widerstände R_μ: $R_g = n \cdot R_\mu$	Gesamtleitwert: $G_g \cdot U = G_1 \cdot U + G_2 \cdot U + G_3 \cdot U$ $$G_g = \sum_{\mu=1}^{n} G_\mu = \sum_{\mu=1}^{n} \frac{1}{R_\mu} = \frac{1}{R_g}$$ n gleiche Leitwerte G_μ: $G_g = n \cdot G_\mu$
Spannungsteiler: $I = \dfrac{U}{R_g} = \dfrac{U_1}{R_1} = \dfrac{U_2}{R_2} \; ; \; \dfrac{U_1}{U_2} = \dfrac{R_1}{R_2} = \dfrac{G_2}{G_1}$ $U_1 = U \cdot \dfrac{R_1}{R_1 + R_2} = U \cdot \dfrac{G_2}{G_1 + G_2}$	Stromteiler: $U = \dfrac{I}{G_g} = \dfrac{I}{G_1} = \dfrac{I}{G_2} \; ; \; \dfrac{I_1}{I_2} = \dfrac{G_1}{G_2} = \dfrac{R_2}{R_1}$ $I_1 = I \cdot \dfrac{G_1}{G_1 + G_2} = I \cdot \dfrac{R_2}{R_1 + R_2}$

Tabelle 3.1.: Vergleich von Reihen– und Parallelschaltung

3.4. Gruppenschaltungen von Widerständen

Bei komplizierten Schaltungen sind die Regeln der Reihen- und Parallelschaltung schrittweise anzuwenden. Man ersetzt immer Widerstandsgruppen durch Ersatzwiderstände, die durch die bekannten Regeln sofort angegeben werden können, bis zum Gesamtwiderstand der Schaltung.

Gesamtwiderstände werden in Bezug auf zwei Klemmen definiert, so dass in einer Schaltung unterschiedliche Gesamtwiderstände ermittelt werden können, je nach dem Klemmenpaar das betrachtet wird. Ein Gesamtwiderstand bestimmt welcher Strom fließt zwischen einem Klemmenpaar (in diesem Buch meistens A–B), wenn man an diesen Klemmen eine Spannung anlegt.

Nachfolgend werden einige Beispiele zur Ermittlung des Gesamtwiderstandes von Gruppenschaltungen gerechnet.

■ **Beispiel 3.6**
Berechnen Sie den Eingangswiderstand der folgenden Schaltungen. Verwenden Sie dazu die abgekürzte Schreibweise und achten Sie dabei sorgfältig auf den Gebrauch der Klammer.

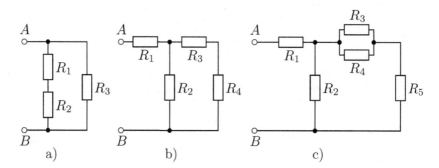

Lösung zu a):

$$R_{AB} = R_3 || (R_1 + R_2) = \frac{R_3 (R_1 + R_2)}{R_1 + R_2 + R_3}$$

Lösung zu b):

$$
\begin{aligned}
R_{AB} &= R_1 + R_2 || (R_3 + R_4) \\
&= R_1 + \frac{R_2 (R_3 + R_4)}{R_2 + R_3 + R_4}
\end{aligned}
$$

Lösung zu c):
Diese Schaltung ist komplizierter. Man geht deshalb schrittweise vor. Man fängt an mit den vom Eingang **entferntesten** Widerständen und man nähert sich schrittweise den Eingangsklemmen A–B.

1. Zusammenfassung der Parallelwiderstände R_3 und R_4:

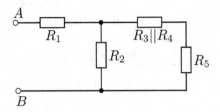

2. Zusammenfassung der Parallelschaltung $R_3\|R_4$ und R_5:

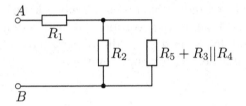

3. Nun fasst man diesen Widerstand mit dem parallel liegenden Widerstand R_2 zusammen:

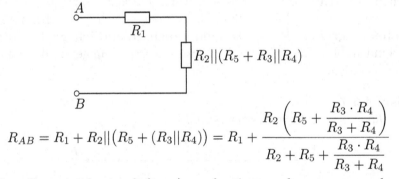

$$R_{AB} = R_1 + R_2\|\left(R_5 + (R_3\|R_4)\right) = R_1 + \frac{R_2\left(R_5 + \dfrac{R_3 \cdot R_4}{R_3 + R_4}\right)}{R_2 + R_5 + \dfrac{R_3 \cdot R_4}{R_3 + R_4}}$$

Um den Gesamtwiderstand für c) zu bestimmen kann man auch anders vorgehen:

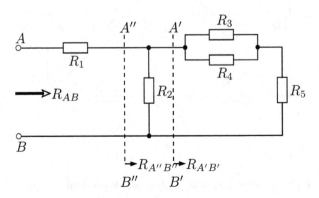

Für die einzelnen Teilwiderstände gilt dann:

$$R_{A'B'} = R_5 + (R_3 \| R_4)$$

$$R_{A''B''} = R_2 \| R_{A'B'}$$

$$R_{AB} = R_1 + R_{A''B''}$$

∎

Bemerkung: In einer komplizierten Anordnung von Widerständen, bei der man den Gesamtwiderstand nicht direkt schreiben kann, soll das Zusammenschalten der Widerstände an den von den „Eingangsklemmen" entferntesten Stelle anfangen. Von dort schaltet man die Widerstände schrittweise nach „vorne", bis zu den definierten Klemmen, zusammen.

3.5. Schaltungssymmetrie

Große Vereinfachungen bei der Behandlung von symmetrischen Schaltungen kann man dadurch erreichen, dass man Punkte erkennt, zwischen denen keine Spannung auftritt[1]. Solche Punkte kann man einfach **kurzschließen**, oder mit **beliebig großen Widerständen (auch unendlich groß)** miteinander verbinden, ohne dass hierdurch Ströme oder Spannungen in der Schaltung verändert werden.

■ **Beispiel 3.7**
Zu berechnen ist der Eingangswiderstand R_{A-B}.

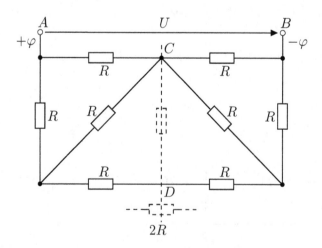

---

[1]Man bezeichnet solche Punkte als **Punkte gleichen Potentials**.

Durch einfache Reihen- oder Parallelschaltung ist das nicht möglich.
Man sucht nach Punkten mit dem gleichen elektrischen Potential.
Alle Punkte auf der **Symmetrieachse** *CD haben das gleiche Potential. Dies kann man so erklären:*
Die Spannung zwischen A und C ist die Hälfte von U. Die Spannung zwischen A und D ist aber auch die Hälfte von U! C und D haben dasselbe Potential.
Man darf also zwischen C und D einen beliebigen Widerstand R_{CD} einfügen (im Grenzfall $R_{CD} = 0$), ohne dass sich etwas ändert.
Z.B. sollen die Punkte C und D kurzgeschlossen werden. (Würde der untere Zweig aus einem einzigen Widerstand 2R – gestrichelt dargestellt – bestehen und der Punkt D nicht zugänglich sein, so könnte man gedanklich den Widerstand 2R „durchschneiden" und den entstehenden Punkt gedanklich mit C kurzschließen). Die gleichwertige Schaltung sieht dann aus wie auf dem folgenden Bild:

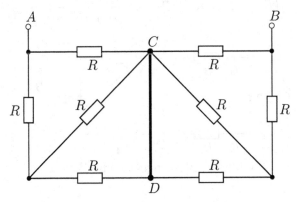

Den Eingangswiderstand R_{AB} kann man jetzt leicht schreiben:

$$R_{AB} = 2\left(R||(R + (R||R))\right) = 2\left(R||\frac{3 \cdot R}{2}\right) = 2 \cdot \frac{R \cdot \dfrac{3R}{2}}{R + \dfrac{3R}{2}} = \frac{6}{5}R$$

■

Bemerkung: An Hand dieses Beispiels sieht man, dass man sich viel Arbeit ersparen kann, wenn man nach Symmetrien und den daraus entstehenden Vereinfachungen Ausschau hält, anstatt gleich eine Netzumwandlung durchzuführen. In dem obigen Beispiel hätte man nämlich ohne Symmetriebetrachtungen die seitlichen Dreiecke in Sterne umwandeln müssen (siehe nächsten Abschnitt). Dieser Weg wäre aber wesentlich aufwändiger.

4. Netzumwandlung

Gruppen von Widerständen die vom selben Strom durchflossen werden (Reihenschaltung) oder die an derselben Spannung liegen (Parallelschaltung) lassen sich einfach zusammenfassen.

Als Beispiel soll die Schaltung nach Abbildung 4.1 betrachtet werden. Es handelt sich hier um eine Wheatstone-Brücke im **abgeglichenen Zustand**. Der Gesamtwiderstand dieser Schaltung lässt sich leicht berechnen:

$$R_{AB} = (R_1 + R_2) \| (R_3 + R_4) = \frac{(R_1 + R_2) \cdot (R_3 + R_4)}{R_1 + R_2 + R_3 + R_4} \ .$$

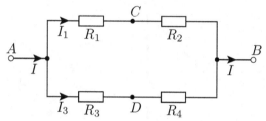

Abbildung 4.1.: Abgeglichene Brücke

Verbindet man jedoch die Punkte C und D durch einen 5. Widerstand R_5, so entsteht eine „nichtabgeglichene Brückenschaltung", die sich nicht mehr als Kombination von Reihen– und Parallelschaltungen auffassen lässt (siehe Abbildung 4.2).

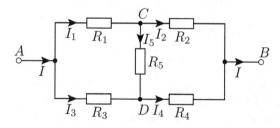

Abbildung 4.2.: Nichtabgeglichene Brückenschaltung

In der Tat sind jetzt die Widerstände R_1 und R_2, wie auch R_3 und R_4, nicht mehr von demselben Strom durchflossen; sie bilden also keine Reihenschaltungen. Auch parallel kann man die Widerstände nicht mehr schalten. Der

Gesamtwiderstand kann nur berechnet werden, wenn man eine „Netzumwandlung" (Dreieck-Stern) vornimmt.

Definitionen **Stern** *bedeutet eine Anordnung von drei Widerständen, die in einem Punkt („Mittelpunkt" des Sterns) zusammengeschaltet sind (siehe Abbildung 4.4, rechts).*
Bei einem **Dreieck** *werden die drei Widerstände zu einem „Ring" (siehe Abbildung 4.4, links) geschaltet.*

Nicht immer lassen sich Dreiecke und Sterne direkt als solche erkennen. So z.B. sind die Dreiecke ACD und CDB auf Abb. 4.2 als Rechtecke gezeichnet. Erst auf Abb. 4.3 links erscheinen sie als Dreiecke.
Zurück zu der Brückenschaltung: In einem ersten Schritt zeichnet man die Schaltung so um, dass zwei Dreieckschaltungen zu erkennen sind (Abbildung 4.3, links).
Wandelt man jetzt ein Dreieck in einen Stern um, so ergibt sich eine Gruppenschaltung aus in Reihe und parallel geschalteten Widerständen, die leicht berechnet werden kann. Die Bedingung ist, dass die umgewandelte Schaltung sich nach außen hin gleich verhält. Die Abbildung 4.3 rechts zeigt die Schaltung mit einem umgewandelten Dreieck.

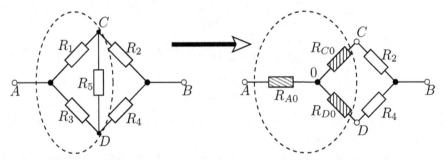

Abbildung 4.3.: Umwandlung der Brückenschaltung

Der Gesamtwiderstand R_{AB} berechnet sich dann zu

$$R_{AB} = R_{A0} + (R_{C0} + R_2) \| (R_{D0} + R_4) = R_{A0} + \frac{(R_{C0} + R_2) \cdot (R_{D0} + R_4)}{R_{C0} + R_2 + R_{D0} + R_4} \ .$$

4.1. Umwandlung eines Dreiecks in einen Stern

Die Abbildung 4.4 zeigt links die Dreieckschaltung und rechts die äquivalente Sternschaltung. Die Widerstände zwischen den Klemmen müssen in beiden Schaltungen gleich sein.
Wenn man z.B. die Klemmen 1-2 in den beiden Schaltungen betrachtet und man sich gedanklich vorstellt, dass zwischen ihnen eine Spannung angelegt

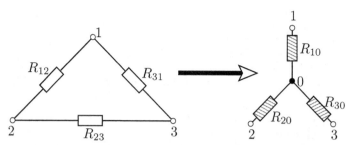

Abbildung 4.4.: Umwandlung eines Dreiecks in einen Stern

wird, so muss in beiden Schaltungen derselbe Strom fließen. Welchen Gesamtwiderstand zeigen die beiden Schaltungen an den Klemmen 1-2? Links liegt R_{12} parallel zu der Reihenschaltung von R_{23} mit R_{31}; rechts dagegen erscheint die einfache Reihenschaltung von R_{10} mit R_{20}, während der dritte Widerstand (R_{30}) unbeteiligt bleibt, da durch ihn kein Strom fließen kann.

Ähnlich verhalten sich auch die Klemmenpaare 2-3 und 3-1, so dass man die folgenden drei Gleichungen aufstellen kann:

$$1\text{–}2: \qquad \frac{R_{12} \cdot (R_{31} + R_{23})}{R_{12} + R_{23} + R_{31}} = R_{10} + R_{20} \qquad\qquad (4.1)$$

$$2\text{–}3: \qquad \frac{R_{23} \cdot (R_{12} + R_{31})}{R_{12} + R_{23} + R_{31}} = R_{20} + R_{30} \qquad\qquad (4.2)$$

$$1\text{–}3: \qquad \frac{R_{31} \cdot (R_{23} + R_{12})}{R_{12} + R_{23} + R_{31}} = R_{30} + R_{10} \qquad\qquad (4.3)$$

Aus diesen drei Gleichungen lassen sich die unbekannten Widerstände der Sternschaltung bestimmen.

Subtrahiert man Gleichung (4.2) von Gleichung (4.3), so kürzt sich R_{30} heraus:

$$R_{10} - R_{20} = \frac{R_{31}\,R_{12} + R_{31}\,R_{23} - R_{23}\,R_{12} - R_{23}\,R_{31}}{R_{12} + R_{23} + R_{31}} \;. \qquad (4.4)$$

Durch Addition der Gleichung (4.1) kürzt sich auch R_{20} heraus und es ergibt sich für R_{10}:

$$2 \cdot R_{10} = \frac{R_{31}\,R_{12} - R_{23}\,R_{12} + R_{12}\,R_{31} + R_{12}\,R_{23}}{R_{12} + R_{23} + R_{31}} \qquad\qquad (4.5)$$

$$R_{10} = \frac{R_{12} \cdot R_{31}}{R_{12} + R_{23} + R_{31}} \;. \qquad\qquad (4.6)$$

Setzt man Gleichung (4.6) in Gleichung (4.1) ein, so ergibt sich für R_{20}:

$$R_{20} = \frac{R_{12} \cdot (R_{31} + R_{23})}{R_{12} + R_{32} + R_{31}} - \frac{R_{12} \cdot R_{31}}{R_{12} + R_{23} + R_{31}} \;.$$

$$R_{20} = \frac{R_{23} \cdot R_{12}}{R_{12} + R_{23} + R_{31}} \qquad (4.7)$$

Schließlich erhält man aus Gleichung (4.3) oder Gleichung (4.2) R_{30} als:

$$R_{30} = \frac{R_{31} \cdot R_{23}}{R_{12} + R_{23} + R_{31}} . \qquad (4.8)$$

Die Umwandlungsregel für die Sternwiderstände lautet also:

$$\boxed{\text{Sternwiderstand} = \frac{\text{Produkt der Anliegerwiderstände}}{\text{Umfangswiderstand}}} .$$

Ist das Dreieck symmetrisch, d.h. $R_{12} = R_{23} = R_{31} = R_{Dreieck}$, so ist:

$$\boxed{R_{Stern} = \frac{R_{Dreieck}}{3}} .$$

■ **Beispiel 4.1**

In der Schaltung nach Abbildung 4.2, Seite 40 seien die Widerstände

$$R_1 = 200\,\Omega \, , \; R_2 = 150\,\Omega \, , \; R_3 = 400\,\Omega \, , \; R_4 = 500\,\Omega \, , \; R_5 = 200\,\Omega \, .$$

Berechnen Sie den Eingangswiderstand der Brückenschaltung.

Nach der Dreieck–Stern–Transformation (vgl. Abbildung 4.3, Seite 41) ergeben sich die Sternwiderstände:

$$R_{A0} = \frac{R_1 \cdot R_3}{\sum R} = \frac{200\,\Omega \cdot 400\,\Omega}{(200 + 400 + 200)\,\Omega} = 100\,\Omega \, ,$$

$$R_{C0} = \frac{R_1 \cdot R_5}{\sum R} = \frac{200\,\Omega \cdot 200\,\Omega}{(200 + 400 + 200)\,\Omega} = 50\,\Omega \, ,$$

$$R_{D0} = \frac{R_3 \cdot R_5}{\sum R} = \frac{400\,\Omega \cdot 200\,\Omega}{(200 + 400 + 200)\,\Omega} = 100\,\Omega \, .$$

Der Gesamtwiderstand der Brückenschaltung ist nach Abbildung 4.3:

$$\begin{aligned}
R_{AB} &= R_{A0} + (R_2 + R_{C0})\|(R_4 + R_{D0}) \\
R_{AB} &= 100\,\Omega + (150 + 50)\,\Omega\|(500 + 100)\,\Omega \\
R_{AB} &= 100\,\Omega + 200\,\Omega\|600\,\Omega = 100\,\Omega + 150\,\Omega
\end{aligned}$$

$$\rightarrow R_{AB} = 250\,\Omega \, .$$

■

■ Beispiel 4.2

Man berechne für die obere Schaltung aus Abbildung 4.5 den Eingangswiderstand R_{AB}.

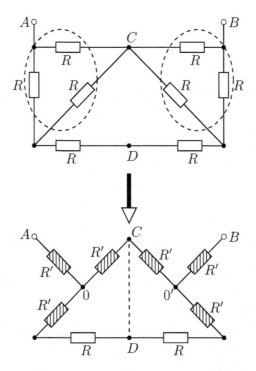

Abbildung 4.5.: Schaltung zu Beispiel 4.2

Der Gesamtwiderstand R_{AB} kann (wegen der zwei querliegenden Widerständen) nicht ohne eine Netzumwandlung direkt geschrieben werden. Wandelt man die äußeren Dreiecke in Sterne um (Abbildung 4.5, unten), so entstehen zwei neue Knoten: O und O'. Die Sternwiderstände sind dreimal kleiner als die Dreieckswiderstände ($R' = \frac{R}{3}$). Nach der Umwandlung erhält man die im vorigen Bild unten dargestellte Schaltung, die man auch folgendermaßen darstellen kann:

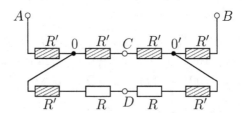

Abbildung 4.6.: Schaltung zu Beispiel 4.2

Der Widerstand an den Klemmen A–B ergibt sich als:

$$R_{AB} = 2R' + 2R' \parallel (2R' + 2R) = 2\frac{R}{3} + 2\frac{R}{3} \parallel (2\frac{R}{3} + 2R)$$

$$R_{AB} = 2\frac{R}{3} + \frac{8R}{15} = \frac{10R + 8R}{15} = \frac{6}{5}R \, .$$

Eine Symmetrie-Überlegung führt viel schneller zum selben Ergebnis. ■

4.2. Umwandlung eines Sterns in ein Dreieck

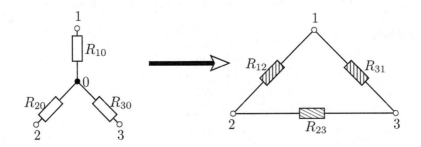

Abbildung 4.7.: Umwandlung eines Sterns in ein Dreieck

Jetzt sind die Widerstände R_{10}, R_{20}, R_{30} bekannt und man sucht die entsprechenden Dreieckswiderstände R_{12}, R_{23}, R_{31} (siehe Abbildung 4.7). Dazu kann man von den Gleichungen (4.6), (4.7) und (4.8) ausgehen und sie jetzt nach den Unbekannten R_{12}, R_{23} und R_{31} lösen.

$$\underbrace{\frac{R_{12} \cdot R_{31}}{R_{10}}}_{\text{aus Gleichung (4.6)}} = \underbrace{\frac{R_{23} \cdot R_{12}}{R_{20}}}_{\text{aus Gleichung (4.7)}} = \underbrace{\frac{R_{31} \cdot R_{23}}{R_{30}}}_{\text{aus Gleichung (4.8)}} = R_{12} + R_{23} + R_{31} \, .$$

$$(4.9)$$

Aus diesen drei Gleichungen kann man die drei unbekannten Widerstände bestimmen. Auf die Ableitung soll hier verzichtet werden.
Es ergibt sich für den Widerstand R_{31}:

$$R_{31} = R_{30} + R_{10} + \frac{R_{30} \cdot R_{10}}{R_{20}} = \frac{R_{10} R_{20} + R_{20} R_{30} + R_{30} R_{10}}{R_{20}} \, , \qquad (4.10)$$

und ähnlich für die anderen beiden Widerstände:

$$R_{23} = R_{20} + R_{30} + \frac{R_{20} \cdot R_{30}}{R_{10}} = \frac{R_{10} R_{20} + R_{20} R_{30} + R_{30} R_{10}}{R_{10}} \, , \qquad (4.11)$$

$$R_{12} = R_{10} + R_{20} + \frac{R_{10} \cdot R_{20}}{R_{30}} = \frac{R_{10} R_{20} + R_{20} R_{30} + R_{30} R_{10}}{R_{30}} \, . \qquad (4.12)$$

Die Regel lautet:

$$\text{Dreieckswiderstand} = \frac{\text{Produkt der Anliegerwiderstände}}{\text{gegenüberliegender Widerstand}} + \text{Anliegerwiderstände.}$$

Merksatz *Jeder* **n**-*strahlige Stern kann in ein gleichwertiges* **n**-*Eck umgewandelt werden. Die umgekehrte Umwandlung von einem Dreieck in einen Stern ist nur für* **n=3** *möglich.*

Es ist manchmal günstig, mit den Leitwerten zu arbeiten. Dann ergibt sich z.B. aus Gleichung (4.12):

$$\frac{1}{G_{12}} = G_{30}\left(\frac{1}{G_{10} \cdot G_{20}} + \frac{1}{G_{20} \cdot G_{30}} + \frac{1}{G_{30} \cdot G_{10}}\right) = \frac{G_{10} + G_{20} + G_{30}}{G_{10} \cdot G_{20}},$$
$$(4.13)$$

und schließlich:

$$G_{12} = \frac{G_{10} \cdot G_{20}}{G_{10} + G_{20} + G_{30}} \qquad (4.14)$$

$$G_{23} = \frac{G_{20} \cdot G_{30}}{G_{10} + G_{20} + G_{30}} \qquad (4.15)$$

$$G_{31} = \frac{G_{30} \cdot G_{10}}{G_{10} + G_{20} + G_{30}} \qquad (4.16)$$

Die Regel lautet dann:

$$\text{Dreiecksleitwert} = \frac{\text{Produkt der Anliegerleitwerte}}{\text{Knotenleitwert}}.$$

Ein Vergleich zwischen den Gleichungen (4.14)–(4.16) und (4.6)–(4.8) zeigt, dass die Zweigwiderstände der Sternschaltung sich wie die Zweigleitwerte der Dreieckschaltung verhalten. Stern– und Dreieckschaltung zeigen ein **duales** Verhalten: es sind lediglich G und R gegeneinander vertauscht.

Merksatz *In allen Formel-Gruppen (4.6)–(4.8), (4.10)–(4.12) oder (4.14)–(4.16) kann man aus einer Formel die anderen zwei durch* **zyklische Vertauschung** *der Indizes 1, 2, 3 herleiten.*

Merksatz *Bei der Umwandlung von Dreieck in Stern erscheint ein neuer Knoten, umgekehrt verschwindet bei der Umwandlung eines Sterns in ein Dreieck der mittlere Knoten.*

Achtung! *An Umwandlungen sollen nur* **passive** *Zweige (ohne Quellen) beteiligt sein.*

■ **Beispiel 4.3**
Acht gleiche Widerstände sind wie auf dem folgenden Bild geschaltet. Es soll der Widerstand zwischen zwei diagonal gegenüberliegenden Klemmen (z.B. $A - A'$) bestimmt werden.

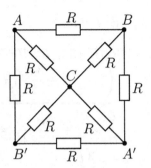

Zunächst benutzt man eine Stern–Dreieck–Transformation. Die Punkte A und A' dürfen nicht verschwinden, also verwandelt man die Sterne mit den Mittelpunkten B, B' in Dreiecke.

Das folgende Bild zeigt die Umwandlung des oberen Sterns.

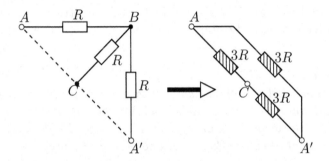

Zwischen A, bzw. A' und C bleiben die Widerstände R. Die Ecken der neuen Dreiecke sind A, C und A'; die Punkte B und B' verschwinden. Die neuen Widerstände sind:

$$R' = 3 \cdot R \ .$$

Die umgewandelte Schaltung ist jetzt so gestaltet (siehe folgendes Bild), dass man den Gesamtwiderstand leicht bestimmen kann.

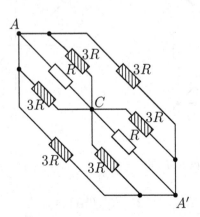

Der gesuchte Widerstand $R_{AA'}$ wird dann

$$
\begin{aligned}
R_{AA'} &= R'\|R'\|\,(R'\|R'\|R + R'\|R'\|R) \\[4pt]
&= \frac{3R}{2}\|\ \ \underbrace{\left(\frac{3R}{2}\|R + \frac{3R}{2}\|R\right)}_{=\ \dfrac{\frac{3R}{2}\cdot R}{R+\frac{3R}{2}} + \dfrac{\frac{3R}{2}\cdot R}{R+\frac{3R}{2}} = \dfrac{6R}{5}} \\[4pt]
&= \frac{3R}{2}\|\frac{6R}{5} = \frac{\dfrac{3R}{2}\cdot\dfrac{6R}{5}}{\dfrac{3R}{2}+\dfrac{6R}{5}} = \frac{18\cdot R}{27} = \frac{2}{3}\cdot R\,.
\end{aligned}
$$

∎

Untersucht man dieses komplizierte Beispiel auf Symmetrie, so kommt man zu einer wesentlich einfacheren Lösung. Diese Lösung ist nachfolgend durchgerechnet.

■ Beispiel 4.4

Der Gesamtwiderstand zwischen diagonal gegenüberliegenden Klemmen soll jetzt ausgehend von einer Symmetriebetrachtung bestimmt werden.
Wegen der Symmetrie der Schaltung haben alle drei Punkte B, B' und C dasselbe Potential. Haben die Punkte A und A' die Potentiale $+\varphi$ und $-\varphi$, so liegen B, B' und C bei $\varphi = 0$, denn sie liegen in der Mitte zwischen A und A'. Somit können sie kurzgeschlossen werden (siehe folgendes Bild links).
Die Umwandlung sieht dann wie auf dem folgenden Bild (rechts) aus.

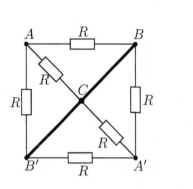
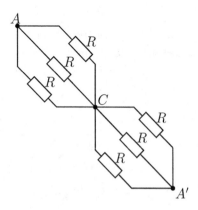

Der Gesamtwiderstand ergibt sich als:

$$
R_{AA'} = 2\cdot(R\|R\|R) = 2\cdot\frac{R}{3}
$$

Die Punkte B bzw. B' können aber auch von C getrennt werden ($R = \infty$)! Es ergibt sich die folgende Schaltung:

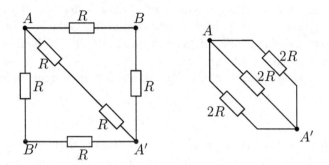

Der Gesamtwiderstand ist derselbe:

$$R_{AA'} = 2\,R\|2\,R\|2\,R = 2 \cdot \frac{R}{3}$$

■

■ Beispiel 4.5

Wie groß ist der Eingangswiderstand R_{AB} in der Schaltung aus Abbildung 4.8, oben?

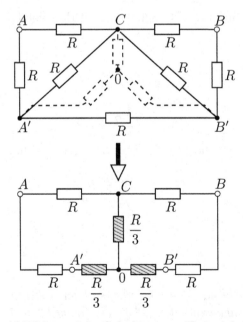

Abbildung 4.8.: Schaltung zu Beispiel 4.5

Diese Frage wurde bereits für eine ähnliche Schaltung in Beispiel 4.2 beantwortet. Dort war zwischen den Punkten A' und B' jedoch ein Widerstand $2R$
geschaltet.

Da man den Widerstand nicht direkt, durch Reihen- oder Parallelschalten, bestimmen kann, muss man von einer Netzumwandlung Gebrauch machen.

Eine Möglichkeit ist, das große mittlere Dreieck $A'CB'$ in einen Stern umzuwandeln (siehe Abbildung 4.8, unten).

Wenn alle Dreieckswiderstände gleich R sind, werden die umgewandelten Sternwiderstände

$$\frac{R}{3} \; .$$

Man erkennt leicht, dass die Idee nicht sehr gut war, denn man kann immer
noch nicht den Gesamtwiderstand R_{AB} direkt schreiben, außer man merkt,
dass die Punkte C und O **potentialgleich** sind!

In diesem Falle kann man z.B. die Punkte C und O **kurzschließen** (Abbildung
4.9, links).

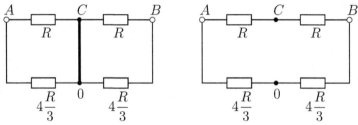

Abbildung 4.9.: Schaltung zu Beispiel 4.5

Dann ist:

$$R_{AB} = 2(R \| 4\frac{R}{3})$$

$$R_{AB} = 2\frac{4}{7}R = \frac{8}{7}R$$

Man kann die Punkte C und O auch **trennen** (Abbildung 4.9, rechts). Dann
ist:

$$R_{AB} = 2R \| (2 \cdot 4\frac{R}{3})$$

$$R_{AB} = \frac{16}{14}R = \frac{8}{7}R$$

∎

∎ Aufgabe 4.1

In der Schaltung aus Abbildung 4.10 (links) soll der Stern mit dem Mittelpunkt
in C in ein Dreieck umgewandelt werden. Das neue Dreieck hat die Ecken: A,
B, O. Der Punkt C verschwindet (Abbildung 4.10, rechts).

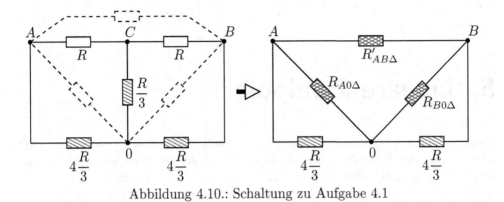

Abbildung 4.10.: Schaltung zu Aufgabe 4.1

Gesucht wird wieder der Gesamtwiderstand zwischen A und B.

∎

5. Lineare Zweipole

Zweipole sind elektrische Schaltungen mit **zwei** Anschlüssen (Klemmen). So ist z.B. ein einzelner ohmscher Widerstand mit seinen zwei Anschlüssen ein Zweipol, genauso wie eine Reihenschaltung mehrerer Widerstände.

Jeder Zweipol ist durch eine Größe gekennzeichnet, seinen Widerstand R, der das Verhältnis zwischen Spannung und Strom an den zwei Anschlusspunkten bestimmt.

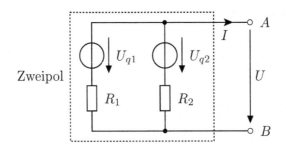

Abbildung 5.1.: Aktiver Zweipol

Die Abbildung 5.1 zeigt einen Zweipol aus zwei Spannungsquellen und zwei Widerständen, der an den Klemmen A und B zugänglich ist. Messbar sind nur die Klemmenspannung U und der Strom I.

Gehorcht ein Zweipol dem Ohmschen Gesetz, ist also $U = R \cdot I$ eine **lineare** Beziehung, so ist er ein „linearer Zweipol". Im allgemeinen Fall ist $U = f(I)$ eine beliebige nichtlineare Kennlinie.

Definition *Nimmt ein Zweipol elektrische Energie auf, so wird er* **passiver** *Zweipol genannt; gibt er elektrische Energie ab, so ist er ein* **aktiver** *Zweipol.*

Definition *Ein* **aktiver** *Zweipol enthält* **mindestens eine** *Quelle.*

5.1. Zählpfeile für Spannung und Strom

Die Zählrichtungen für Strom und Spannung können an jedem Zweipol unabhängig voneinander gewählt werden. In dem vorliegenden Buch werden immer die in Abbildung 5.2 dargestellten Zählrichtungen benutzt, das so genannte **Verbraucher–Zählpfeil–System (VZS)**.

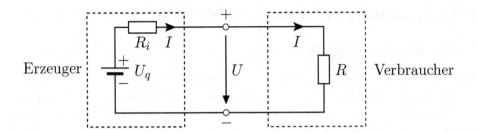

Abbildung 5.2.: Zählrichtungen für Strom und Spannung beim Verbraucher–Zählpfeil–System

Wenn eine Batterie Leistung abgibt, fließt aus der Plusklemme ein Strom heraus (nur wenn sie aufgeladen wird, fließt ein Strom in die Plusklemme hinein).

Definition *Im Normalfall der Leistungsabgabe sind in jedem elektrischen Generator der Strom und die Spannung einander entgegengerichtet.*

Definition *In jedem Verbraucher haben die Spannung und der Strom dieselbe Richtung.*

Diese Wahl der Zählpfeile, bei der U und I im Verbraucher dem Ohmschen Gesetz

$$U = R \cdot I$$

gehorchen, heißt Verbraucher–Zählpfeil–System. Im Verbraucher–Zählpfeil–System gilt also:

- Im Generator (Erzeuger, Quelle) sind Strom und Spannung einander entgegengerichtet.

- Im Verbraucher haben U und I die gleiche Richtung (Ohmsches Gesetz: $U = R \cdot I$).

- $P = U \cdot I > 0$ bedeutet Leistungsaufnahme.

- $P = U \cdot I < 0$ bedeutet Leistungsabgabe.

Denkbar wäre auch eine Wahl der Zählpfeile für U und I, bei der sie beim Generator die gleichen Richtungen hätten, dagegen beim Verbraucher entgegengesetzte Richtungen, so dass das Ohmsche Gesetz $U = -R \cdot I$ lauten würde. Dieses „Erzeuger–Zählpfeil–System" wird im Buch jedoch nicht berücksichtigt.

5.2. Spannungsquellen und Stromquellen

5.2.1. Spannungsquellen

Alle chemischen Spannungquellen[1] erzeugen Gleichspannung; heute sind die wichtigsten technischen Spannungsquellen jedoch die Drehstrom-Generatoren, welche eine Wechselspannung erzeugen. Um daraus eine Gleichspannung zu erzeugen, bedürfen sie Gleichrichter.

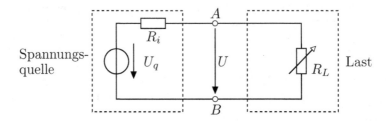

Abbildung 5.3.: Spannungsquelle mit veränderbarem Lastwiderstand

Eine mit einem veränderbaren Widerstand R_L „belastete" Spannungsquelle und die entsprechenden Zählpfeile sind in Abbildung 5.3 dargestellt. R_i ist der „innere Widerstand" der Quelle (Wicklungswiderstand bei elektrischen Maschinen oder Widerstand der Elektrolyte). U_q und R_i sind **fiktive** Größen.
Drei gebräuchliche Darstellungen von Spannungsquellen sind in Abbildung 5.4 dargestellt.

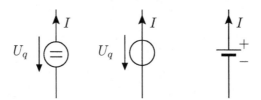

Abbildung 5.4.: Darstellungen von Spannungsquellen

Eine Quelle kann unterschiedlich belastet werden, indem sie mit verschiedenen Belastungswiderständen R_L zusammengeschaltet wird. Man betrachtet zwei Grenzfälle der Belastung:

- Leerlauf ($R_L = \infty$)

- Kurzschluss ($R_L = 0$).

---

[1]Solche Spannungsquellen sind z.B. Trockenbatterien, Blei-Akkumulatoren, etc.

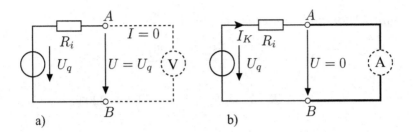

Abbildung 5.5.: a) Leerlauf, b) Kurzschluss

Im Leerlauf, also bei $R_L = \infty$ und $I = 0$, zeigt die Quelle die **Leerlauf-spannung** $U_l = U_q$; im Kurzschluss (bei $R_L = 0$) ergibt sich der **Kurz-schlussstrom** der Quelle:

$$I_K = \frac{U_q}{R_i} \; .$$

U_q und I_K können durch zwei Versuche gemessen werden (siehe Abbildung 5.5), wobei bei der Messung nach a) der Spannungsmesser einen Widerstand $R \cong \infty$ und bei der Messung nach b) der Strommesser einen Widerstand $R \cong 0$ aufweisen soll.

Falls der Kurzschlussversuch zu einem unzulässig hohen Strom I_K führen sollte, kann man zur Bestimmung von U_q und R_i zwei andere Versuche, mit zwei beliebigen Werten des Belastungswiderstandes R, durchführen. Es gilt dann:

$$U_1 = U_q - R_i \cdot I_1$$

$$U_2 = U_q - R_i \cdot I_2 \; .$$

Aus diesen zwei Gleichungen kann man U_q und R_i bestimmen:

$$R_i = \frac{U_2 - U_1}{I_1 - I_2} \tag{5.1}$$

$$U_q = \frac{U_1 \cdot I_2 - U_2 \cdot I_1}{I_2 - I_1} \tag{5.2}$$

■ **Beispiel 5.1**
An einer Spannungsquelle werden bei dem Strom $I_1 = 4\,A$ die Spannung $U_1 = 200\,V$ und bei dem Strom $I_2 = 5\,A$ die Spannung $U_2 = 195\,V$ gemessen. Wie groß sind die Quellenspannung U_q und deren Innenwiderstand R_i ?

Es gelten die Gleichungen:

$$U_1 = U_q - R_i \cdot I_1$$

$$U_2 = U_q - R_i \cdot I_2 \; .$$

Durch Subtraktion und Umformen ergibt sich:

$$R_i = \frac{U_1 - U_2}{I_2 - I_1} = \frac{(200 - 195)\,V}{(5 - 4)\,A} = 5\,\Omega$$

$$U_q = U_1 + R_i \cdot I_1 = 200\,V + 5\,\Omega \cdot 4\,A = 220\,V$$

■

■ **Aufgabe 5.1**
Wenn man an eine Gleichspannungsquelle nacheinander die Widerstände $R_1 = 10\,\Omega$ und $R_2 = 6\,\Omega$ anschließt, so verändert sich die Klemmenspannung $U_1 = 10\,V$ zu $U_2 = 9\,V$.
Bestimmen Sie die Quellenspannung U_q und den Innenwiderstand R_i der Quelle.

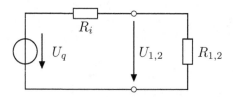

■

Als Ersatzschaltbild einer Spannungsquelle gilt eine Quellenspannung U_q in Reihe mit dem Innenwiderstand R_i.

U_q **und** R_i sind **unabhängig von der Last** :

- $U_q = const.$

- $R_i = const.$

Dann ist die Beziehung:

$$U = U_q - R_i \cdot I \tag{5.3}$$

eine Gerade und die Spannungsquelle ist **linear**.
Die Abbildung 5.6 stellt die Klemmenspannung U einer linearen Spannungsquelle als Funktion des Belastungsstroms I dar.
Bei $I = 0$ (Leerlauf) gibt die Quelle die maximale Spannung U_q ab. Im Kurzschlussfall ($U = 0$) erzeugt sie den maximalen Strom I_K. Der innere Widerstand R_i begrenzt den Kurzschlussstrom $\left(I_K = \dfrac{U_q}{R_i} \right)$. Eine Spannungsquelle soll einen möglichst **kleinen** Innenwiderstand haben, im Idealfall $R_i = 0$.

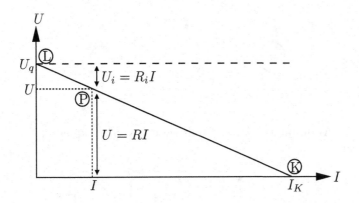

Abbildung 5.6.: Quellengerade einer Spannungsquelle

5.2.2. Stromquellen

Bisher wurde eine Quelle elektrischer Energie durch die Ersatzschaltung einer Spannungsquelle verwirklicht, die im Leerlauf unmittelbar die Leerlaufspannung U_l als Quellenspannung U_q erzeugt. U_q ist konstant, d.h. unabhängig von der Last ($U_q = R_i \cdot I_K$). Es gilt (s. Abbildung 5.6):

$$U = U_q - R_i \cdot I = R_i \cdot I_K - R_i \cdot I \quad \text{und} \quad I = I_K - \frac{U}{R_i} \, .$$

Daraus folgt für den Strom:

$$I = I_K - I_i \, . \tag{5.4}$$

Man kann jetzt von dieser Gleichung ausgehen und eine Ersatzschaltung für eine Quelle angeben, die bei Kurzschluss der Klemmen den **Kurzschlussstrom I_K als Quellenstrom I_q** liefert.

Auch diese Schaltung wird einen Innenwiderstand R_i aufweisen, jedoch nicht mehr in Reihe zur idealen Stromquelle, denn dort wäre er unwirksam. Da die ideale Stromquelle einen **konstanten** Quellenstrom I_K abgibt, der unabhängig von der Last ist, muss sie einen unendlich großen Widerstand aufweisen. [2] Drei gebräuchliche Darstellungen für Stromquellen zeigt die Abbildung 5.7.

Nach der 1. Kirchhoffschen Gleichung ergibt sich mit $G_i =$ innerer Leitwert und $G =$ Leitwert der Last (Abbildung 5.8):

$$I_q = I_i + I = G_i \cdot U + G \cdot U = U \cdot (G_i + G)$$

$$U = \frac{I_q}{G_i + G} \, .$$

---

[2]Dies hebt man hervor, indem man den Kreis des Schaltzeichens für die ideale Stromquelle an zwei Stellen unterbricht oder in den Kreis eine horizontale Linie zeichnet.

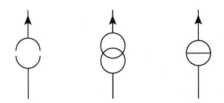

Abbildung 5.7.: Darstellungen von Stromquellen

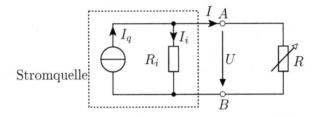

Abbildung 5.8.: Stromquelle mit veränderlichem Lastwiderstand

Der Verbraucherstrom I wird danach:

$$I = G \cdot U = I_q \cdot \frac{G}{G_i + G} = I_q - G_i \cdot U \qquad (5.5)$$

(analog wie Gleichung (5.3)). Die Abbildung 5.9 zeigt die Abhängigkeit $I = f(U)$, wenn I_q und G_i **konstant** sind.

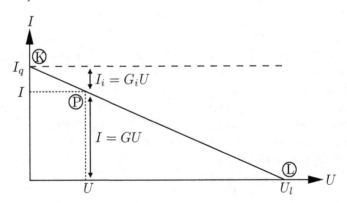

Abbildung 5.9.: Quellengerade einer Stromquelle

Bei Kurzschluss ($U = 0$) ist $I_K = I_q$, im Leerlauf ($I = 0$) ist $U = U_l$.
Der innere Leitwert der Quelle ist:

$$G_i = \frac{I_K}{U_l} \Longrightarrow R_i = \frac{U_l}{I_K} .$$

Merksatz *Der Innenwiderstand der Stromquelle ist genau derselbe wie der Innenwiderstand der Spannungsquelle (aber parallel geschaltet).*

Schlussfolgerung:
Wenn eine Quelle die Leerlaufspannung U_l, den Kurzschlussstrom I_K und den Innenwiderstand R_i aufweist, so kann man sie sowohl als Spannungsquelle mit $U_q = U_l$, als auch als Stromquelle mit $I_q = I_K$ auffassen. In beiden Schaltungen ist R_i derselbe, einmal in Reihe und einmal parallel geschaltet. Beide Schaltungen verhalten sich nach außen völlig gleich. Sie sind äquivalent.

5.2.3. Innenwiderstand

Es soll noch einmal betrachtet werden, wie das Verhältnis zwischen dem Innenwiderstand R_i und dem Lastwiderstand R sein muss, damit eine Quelle eine nahezu konstante Spannung oder einen nahezu konstanten Strom abgibt.

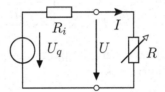

Abbildung 5.10.: Spannungsquelle mit Innenwiderstand R_i und variablem Lastwiderstand R

Die Bedingung $U \approx const.$ liefert folgende Beziehung (siehe Abbildung 5.10):

$$U = R \cdot I = R \cdot \frac{U_q}{R_i + R} = \frac{U_q}{1 + \frac{R_i}{R}} \ .$$

Damit $U \approx U_q = const.$ ist, muss $\frac{R_i}{R} \to 0$ gelten. Eine Quelle konstanter Spannung muss $R_i \ll R$ erfüllen, im Idealfall $R_i = 0$.
Mit der Bedingung $I \approx const.$ folgt:

$$I = \frac{U_q}{R_i + R} = \frac{U_q}{R_i} \cdot \frac{1}{1 + \frac{R}{R_i}} = I_K \cdot \frac{1}{1 + \frac{R}{R_i}} \ .$$

Damit $I \approx I_K = const.$ ist, muss $\frac{R}{R_i} \to 0$ sein: die Quelle mit konstantem Strom muss $R_i \gg R$ erfüllen, im Idealfall $R_i = \infty$.

5.2.4. Kennlinienfelder

Betrachten wir noch einmal die Schaltung mit einer Spannungsquelle (Abbildung 5.10): Der linke Zweipol ist „aktiv", der rechte ist „passiv".

Hier ist die Klemmenspannung U sowohl die Klemmenspannung der Quelle als auch die des Verbrauchers. Der Strom I und die Spannung U müssen beiden Gleichungen genügen.

Zeichnet man die Zusammenhänge $U = f(I)$ an der Quelle und $U = R \cdot I$ am Verbraucher in dasselbe Diagramm ein, so ergibt der Schnittpunkt der beiden Geraden den so genannten **„Arbeitspunkt"** der Schaltung (siehe Abbildung 5.11 links).

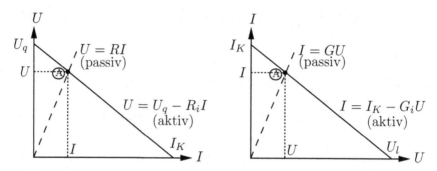

Abbildung 5.11.:   Arbeitspunkte einer Spannungsquelle (links) und einer Stromquelle (rechts)

Ähnlich bestimmt man den Arbeitspunkt einer Stromquelle, jedoch in dem $I = f(U)$–Diagramm (Abbildung 5.11 rechts).

Ändern sich die Parameter U_q, R_i oder R, so ergeben sich „Kennlinienfelder" (Abbildung 5.12).

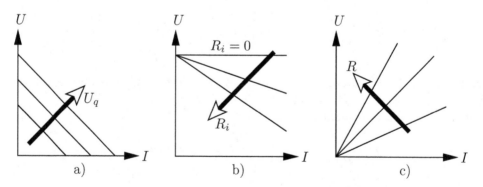

Abbildung 5.12.:   Einfluss der Quellenspannung U_q (a), des Innenwiderstandes R_i (b) und des Lastwiderstandes R (c)

a) Die Neigung der Geraden wird von dem Innenwiderstand R_i bestimmt, sie ändert sich also nicht. Dagegen ändert sich der Kurzschlussstrom I_K.

b) Bei $R_i = 0$ bleibt die Spannung konstant (ideale Spannungsquelle). Wenn R_i steigt, fallen die Quellengeraden steiler ab.

c) Wenn der Lastwiderstand R größer wird, werden die Lastgeraden steiler.

Bei **nichtlinearen** Quellen (z.B. Nebenschlussgenerator, siehe Abbildung 5.13) oder Verbrauchern (z.B. Heiß- oder Kaltleiter) ergibt sich der Arbeitspunkt **graphisch** als Schnittpunkt der beiden Kennlinien. Auf Abbildung 5.13 ist der Arbeitspunkt eines Gleichstrom-Nebenschlussgenerators, der einen Heißleiter speist, dargestellt.

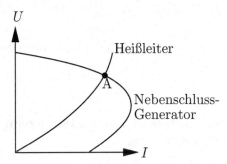

Abbildung 5.13.: Bestimmung des Arbeitspunktes bei einer nichtlinearen Quelle (Nebenschlussgenerator) und einem nichtlinearen Verbraucher (Heißleiter)

5.3. Aktive Ersatz–Zweipole

5.3.1. Ersatzspannungsquelle

Abbildung 5.14.: Aktiver Ersatz-Zweipol

Jeder beliebige **lineare** Zweipol aus ohmschen Widerständen und Spannungquellen muss an den Klemmen einen **linearen** Zusammenhang zwischen Spannung und Strom der Form

$$U = K_1 - K_2 \cdot I \qquad (5.6)$$

aufweisen. Die beiden Konstanten können durch einen Leerlaufversuch ($I = 0$, $U = U_l$)

$$K_1 = U_l$$

und durch einen Kurzschlussversuch $(U = 0, I = I_K)$

$$K_2 = \frac{K_1}{I_K} = \frac{U_l}{I_K}$$

bestimmt werden. Der Zusammenhang zwischen Strom und Spannung $(U = f(I))$ wird:

$$U = U_l - \frac{U_l}{I_K} \cdot I \qquad (5.7)$$

Vergleicht man (5.7) mit der Spannungsgleichung einer Spannungsquelle:

$$U = U_q - R_i \cdot I$$

so ergibt sich:
Jeder lineare Zweipol kann durch eine Ersatzspannungsquelle ersetzt werden, deren Quellenspannung

$$\boxed{U_q = U_l} \qquad (5.8)$$

und deren Innenwiderstand

$$\boxed{R_i = \frac{U_l}{I_K}} \qquad (5.9)$$

ist. Wie der Zweipol im Inneren[3] aussieht, spielt dabei keine Rolle.

Merksatz *Zweipol und Ersatzspannungsquelle verhalten sich nach außen identisch. Die Beziehung $U = f(I)$ ist dieselbe.*

■ **Beispiel 5.2**
Für den untenstehenden linearen Zweipol (Spannungsteiler) sollen die Parameter der Ersatzspannungsquelle bestimmt werden.

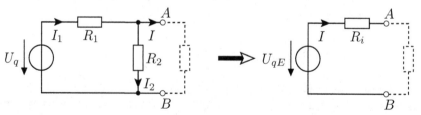

Bei Leerlauf fließt durch R_2 der Strom

$$I_2 = \frac{U_q}{R_1 + R_2}$$

---

[3]im Inneren bedeutet: links von den Klemmen

und somit ist

$$U_l = R_2 \cdot I_2 = \frac{R_2 \cdot U_q}{R_1 + R_2} \ .$$

Beim Kurzschluss ist

$$I_K = \frac{U_q}{R_1} \ ,$$

woraus sich für den Innenwiderstand

$$R_i = \frac{U_l}{I_K} = \frac{R_1 \cdot R_2}{R_1 + R_2}$$

*ergibt. Die gesuchte Ersatzschaltung besteht also aus einer **neuen** Quelle mit der Quellenspannung U_l und dem Innenwiderstand R_i. Diese Quelle ist **fiktiv**. Ihre Parameter unterscheiden sich immer von den Parametern der tatsächlich in der Schaltung auftretenden Quellen.*

Bemerkung:
R_i kann als Parallelschaltung von R_1 und R_2 aufgefasst werden. Zu diesem Ergebnis kommt man auch, wenn man

- *die Quelle U_q kurzschließt ($U_q = 0$),*

- *den gesuchten Widerstand bestimmt, der sich von den Klemmen A und B aus (in die Schaltung hinein) ergibt.*

∎

5.3.2. Ersatzstromquelle

Rein formal kann man jeden linearen Zweipol nicht nur durch eine Ersatzspannungsquelle, sondern auch durch eine Ersatzstromquelle ersetzen, die einen **konstanten** Strom I_q liefert. Dieser Quellenstrom I_q fließt im Kurzschlussfall als Kurzschlussstrom I_K an den Klemmen.

Die Abbildung 5.15 zeigt das Schaltbild dieser Ersatzstromquelle.

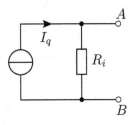

Abbildung 5.15.: Schaltbild der Ersatzstromquelle

Der Innenwiderstand R_i erscheint parallel zur Stromquelle. Er soll sehr **groß** sein, im Idealfall $R_i = \infty$.

Stromquellen werden durch elektronische Schaltungen erzeugt. Sind $I_q = I_K = const.$ und $R_i = const.$, so hat man eine lineare Stromquelle.

Merksatz *Bei Ersatzstromquellen arbeitet man einfacher mit Leitwerten G.*

■ **Beispiel 5.3**
Für den Spannungsteiler aus Beispiel 5.2 soll man auch die Parameter I_q und R_i der Ersatzstromquelle bestimmen.
I_q ist der Kurzschlussstrom:

$$I_q = I_K = \frac{U_q}{R_1} \ .$$

Der Innenwiderstand ist derselbe:

$$R_i = \frac{R_1 \cdot R_2}{R_1 + R_2} \ .$$

Man kann überprüfen, dass

$$I_K = \frac{U_l}{R_i}$$

ist.   ■

5.3.3. Vergleich zwischen Ersatzspannungs– und Ersatzstromquelle

Zusammenfassend kann man die in Tabelle 5.1 wiedergegebenen Zusammenhänge für Ersatzspannungsquelle und Ersatzstromquelle festhalten.

Merksatz *Strom– und Spannungsquelle verhalten sich **dual**, d.h. alle Gleichungen der zweiten ergeben sich aus den ersten, wenn man U und I sowie R und G gegeneinander vertauscht.*

Bemerkung:
Ersatzspannungsquellen bevorzugt man dann, wenn $R \gg R_i$ ist, also bei

- Batterien
- Akkus
- Gleichstromnetzen, die einen relativ kleinen Innenwiderstand haben.

Ersatzstromquellen bevorzugt man hingegen dann, wenn es sich um Schaltungen handelt, bei denen $R_i \gg R$ ist, also z.B. bei Röhren– und Transistorschaltungen in der Informationstechnik.

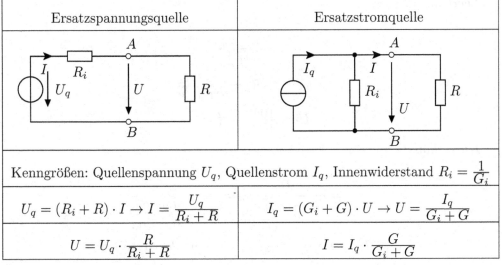

Ersatzspannungsquelle	Ersatzstromquelle
Kenngrößen: Quellenspannung U_q, Quellenstrom I_q, Innenwiderstand $R_i = \frac{1}{G_i}$	
$U_q = (R_i + R) \cdot I \rightarrow I = \dfrac{U_q}{R_i + R}$	$I_q = (G_i + G) \cdot U \rightarrow U = \dfrac{I_q}{G_i + G}$
$U = U_q \cdot \dfrac{R}{R_i + R}$	$I = I_q \cdot \dfrac{G}{G_i + G}$

Tabelle 5.1.: Gegenüberstellung von Ersatzspannungs– und Ersatzstromquelle

■ Beispiel 5.4

Bestimmen Sie für die Schaltung aus Abbildung 5.16 die Parameter der Ersatz-spannungsquelle und der Ersatzstromquelle.
Es gilt: $U_q = 10\,V$, $R_1 = 5\,\Omega$, $R_2 = 5\,\Omega$, $R_3 = 10\,\Omega$.

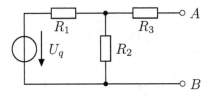

Abbildung 5.16.: Schaltbild zu Beispiel 5.4

Man berechnet die Leerlaufspannung U_l, den Kurzschlussstrom I_K und den Innenwiderstand R_i.

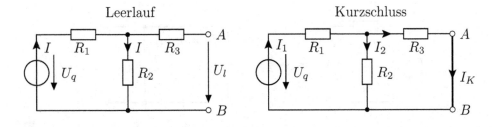

Leerlauf:

$$I = \frac{U_q}{R_1 + R_2}$$

$$U_l = I \cdot R_2 = \frac{U_q \cdot R_2}{R_1 + R_2}$$

$$U_l = \frac{10\,V \cdot 5\,\Omega}{(5+5)\,\Omega} = 5\,V$$

Kurzschluss:

$$I_1 = \frac{U_q}{R_1 + (R_2 \| R_3)} = \frac{U_q}{R_1 + \dfrac{R_2 \cdot R_3}{R_2 + R_3}}$$

$$I_K = I_1 \cdot \frac{R_2}{R_2 + R_3} \qquad \text{(Stromteiler–Regel)}$$

$$I_K = \frac{U_q \cdot R_2}{R_1(R_2 + R_3) + R_2 \cdot R_3}$$

$$I_K = \frac{10V \cdot 5\Omega}{(5 \cdot 15 + 50)\Omega^2} = 0,4\,A$$

Innenwiderstand:

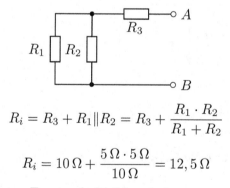

$$R_i = R_3 + R_1 \| R_2 = R_3 + \frac{R_1 \cdot R_2}{R_1 + R_2}$$

$$R_i = 10\,\Omega + \frac{5\,\Omega \cdot 5\,\Omega}{10\,\Omega} = 12,5\,\Omega$$

Die beiden äquivalenten Ersatzschaltbilder sind:

5.3.4. Die Sätze von den Zweipolen (Thévenin–Theorem und Norton–Theorem)

Der **Strom I_{AB}** in einem (passiven) Widerstandszweig A–B vom Widerstand R eines linearen Netzwerkes lässt sich so berechnen, dass man R aus dem Netzwerk herauslöst und das verbleibende Netzwerk als **Ersatzspannungsquelle** betrachtet (siehe Abbildung 5.17).

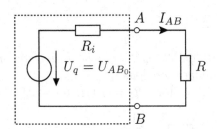

Abbildung 5.17.: Spannungsquelle mit Innenwiderstand R_i

Die Quellenspannung ist die Leerlaufspannung U_{AB_0} an den Klemmen A–B; den Innenwiderstand R_i findet man, wenn man im Restnetzwerk alle Zweige „passiv" macht, d.h. alle idealen Spannungsquellen als Kurzschluss und alle idealen Stromquellen als unterbrochenen Netzzweig betrachtet und den Eingangswiderstand an den offenen Klemmen berechnet.
Dann ist:

$$\boxed{I_{AB} = \frac{U_{AB_0}}{R_i + R}} \quad \textbf{Thévenin–Theorem} \quad (5.10)$$

Dieser Satz ist sehr nützlich, wenn nur nach **einem** Strom in einem passiven Zweig gefragt wird.
Ein ähnlicher Satz ersetzt das Netzwerk durch eine **Ersatzstromquelle** und berechnet die **Spannung U_{AB}** an den Klemmen (siehe Abbildung 5.18).

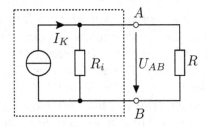

Abbildung 5.18.: Stromquelle mit Innenwiderstand R_i

Die **Spannung U_{AB}** an einem Widerstand R ist das Verhältnis zwischen dem Kurzschlussstrom des Netzes an den Klemmen A–B und der Summe aus dem

Leitwert $G = \frac{1}{R}$ und dem inneren Leitwert $G_i = \frac{1}{R_i}$ des „passiven" Restnetzes.

$$\boxed{U_{AB} = \frac{I_K}{G_i + G}} \quad \textbf{Norton–Theorem} \qquad (5.11)$$

Dieser Satz ist besonders nützlich, wenn $G_i \ll G$, also $R_i \gg R$ ist, so dass die Spannung $U_{AB} \approx \frac{I_K}{G}$ ist. Dies ist z.B. in der Nachrichtentechnik sehr oft der Fall.

■ Beispiel 5.5

In der folgenden Schaltung soll der Strom I_3 in dem passiven Zweig mit dem Thévenin-Theorem berechnet werden.
Es gilt: $U_{q1} = 100\,V$, $U_{q2} = 80\,V$, $R_1 = 10\,\Omega$, $R_2 = 2\,\Omega$, $R_3 = 15\,\Omega$.

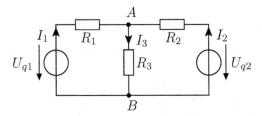

- *Zuerst löst man den passiven Zweig heraus:*

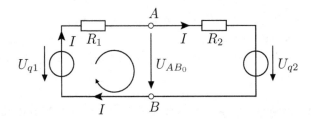

- *Nun berechnet man die Leerlaufspannung des Restnetzwerkes.*
  *Zur Berechnung der Leerlaufspannung benutzt man eine Umlaufgleichung, in der die gesuchte Spannung die einzige Unbekannte ist. Die zweite Kirchhoffsche Gleichung: „Die Summe aller Teilspannungen in einem geschlossenen Umlauf ist stets gleich Null" gilt auf **jedem** geschlossenen Umlauf, auch wenn Teile von ihm durch die Luft verlaufen. Um die Leerlaufspannung zu berechnen, muss man also einen Umlauf bilden, in dem diese Spannung beteiligt ist. Man kann einen solchen Umlauf mit der linken Quelle bilden:*

$$U_{AB_0} = U_{q_1} - R_1 \cdot I = U_{q_1} - R_1 \cdot \frac{U_{q_1} - U_{q_2}}{R_1 + R_2}$$

$$U_{AB_0} = \frac{U_{q_1} \cdot R_2 + U_{q_2} \cdot R_1}{R_1 + R_2} = \frac{100\,V \cdot 2\,\Omega + 80\,V \cdot 10\,\Omega}{(10 + 2)\,\Omega}$$

$$U_{AB_0} = \frac{250}{3}\,V$$

- Man berechnet den Innenwiderstand des passiven Netzes an den Klemmen $A - B$:

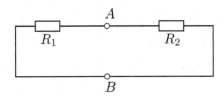

$$R_i = \frac{R_1 \cdot R_2}{R_1 + R_2} = \frac{10\,\Omega \cdot 2\,\Omega}{12\,\Omega} = \frac{5}{3}\,\Omega$$

- Der Strom I_3 ergibt sich als:

$$I_3 = \frac{U_{AB_0}}{R_i + R_3} = \frac{\dfrac{250}{3}\,V}{\dfrac{5}{3}\,\Omega + 15\,\Omega} = 5\,A\ .$$

∎

Man ersieht, dass dieses Theorem die gesamte Schaltung an den Klemmen des interessierenden, passiven Zweiges durch eine Ersatzspannungsquelle ersetzt.

∎ Beispiel 5.6

In derselben Schaltung (siehe letztes Beispiel) soll die Spannung U_{AB} am passiven Zweig mit dem Norton–Theorem berechnet werden.

- Man schließt die Klemmen A und B kurz

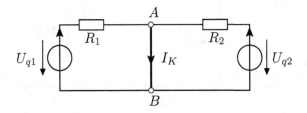

- Der Kurzschlussstrom ist die Überlagerung der von den zwei Quellen einzeln erzeugten Ströme:

$$I_K = \frac{U_{q_1}}{R_1} + \frac{U_{q_2}}{R_2}$$

$$I_K = \frac{100\,V}{10\,\Omega} + \frac{80\,V}{2\,\Omega} = 10\,A + 40\,A = 50\,A$$

- Der Innenwiderstand R_i wurde bereits (siehe letztes Beispiel) ermittelt:

$$R_i = \frac{5}{3}\,\Omega$$

- Die gesuchte Spannung ist dann:

$$U_{AB} = \frac{I_K}{G_i + G} = \frac{50\,A}{\left(\dfrac{3}{5} + \dfrac{1}{15}\right)\dfrac{1}{\Omega}} = \frac{50\,A \cdot 15\,\Omega}{10\,\Omega} = 75\,V$$

Bemerkung:
Es muss gelten: $U_{AB_0} = I_K \cdot R_i$. In der Tat gilt: $\frac{250}{3} = 50 \cdot \frac{5}{3}$.

■

■ Aufgabe 5.2 (Äquivalenz von Zweipolen)

Jeder Zweipol kann in Bezug auf seine Klemmen durch eine Ersatzspannungs- oder eine Ersatzstromquelle ersetzt werden. Zweipole, die sich an ihren Klemmen gleich verhalten, sind **äquivalent**, man kann sie von außen messtechnisch nicht unterscheiden.

Im Inneren können sie jedoch stark voneinander abweichen. Vor allem kann der Leistungsumsatz im Inneren **aktiver** Zweipole sehr unterschiedlich sein. Im Folgenden sollen die in der nächsten Abbildung dargestellten vier äquivalenten Zweipole, also Zweipole, die dieselbe Leerlaufspannung und denselben Kurzschlussstrom aufweisen, untersucht werden.

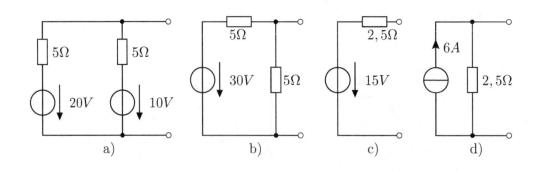

Die vier Zweipole sind:

   a)   *Zwei parallel geschaltete Spannungsquellen*

   b)   *Spannungsteiler*

   c)   *Ersatzspannungsquelle*

   d)   *Ersatzstromquelle.*

Für jeden Zweipol sollen die Leerlaufspannung U_l und der Kurzschlussstrom I_K berechnet werden. Sollten diese bei allen vier Zweipolen gleich groß sein, so sind die Zweipole äquivalent.

Es sollen auch die im Leerlauf und beim Kurzschluss umgesetzten Leistungen berechnet werden. Diese müssen jedoch nicht gleich groß sein, denn Leistungen hängen nicht linear von Spannung und Strom ab.

                                                                        ■

Bemerkung: Aktive Zweipole, die denselben Kurzschlussstrom und dieselbe Leerlaufspannung aufweisen, müssen nicht dieselben Leistungen verbrauchen. So z.B. wird in einer Spannungsquelle bei Leerlauf keine Leistung verbraucht, dagegen in der äquivalenten Stromquelle die Leistung $P = I_q^2 \cdot R_i$.

5.4. Leistung an Zweipolen

5.4.1. Leistungsanpassung

Sowohl in der Energie- als auch in der Nachrichtentechnik hat der aus Quelle, Leitung und Verbraucher bestehende Stromkreis die Aufgabe, dem Verbraucher elektrische Energie zuzuführen.

In der Praxis gibt es zwei betriebliche Forderungen, die in ihren Zielsetzungen sehr unterschiedlich sind:

- **Energietechnik:**
  Die Leistung der Quelle soll möglichst **verlustfrei** an den Verbraucher abgegeben werden.

$$\eta = \frac{P_a}{P_g} \quad \text{möglichst groß}$$

  In dieser Gleichung bedeuten P_a die Leistung am Verbraucher und P_g die Leistung der Quelle.

- **Nachrichtentechnik:**
  Es soll dem Verbraucher die **höchstmögliche Leistung** $P_{a_{max}}$ zugeführt werden. Damit sollen Nachrichten **ohne Verluste an Inhalt** übertragen werden; die Leistungsverluste auf der Leitung und in der Quelle selbst[4] sind – bei kleiner Energie – als unvermeidbar anzusehen. Dieser Betriebsfall wird **Leistungsanpassung** genannt.

---

[4]Diese Verluste entstehen an dem inneren Widerstand der Quelle R_i

Der Betriebsfall der Leistungsanpassung soll im Folgenden näher untersucht werden.

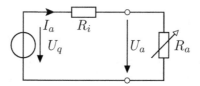

Abbildung 5.19.: Spannungsquelle mit Innenwiderstand R_i und Lastwiderstand R_a

Die in Abbildung 5.19 dargestellte Quelle erzeugt die Leistung:

$$P_g = U_q \cdot I_a = U_q \cdot \frac{U_q}{R_i + R_a} = \frac{U_q^2}{R_i + R_a} \; . \tag{5.12}$$

Die Nutzleistung im Verbraucher ist:

$$P_a = R_a \cdot I_a^2 = R_a \cdot \frac{U_q^2}{(R_i + R_a)^2} \; . \tag{5.13}$$

Die Funktion $P_a = f(R_a)$ hat sowohl für $R_a = 0$ (Kurzschluss), als auch für $R_a = \infty$ (Leerlauf) den Wert $P_a = 0$. Dazwischen muss mindestens ein Maximum liegen (sonst würde P_a immer gleich Null sein). Um den Widerstand R_a zu bestimmen, der zu der maximalen Leistung $P_{a_{max}}$ führt, bildet man die Ableitung:

$$\frac{dP_a}{dR_a} = U_q^2 \cdot \frac{(R_i + R_a)^2 - 2 \cdot R_a \cdot (R_i + R_a)}{(R_i + R_a)^4} = U_q^2 \cdot \frac{(R_i + R_a) - 2 \cdot R_a}{(R_i + R_a)^3} \; .$$

Die **Anpassungsbedingung** ist

$$\frac{dP_a}{dR_a} = 0 \text{ für } \boxed{R_i = R_a} \; . \tag{5.14}$$

Die maximal erreichbare Leistung beim Verbraucher ist

$$P_{a_{max}} = R_i \cdot \frac{U_q^2}{4 \cdot R_i^2} = \frac{U_q^2}{4 \cdot R_i} \; . \tag{5.15}$$

Die im Generator bei Leistungsanpassung erzeugte Leistung ist

$$P_g = \frac{U_q^2}{2 \cdot R_i} \; , \tag{5.16}$$

so dass der Wirkungsgrad bei Leistungsanpassung

$$\eta = \frac{P_a}{P_g} = 0,5$$

beträgt. 50% der Leistung der Quelle werden also im Verbraucherwiderstand und 50% im Innenwiderstand R_i umgesetzt.

Die Quelle liefert ihre maximale Leistung bei Kurzschluss ($R_a = 0$) (siehe Gleichung (5.12):

$$P_k = \frac{U_q^2}{R_i} \; . \tag{5.17}$$

5.4.2. Wirkungsgrad, Ausnutzungsgrad

Man definiert als **Ausnutzungsgrad** ε das Verhältnis der abgegebenen Nutz-leistung zu der maximalen Kurzschlussleistung P_k (in Betrag):

$$\varepsilon = \frac{P_a}{P_k} \; . \tag{5.18}$$

Man erkennt, dass ε am größten ist, wenn die abgegebene Leistung maximal ist.

$$\varepsilon_{max} = \frac{P_{a_{max}}}{P_k} = \frac{U_q^2}{4 \cdot R_i} \cdot \frac{R_i}{U_q^2} = 0,25 \; .$$

Bei Leistungsanpassung gilt also:

$\eta = 0,5 \; ; \quad \varepsilon = 0,25 \; ; \quad P_a = P_{a_{max}} = \frac{P_k}{4} \; ; \quad I_a = \frac{I_{a_k}}{2} \; ; \quad U_a = \frac{U_q}{2} \; .$

Bei einem beliebigen Verbraucherwiderstand R_a ist der Wirkungsgrad

$$\eta = \frac{P_a}{P_g} = \frac{R_a}{R_i + R_a} = \frac{\dfrac{R_a}{R_i}}{1 + \dfrac{R_a}{R_i}} = \frac{R_r}{1 + R_r} \text{ mit } R_r = \frac{R_a}{R_i} \; . \tag{5.19}$$

Es ist: $\eta = 0$ bei $R_a = 0$ (Kurzschluss); $\eta = 0,5$ bei $R_a = R_i$ (Anpassung); $\eta = 1$ bei $R_a = \infty$ (Leerlauf). Die Abbildung 5.20 erläutert die oben genannten Zusammenhänge graphisch.

In der Energietechnik soll $\eta \to 1$ gehen, also muss $\boldsymbol{R_i} \ll \boldsymbol{R_a}$ sein. Eine Leistungsanpassung wäre falsch, denn 50% der Quellenleistung würde in Wärme umgesetzt werden.

Für einen beliebigen Widerstand soll auch ε berechnet und auf Abbildung 5.20

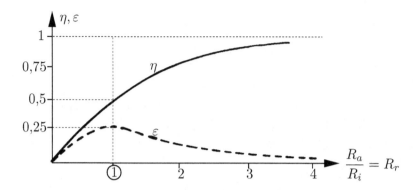

Abbildung 5.20.: Verlauf des Wirkungsgrades η und des Nutzungsgrades ε

dargestellt werden:

$$\varepsilon \;=\; \frac{P_a}{P_K} = R_a \cdot \frac{U_q^2}{(R_i + R_a)^2} \cdot \frac{R_i}{U_q^2} \tag{5.20}$$

$$=\; \frac{R_a \cdot R_i}{R_i^2 + 2 \cdot R_i \cdot R_a + R_a^2} = \frac{\dfrac{R_a}{R_i}}{1 + 2 \cdot \dfrac{R_a}{R_i} + \left(\dfrac{R_a}{R_i}\right)^2}$$

$$\varepsilon \;=\; \frac{R_r}{(1 + R_r)^2}.$$

5.4.3. Leistung, Spannung und Strom bei Fehlanpassung

Mit „Fehlanpassung" bezeichnet man alle Betriebszustände eines Stromkreises, die außerhalb der „Leistungsanpassung" ($R_a = R_i$) liegen. Es soll nochmals erwähnt werden, dass für die Energietechnik nur Fehlanpassungen ($R_a \gg R_i$) in Frage kommen.

Um die Abhängigkeit $P_a = f(R_r)$ zu bestimmen, also den Verlauf der Verbraucherleistung bei verschiedenen Belastungen, zeichnet man in einem Kennlinienfeld $U_a = f(I_a)$ die Quellengerade mit der entsprechenden Neigung (bestimmt von R_i) und einige Geraden für verschiedene Werte des Lastwiderstandes R_a (siehe Abbildung 5.21).

Auf Abbildung 5.21 gilt: $\tan \alpha = R_i$, $\tan \beta = R_a$.

Die Arbeitspunkte legen jeweils ein Rechteck fest, dessen Flächeninhalt $P_a = U_a \cdot I_a$ ist. Dieser Flächeninhalt ist am größten für den Arbeitspunkt A_2 (siehe Abbildung 5.21), also für $R_a = R_i$ (gleiche Neigung der Quellen- und der Widerstandsgeraden). Somit wird auch graphisch bewiesen, dass bei der Leistungsanpassung die Leistung am Verbraucher P_a die größtmögliche ist. Es

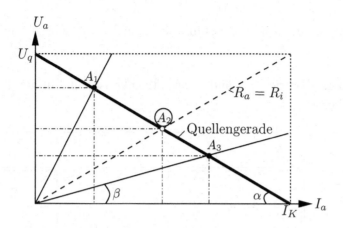

Abbildung 5.21.: Arbeitspunkte eines Stromkreises bei verschiedenen Belastungen

stellt sich die Frage, wie sich die Leistung am Verbraucher P_a, der Strom I_a und die Spannung U_a ändern, wenn $R_a \neq R_i$ ist, also bei **Fehlanpassung**. Die Antwort gibt die Abbildung 5.22. In dieser Abbildung sind die relativen Werte von P_a, I_a und U_a (bezogen auf die jeweiligen Maxima) skizziert. Dabei bedeuten:

- $R_r = 0$: Kurzschluss

- $R_r = 1$: Leistungsanpassung.

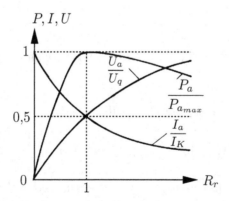

Abbildung 5.22.: Verlauf von Leistung, Strom und Spannung bei verschiedenen Belastungen

Die Betrachtung der Kurvenverläufe lässt folgende Schlüsse zu:
1. Die **Leistung** P_a ist bei Kurzschluss Null und maximal bei $R_r = 1$.
2. Der **Strom** ist bei Kurzschluss maximal, bei $R_r = 1$ ist er $\frac{I_K}{2}$ und nimmt dann weiter ab.

3. Die **Spannung** ist im Kurzschluss Null, bei $R_r = 1$ ist sie $\frac{U_q}{2}$ und nimmt zu.

Die verschiedenen Betriebszustände eines Stromkreises sind in der Tabelle 5.2 zusammengefasst.

Betriebszustand	R_a	P_g	P_a	η
Kurzschluss	0	$P_k = \dfrac{U_q^2}{R_i}$	0	0
Unteranpassung	$< R_i$		$0 < P_a < P_{a_{max}}$	$0 < \eta < 0,5$
Anpassung	$= R_i$	$P_g = \dfrac{U_q^2}{2 \cdot R_i}$	$P_{a_{max}} = \dfrac{U_q^2}{4 \cdot R_i}$	$0,5$
Überanpassung	$> R_i$		$0 < P_a < P_{a_{max}}$	$0,5 < \eta < 1$
Leerlauf	∞	0	0	$\eta = 1$

Tabelle 5.2.: Betriebszustände eines Stromkreises

Die Wahl des geeigneten Lastwiderstandes R_a hängt also von der Zielsetzung der Übertragung ab: Der von der Energietechnik geforderte sehr große Lastwiderstand ist für die Nachrichtentechnik ungünstig. Dort soll $R_a = R_i$ sein.

■ **Beispiel 5.7**
Zwei Akkuzellen mit $U_q = 2\,V$ und $R_i = 0,05\,\Omega$ sollen auf zwei Widerstände $R_a = 0,2\,\Omega$

1. *die größtmögliche Leistung $P_{a_{max}}$ übertragen,*

2. *mit dem besten Wirkungsgrad η_{max} arbeiten.*

Welche Schaltungen muss man hierfür vorsehen, und welche Verbraucherleistungen P_a werden dann mit welchem Wirkungsgrad η erzeugt?

1. Als erstes muss eine Leistungsanpassung realisiert werden, also $R_i = R_a$. Dies ist in diesem Fall (nicht immer!) möglich, wenn man die Innenwiderstände in Reihe ($2 \cdot R_i = 0,1\,\Omega$) und die belastenden Widerstände parallel schaltet $\left(\dfrac{R_a}{2} = 0,1\,\Omega \right)$.

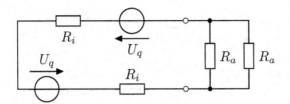

Die wirksame Quellenspannung ist die Summe $2 \cdot U_q$. Die abgegebene Leistung wird nach Gleichung (5.15):

$$P_a = P_{a_{max}} = \frac{(2 \cdot U_q)^2}{4 \cdot (2 \cdot R_i)} = \frac{4 \cdot U_q^2}{8 \cdot R_i} = \frac{4 \cdot (2\,V)^2}{8 \cdot 0,05\,\Omega} = 40\,W.$$

Der Wirkungsgrad braucht nicht mehr berechnet zu werden, da er bei der Leistungsanpassung immer 0,5 beträgt.

2. Für die zweite Fragestellung muss $R_i \ll R_a$ realisiert werden. Dazu schaltet man R_i parallel und R_a in Reihe.

Damit wird die abgegebene Leistung abnehmen, aber der Wirkungsgrad steigt an. Man erlangt den besten Wirkungsgrad, der mit den vorgegebenen Schaltelementen realisierbar ist.

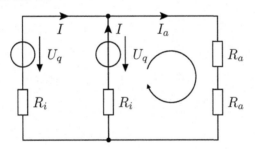

$$I = \frac{I_a}{2}; \quad U_q - R_i \cdot \frac{I_a}{2} = 2 \cdot R_a \cdot I_a$$

$$I_a = \frac{U_q}{2 \cdot R_a + \dfrac{R_i}{2}} = \frac{2\,V}{(0,4 + 0,025)\,\Omega} = 4,71\,A$$

$$P_a = 2 \cdot R_a \cdot I_a^2 = 0,4\,\Omega \cdot (4,71\,A)^2 = 8,87\,W$$

$$P_g = 2 \cdot U_q \cdot \frac{I_a}{2} = 2\,V \cdot 4,71\,A = 9,42\,W$$

$$\eta = \frac{8,87\,W}{9,42\,W} = 0,942 \; !!$$

Die folgende Schaltung ergibt einen kleineren Wert für den Wirkungsgrad η:

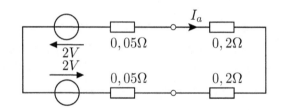

$$I_a = \frac{4\,V}{0,5\,\Omega} = 8\,A$$

$$P_a = R_a \cdot I_a^2 = 0,4\,\Omega \cdot (8\,A)^2 = 0,4\,\Omega \cdot 64\,A^2 = 25,6\,W$$

$$P_g = U_q \cdot I_a = 4\,V \cdot 8\,A = 32\,W$$

$$\eta = \frac{25,6\,W}{32\,W} = 0,8 \ !!$$

■

Merksatz: Um einen hohen Wirkungsgrad zu erreichen, genügt es nicht, dass R_a groß ist, der Quotient $\frac{R_a}{R_i}$ muss möglichst groß sein!

6. Nichtlineare Zweipole

6.1. Kennlinien nichtlinearer Zweipole

Bei vielen technisch wichtigen Bauelementen ist der Zusammenhang zwischen U und I nicht linear.
Bei der Berechnung von Schaltungen mit solchen **nichtlinearen Zweipolen** geht man von der Kennlinie $I = f(U)$ aus.

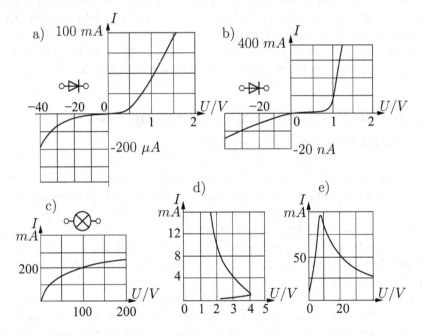

Abbildung 6.1.: Kennlinien einiger nichlinearer Bauelemente

Die Abbildung 6.1 zeigt die nichtlinearen $I - U$-Kennlinien folgender Bauelemente:

a) Germaniumdiode

b) Siliziumdiode

c) Glühlampe

d) Kaltleiter ($\alpha > 0$ ferromagnetische Metalle: Fe, Ni, Co)

e) Heißleiter ($\alpha < 0$ Elektrolyte, Halbleiter).

Die Dioden-Kennlinien (a, b) sind stark nichtlinear und weisen völlig unterschiedliche Verläufe in den positiven und negativen Spannungsbereichen auf. Um diesen Verlauf graphisch darstellen zu können ist man gezwungen, unterschiedliche Maßstäbe für die Spannung und für den Strom im positiven und im negativen Bereich zu verwenden (siehe Abbildung 6.1 a und b). Man ersieht, dass die Stromwerte im Bereich negativer Spannungen (in „Sperrrichtung") um einige Größenordnungen kleiner als im Bereich positiver Spannungen sind. Die Dioden sollen in einer Richtung leiten und in der anderen „sperren".

Eine Glühlampe (Abbildung 6.1 c) verhält sich dagegen in beiden Spannungsbereichen gleich, so dass die Darstellung der Kennlinie im Bereich positiver Spannungen genügt.

Ganz anders als die drei vorherigen sehen die Kennlinien d) und e) aus. Während bei den Dioden (a, b) und bei der Glühlampe (c) die Zuordnung zwischen U und I **eindeutig** ist, d.h.: jedem Stromwert entspricht ein einziger Spannungswert, verhalten sich Heiß- und Kaltleiter **nicht-eindeutig**. Auf Abbildung 6.1 e) kann man z.B. sehen, dass dem Stromwert $50\,mA$ zwei Spannungswerte entsprechen: $5\,V$ und $20\,V$. Welcher Arbeitspunkt sich im Stromkreis einstellt, hängt von der „Vorgeschichte" des Kreises ab.

6.2. Reihen– und Parallelschaltung von nichtlinearen Zweipolen

Bei der Reihen- und Parallelschaltung von linearen Widerständen hat man nach dem Gesamtwiderstand gesucht, der die Schaltung elektrisch ersetzen kann. Dieser Widerstand konnte rechnerisch ermittelt werden.

Auch bei nichtlinearen Elementen wird die I–U–Kennlinie des Ersatz–Zweipols gesucht. Da jedoch eine mathematisch exakte Beschreibung solcher Kennlinien verständlicherweise praktisch unmöglich ist (siehe Abbildung 6.1), ist man hier auf **graphische** Verfahren angewiesen.

Dazu müssen die I–U–Kennlinien der in Reihe geschalteten Elemente vorgegeben sein (diese werden von den Herstellern der nichtlinearen Bauelemente entweder in Tabellenform oder als Diagramme zur Verfügung gestellt).

Bei der **Reihenschaltung** werden die Zweipole von **demselben Strom** durchflossen. Man muss also bei mehreren Stromwerten die Teilspannungen addieren. Damit erhält man die Kennlinie des nichtlinearen Ersatz–Zweipols (EZ).

Die Abbildung 6.2 zeigt das graphische Verfahren der Reihenschaltung. Die gesuchte Kennlinie des Ersatz-Zweipols (EZ) liegt immer flacher als die Kennlinien der in Reihe geschalteten Elemente. Dies entspricht der bekannten Tatsache, dass der Gesamtwiderstand einer Reihenschaltung immer größer als der größte beteiligte Widerstand ist.

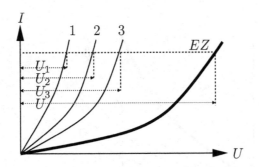

Abbildung 6.2.: Graphische Bestimmung der Kennlinie des Ersatz–Zweipols bei
der Reihenschaltung von drei nichtlinearen Elementen

■ **Beispiel 6.1**
Als Beispiel für eine Reihenschaltung von nichtlinearen Elementen soll eine
Schaltung zur Polaritätsanzeige (siehe Abbildung 6.3) betrachtet werden.

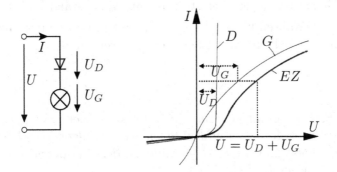

Abbildung 6.3.: Schaltung zu Beispiel 6.1

Ein Stromkreis aus einer Diode, in Reihe geschaltet mit einer Glühlampe, kann
dazu dienen, die + Klemme einer Gleichspannungsquelle zu identifizieren.
Die vorherige Abbildung zeigt die Schaltung (links) und die $I - U$-Kennlinien
der beiden Elemente, wie auch ihre graphische Reihenschaltung (rechts).
Man ersieht leicht, dass wenn man eine positive Spannung anlegt, die Glühlam-
pe leuchtet, während bei einer negativen Spannung der Strom durch die Lampe
so gering ist, dass sie nicht leuchten kann.

■

Bei der **Parallelschaltung** bleibt die **Spannung** dieselbe. Jetzt müssen bei
mehreren Spannungen die Teilströme punktweise addiert werden (Abbildung
6.4).
Die Kennlinie des Ersatz–Zweipols (EZ) verläuft in diesem Falle steiler als
die steilste Kennlinie der beteiligten, parallel geschalteten Elemente. Dies ent-

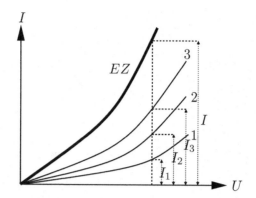

Abbildung 6.4.: Graphische Bestimmung der Kennlinie des Ersatz–Zweipols bei der Parallelschaltung von drei Elementen

spricht der bekannten Tatsache, dass der Gesamtwiderstand einer Parallelschaltung immer kleiner ist als der kleinste beteiligte Widerstand.

Das graphische Verfahren kann man auch anwenden, wenn lineare und nichtlineare Zweipole parallel bzw. in Reihe geschaltet werden.

■ **Beispiel 6.2**

Die folgende Schaltung mit zwei antiparallel geschalteten Dioden schützt den linearen Verbraucher R vor zu großen Strömen. Die folgende Abbildung zeigt die Schaltung (links) und die I − U-Kennlinien der drei beteiligten Elemente und des Ersatz–Zweipols (rechts).

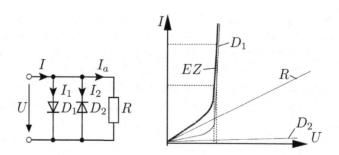

Nimmt I zu, so geht ein wachsender Anteil auf die leitende Diode über. Am Verbraucher R fällt nur eine begrenzte Spannung ab. Bei umgekehrter Stromrichtung schützt die andere Diode (EZ–Kennlinie symmetrisch).

■

6.3. Netze mit nichtlinearen Zweipolen

Sind nichtlineare Elemente in einem Netz vorhanden, so muss man zur Bestimmung des Stromes ein **graphisches Lösungsverfahren** anwenden.

Als Beispiel soll die Schaltung nach Abbildung 6.5 gelten. Es soll der Strom in diesem Kreis bestimmt werden, für den U_q, R_i und die Dioden–Kenlinie $I = f(U)$ bekannt sind.

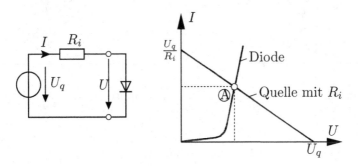

Abbildung 6.5.: Graphische Bestimmung des Arbeitspunktes in einem Stromkreis aus Quelle und nichlinearem Element

Die Maschengleichung auf der linken Masche lautet:

$$U_q = U + R_i \cdot I \longrightarrow I = \frac{U_q - U}{R_i} \; .$$

Diese Gleichung stellt die **„Quellen–Gerade"** dar, deren Lage nur von U_q und R_i abhängt.

Auf der rechten Masche gilt die nichlineare Kennlinie $I = f(U)$ der Diode.

Die Koordinaten des Schnittpunktes der Quellengeraden mit der Dioden–Kennlinie $I = f(U)$ erfüllen beide Gleichungen:

$$U_q = U + R_i \cdot I \text{ und } I = f(U)$$

und stellen die graphische Lösung dieses Gleichungssystems dar (Abbildung 6.5, Punkt A). Verändern sich R_i oder U_q, so verändern sich die Quellengeraden.

Auf Abbildung 6.6 links variiert R_i während rechts Kennlinien mit $R_i = const.$ dargestellt sind.

Man erkennt leicht, welche Rolle die Diode in diesem Stromkreis spielt: Die Spannung U bleibt fast konstant, obwohl U_q sich stark ändert. Die Diode stabilisiert die Spannung. Schaltet man parallel zu ihr einen linearen Verbraucher, so bleibt die Spannung (und somit der Strom) am Verbraucher praktisch konstant.

Schaltet man also in die Abbildung 6.5 parallel zu der Diode einen zweiten, variablen Widerstand R_N (siehe Abbildung 6.7), so gilt:

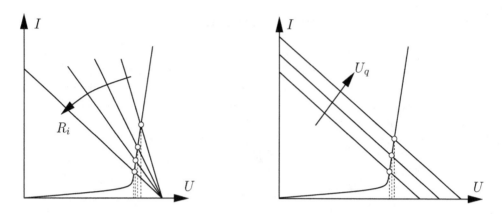

Abbildung 6.6.: Kennlinienfelder und die entsprechenden Arbeitspunkte

$$I_q = I_N + I$$
$$U_q = (I + I_N) \cdot R_i + U$$
$$I_N = \frac{U}{R_N}.$$

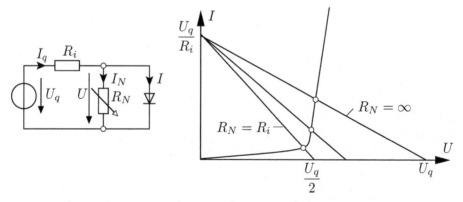

Abbildung 6.7.: Stromkreis mit zwei Widerständen und Diode

Die neue „Quellengerade" ist also:

$$U_q = \left(I + \frac{U}{R_N}\right) \cdot R_i + U = U \cdot \left(1 + \frac{R_i}{R_N}\right) + I \cdot R_i \ .$$

Diese wird in Abbildung 6.7 gezeigt. Die Achsenabschnitte sind:

- $U = 0 \Longrightarrow I = \dfrac{U_q}{R_i}$

- $I = 0 \Longrightarrow U = \dfrac{U_q}{1 + \dfrac{R_i}{R_N}}$.

Für $R_N = \infty$ gilt $U = U_q$ und somit derselbe Arbeitspunkt wie bei dem vorherigen Beispiel.

Ist $R_N = R_i$, so gilt $U = \dfrac{U_q}{2}$.

Bemerkung :

In Schaltungen mit einem nichtlinearen Element ist es oft sinnvoll, die gesamte Schaltung an den Anschlüssen des nichtlinearen Elementes durch eine Ersatz-Spannungs- oder Ersatz-Stromquelle zu ersetzen. Dann ergibt sich der Arbeitspunkt des Kreises als Schnittpunkt der Quellengerade der Ersatzquelle mit der Kennlinie des nichtlinearen Elementes. Somit wird nur ein einziger Punkt graphisch ermittelt, was zu sehr genauen Ergebnissen führt.

7. Analyse linearer Netze

7.1. Unmittelbare Anwendung der Kirchhoffschen Gleichungen (Zweigstromanalyse)

Die Aufgabe der Netzwerkanalyse ist die Berechnung der Spannungen und Ströme in beliebigen mit Gleichspannungen und –strömen gespeisten Netzen. Im Folgenden werden nur **lineare** Netze untersucht, bei denen in allen Elementen das Ohmsche Gesetz $U = R \cdot I$ mit $R = konstant$ gilt. Dann sind alle Gleichungen zur Berechung der Spannungen und Ströme linear.

Man kann in einem Netzwerk entweder die Ströme oder die Spannungen berechnen, denn sie sind über $U = R \cdot I$ voneinander abhängig.

Ein elektrisches Netzwerk besteht aus einzelnen **Zweigen** (z), die an den **Knoten**punkten (k) miteinander zusammenhängen und so **Maschen** bilden. In einem **Knoten** treffen mindestens drei Verbindungsleitungen zusammen. Ein **Zweig** verbindet zwei Knoten miteinander durch beliebige Elemente, die alle vom selben Strom durchflossen werden. Unter **Masche** versteht man einen in sich geschlossenen Kettenzug von Zweigen und Knoten (der **geschlossene** Umlauf kann allerdings teilweise durch die Luft verlaufen).

Zur Netzwerkberechnung stehen zur Verfügung:

- Die Kirchhoffschen Gleichungen

$$\sum_{\mu} I_{\mu} = 0 \qquad \text{für alle Knoten,}$$

$$\sum_{\mu} U_{\mu} = 0 \qquad \text{für alle Umläufe innerhalb des Netzes,}$$

- Das Ohmsche Gesetz $U = R \cdot I$, das in allen Widerständen gilt.

Um alle Ströme und Spannungen zu bestimmen (bei vorgegebenen Widerständen und Quellenspannungen), muss man also ein Gleichungssystem mit $2 \cdot z$ unabhängigen Gleichungen zur Verfügung haben. z Gleichungen werden von dem Ohmschen Gesetz geliefert. Von den k Knotengleichungen sind lediglich

$$k - 1$$

voneinander unabhängig (Euler-Theorem). Die k–te Gleichung lässt sich aus den übrigen Gleichungen ableiten und ist nicht mehr unabhängig. Es bleiben also

$$m = z - k + 1$$

unabhängige Maschen.

Merksatz *Eine einfache Methode zum Aufstellen der unabhängigen Spannungsgleichungen:*
Nach Aufstellen einer Spannungsgleichung trennt man die gerade betrachtete Masche an einer beliebigen Stelle auf. Die nächste Masche darf den aufgetrennten Zweig nicht enthalten, usw. bis alle Zweige berücksichtigt wurden.

Man kann sich leicht davon überzeugen, dass die Berechnung der Ströme und Spannungen in einem Netz mit Hilfe der Kirchhoffschen Gleichungen und des Ohmschen Gesetzes aufwändig ist. Allerdings führen sie immer zu dem korrekten Ergebnis.

■ **Beispiel 7.1**
Gegeben ist ein Netz mit drei Maschen und einer Spannungsquelle (Wheatstone–Brücke).

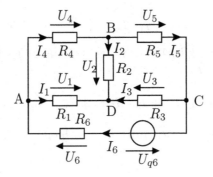

Abbildung 7.1.: Schaltung zu Beispiel 7.1 (Wheatstone–Brücke)

Das Netz hat $k = 4$ Knoten und $z = 6$ Zweige. Die Unbekannten sind die sechs Ströme und die sechs Spannungen. Man wählt für die Ströme willkürliche Richtungen, wie dies in der Schaltung bereits geschehen ist. Dann liefert das Ohmsche Gesetz sofort sechs Gleichungen in den sechs Widerständen:

$$U_1 = R_1 \cdot I_1 \qquad \text{Gleichung (1)}$$
$$U_2 = R_2 \cdot I_2 \qquad \text{Gleichung (2)}$$
$$U_3 = R_3 \cdot I_3 \qquad \text{Gleichung (3)}$$
$$U_4 = R_4 \cdot I_4 \qquad \text{Gleichung (4)}$$
$$U_5 = R_5 \cdot I_5 \qquad \text{Gleichung (5)}$$
$$U_6 = R_6 \cdot I_6 \qquad \text{Gleichung (6)}$$

Die vier Knoten liefern vier Gleichungen (1. Kirchhoffscher Satz):

$$\begin{aligned}
\text{Knoten } A: &\quad I_1 + I_4 - I_6 = 0 &\quad \text{Gleichung (7)}\\
\text{Knoten } B: &\quad I_2 + I_5 - I_4 = 0 &\quad \text{Gleichung (8)}\\
\text{Knoten } C: &\quad I_3 + I_6 - I_5 = 0 &\quad \text{Gleichung (9)}
\end{aligned}$$

Die Gleichung des Knotens D ist nicht mehr unabhängig, da sie sich durch die Addition der Gleichungen (7) bis (9) ergibt.

Die 2. Kirchhoffsche Gleichung soll auf $m = z - k + 1 = 6 - 4 + 1 = 3$ unabhängige Umläufe angewendet werden. Man zeichnet dazu eine Skizze der Schaltung und fängt z.B. mit der Masche ADB an. Der willkürliche Umlaufsinn sei nach rechts.

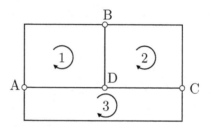

$$I_4 \cdot R_4 + I_2 \cdot R_2 - I_1 \cdot R_1 = 0 \qquad \text{Gleichung (10)}$$

Jetzt trennt man (gedanklich) den Zweig AB auf und sucht eine zweite komplette Masche, z.B. BCD:

$$-I_2 \cdot R_2 + I_3 \cdot R_3 + I_5 \cdot R_5 = 0 \qquad \text{Gleichung (11)}.$$

Wenn man jetzt den Zweig BC auftrennt, so bleibt als komplette Masche nur noch ACD übrig:

$$I_1 \cdot R_1 - I_3 \cdot R_3 + I_6 \cdot R_6 = U_{q6} \qquad \text{Gleichung (12)}.$$

Jede andere Masche, die man jetzt noch behandelt, ergibt eine Gleichung, die man aus den Gleichungen (10) bis (12) gewinnen kann, also abhängig ist. Jetzt verfügt man über sechs unabhängige Gleichungen für die sechs Zweigströme. Man kann aus den Gleichungen (1) bis (3) die Ströme I_1, I_2 und I_3 durch I_4, I_5 und I_6 ausdrücken und in die Gleichungen (10) bis (12) einsetzen. Ordnet man die Gleichungen, so erhält man:

$$-R_1 \cdot (-I_4 + I_6) + R_2 \cdot (I_4 - I_5) + R_4 \cdot I_4 = 0$$

$$-R_2 \cdot (I_4 - I_5) + R_3 \cdot (I_5 - I_6) + R_5 \cdot I_5 = 0$$

$$R_1 \cdot (-I_4 + I_6) - R_3 \cdot (I_5 - I_6) + R_6 \cdot I_6 = U_{q6}$$

Ordnet man diese Gleichungen nach den drei Strömen, so ergibt sich:

$$(R_1 + R_2 + R_4) \cdot I_4 \qquad\qquad -R_2 \cdot I_5 \qquad\qquad -R_1 \cdot I_6 = 0$$
$$-R_2 \cdot I_4 + (R_2 + R_3 + R_5) \cdot I_5 \qquad\qquad -R_3 \cdot I_6 = 0$$
$$-R_1 \cdot I_4 \qquad\qquad -R_3 \cdot I_5 + (R_1 + R_3 + R_6) \cdot I_6 = U_{q_6}$$

Die Untersuchung des Netzes mit drei Maschen führt also zu einem Gleichungssystem mit drei Gleichungen für drei Unbekannte (Ströme): I_4, I_5, I_6. ∎

Die Bestimmung der Ströme und Spannungen aus den Kirchhoffschen Gleichungen und dem Ohmschen Gesetz ist bei komplizierten Netzen sehr aufwändig. Es wurden andere Verfahren entwickelt, die den Aufwand durch geeignete Gleichungsauswahl erheblich reduzieren. Diese Verfahren reduzieren die Anzahl der zu lösenden Gleichungen.

Die Bedeutung der Reduzierung der Anzahl der Gleichungen für den Rechenaufwand zur Lösung eines Gleichungssystems wird klar, wenn man berücksichtigt, dass dieser etwa proportional der 3. Potenz der Gleichungsanzahl ist (bzw. sein kann). Eine Reduzierung der Anzahl auf die Hälfte reduziert den Rechenaufwand auf ein Achtel!

Die rapide Entwicklung der kleinen und großen Rechner in den letzten Jahren bringt allerdings die Frage mit sich, ob eine solche Reduzierung überhaupt noch interessant ist. Sie ist es auf jeden Fall, wenn man parametrische Untersuchungen durchführen möchte, also wenn man mathematische Abhängigkeiten der Ströme von bestimmten Schaltungselementen (Widerstände oder Quellenspannungen) benötigt. Diese Situation kommt bei der Auslegung oder Optimierung von Schaltungen oft vor. Eins muss jedoch klar bleiben:

Die Zahl der Unbekannten ist im allgemeinen Fall z (oder $2 \cdot z$, wenn man Ströme **und** Spannungen bestimmen soll). Man kann sie jedoch ausgehend von verschiedenen Gleichungssystemen bestimmen.

7.2. Überlagerungssatz und Reziprozitätssatz

7.2.1. Überlagerungssatz (Superpositionsprinzip nach Helmholtz)

Ist ein Netzwerk **linear**, so besteht zwischen einem beliebigen Strom und einer beliebigen Quellenspannung ein linearer Zusammenhang. So wird in der Schaltung nach Abbildung 7.2 der Strom I_3 eine lineare Funktion von den zwei Quellenspannungen sein:

$$I_3 = k_1 \cdot U_{q_1} + k_2 \cdot U_{q_2}$$

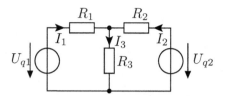

Abbildung 7.2.: Schaltung mit zwei Spannungsquellen

Dann kann man I_3 auch folgendermaßen bestimmen: Man kann den Strom I_3' berechnen, der sich ergeben würde, wenn nur die Quelle 1 vorhanden wäre, die Quelle 2 dagegen kurzgeschlossen:

$$I_3' = k_1 \cdot U_{q_1} \; .$$

Anschließend berechnet man den Strom, der sich ergeben würde, wenn die Quelle 1 kurzgeschlossen und nur die Quelle 2 vorhanden wäre:

$$I_3'' = k_2 \cdot U_{q_2} \; .$$

Der tatsächlich im Zweig 3 fließende Strom ergibt sich als Summe der beiden Stromanteile:

$$I_3 = I_3' + I_3'' \; .$$

Das Überlagerungsverfahren führt in Netzen mit vielen aktiven Zweipolen zu unter Umständen großen Vereinfachungen. Es darf für die Ströme und Spannungen, **jedoch nicht für Leistungen** benutzt werden.
Im Allgemeinen verfährt man folgendermaßen:

1. Alle Quellen bis auf **eine** werden als energiemäßig nicht vorhanden angesehen: bei Spannungsquellen wird $U_q = 0$, bei Stromquellen $I_q = 0$ gesetzt. In jedem Fall bleibt der **Innenwiderstand** wirksam!

2. Mit der einzig wirksamen Quelle berechnet man die **Teilströme** in den Zweigen.

3. Man lässt **alle Quellen nacheinander** wirksam sein und berechnet jedes Mal die Verteilung der Teilströme.

4. Die Teilströme werden unter Beachtung ihrer Zählrichtung in jedem Zweig zu dem tatsächlichen Zweigstrom **addiert**.

Überlagerungssatz: *Wirken in einem linearen Netz* **n** *Zweipolquellen, so erhält man die gesamte Stromverteilung durch Überlagerung der* **n** *Stromverteilungen, die sich ergeben, wenn der Reihe nach nur je eine der* **n** *Quellen* **alleine** *wirksam ist.*

■ **Beispiel 7.2**

In der Schaltung in Abbildung 7.2 sollen alle Zweigströme durch Anwendung des Überlagerungssatzes berechnet werden.

Es gilt: $U_{q1} = 100\,V$, $U_{q2} = 80\,V$, $R_1 = 10\,\Omega$, $R_2 = 2\,\Omega$, $R_3 = 15\,\Omega$.

Zuerst schließt man die Quelle U_{q2} kurz und lässt nur U_{q1} wirken:

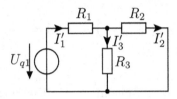

Der Gesamtstrom ist:

$$I_1' = \frac{U_{q1}}{R_1 + \dfrac{R_2 \cdot R_3}{R_2 + R_3}} = \frac{100\,V}{\left(10 + \dfrac{2 \cdot 15}{2 + 15}\right)\Omega} = 8,5\,A \ .$$

Die beiden anderen Teilströme bestimmt man mit der Stromteilerregel:

$$I_2' = I_1' \cdot \frac{R_3}{R_2 + R_3} = 8,5\,A \cdot \frac{15\,\Omega}{17\,\Omega} = 7,5\,A$$

$$I_3' = I_1' \cdot \frac{R_2}{R_2 + R_3} = 8,5\,A \cdot \frac{2\,\Omega}{17\,\Omega} = 1\,A$$

Jetzt wirkt U_{q2} und U_{q1} ist kurzgeschlossen:

$$I_2'' = \frac{U_{q2}}{R_2 + \dfrac{R_1 \cdot R_3}{R_1 + R_3}} = \frac{80\,V}{\left(2 + \dfrac{10 \cdot 15}{10 + 15}\right)\Omega} = 10\,A$$

$$I_1'' = I_2'' \cdot \frac{R_3}{R_1 + R_3} = 10\,A \cdot \frac{15}{25} = 6\,A$$

$$I_3'' = I_2'' \cdot \frac{R_1}{R_1 + R_3} = 10\,A \cdot \frac{10}{25} = 4\,A$$

Bemerkung: *Der letzte Strom in einem Knoten kann immer aus einer Knotengleichung bestimmt werden.*
Durch Superposition ergeben sich die drei tatsächlichen Ströme:

$$I_1 = I_1' - I_1'' = 8,5\,A - 6\,A = 2,5\,A$$

$$I_2 = -I_2' + I_2'' = -7,5\,A + 10\,A = 2,5\,A$$

$$I_3 = I_3' + I_3'' = 1\,A + 4\,A = 5\,A$$

■

Das Überlagerungsverfahren ist sowohl in der Energietechnik (z.B. Parallelschaltung von Generatoren), als auch in der Nachrichtentechnik anwendbar.
Der Nachteil, so viele Stromverteilungen berechnen zu müssen, wie Quellen im Netz vorhanden sind, wird durch die sehr einfache Gestaltung der zu überlagernden Stromverteilungen kompensiert.
Bemerkung: Mann kann auch **Gruppen** von Quellen wirken lassen. Zum Beispiel: Wenn im Netz fünf Quellen wirken, kann man zwei Stromverteilungen berechnen, einmal mit zwei Quellen, ein zweites Mal mit den übrigen drei Quellen und diese anschließend überlagern.

7.2.2. Reziprozitäts–Satz

In linearen Netzwerken mit einer **einzigen** Quelle gilt der Satz:

Reziprozitäts–Satz *Der Strom, den eine sich im Zweig j befindende Quelle im Zweig k erzeugt, ist gleich dem Strom, den dieselbe Quelle, wenn sie in den Zweig k versetzt wird, im Zweig j erzeugt, falls alle Widerstände unverändert bleiben.*

Manchmal kann eine solche Versetzung der Quelle Vereinfachungen bringen.

■ **Beispiel 7.3**
In der folgenden Schaltung erzeugt die einzige Quelle U_{q2} in dem Widerstand R_1 den Strom I_1', der sich aus dem Gesamtstrom ergibt.
Es gilt: $U_{q2} = 80\,V$, $R_1 = 10\,\Omega$, $R_2 = 2\,\Omega$, $R_3 = 15\,\Omega$.

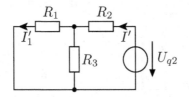

$$I' = \frac{U_{q2}}{R_2 + \dfrac{R_1 \cdot R_3}{R_1 + R_3}}$$

$$= \frac{80\,V}{\left(2 + \dfrac{10 \cdot 15}{10 + 15}\right)\,\Omega} = 10\,A$$

Der Strom I_1' ergibt sich aus der Stromteilerregel:

$$I_1' = I' \cdot \frac{R_3}{R_1 + R_3} = 10\,A \cdot \frac{15}{25} = 6\,A$$

Versetzt man die Quelle in den Zweig 1, so erzeugt sie in dem ursprünglichen Zweig 2 den Strom

$$I'' = I_1'' \cdot \frac{R_3}{R_2 + R_3} = \frac{U_{q2}}{R_1 + \dfrac{R_2 \cdot R_3}{R_2 + R_3}} \cdot \frac{R_3}{R_2 + R_3} = \frac{U_{q2} \cdot R_3}{R_1\,R_2 + R_1\,R_3 + R_2\,R_3}$$

$$I'' = \frac{80\,V \cdot 15\,\Omega}{10\,\Omega \cdot 2\,\Omega + 10\,\Omega \cdot 15\,\Omega + 2\,\Omega \cdot 15\,\Omega} = \frac{1200}{200}\,A = 6\,A$$

■

In dem vorherigen Beispiel war der Rechenaufwand zur Bestimmung des Stromes mit Verwendung der Reziprozität genau so groß wie auch ohne. Ein anderes Beispiel soll zeigen, dass mit dem Reziprozitäts–Satz auch einfacher gerechnet werden kann:

■ **Beispiel 7.4**
Im folgenden Schaltbild ist der Strom I_3 zu berechnen.
Es gilt: $U_q = 7\,V$, $R_1 = 10\,\Omega$, $R_2 = 10\,\Omega$, $R_3 = 2\,\Omega$.

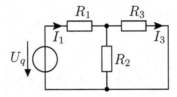

Da $R_2 \neq R_3$, aber $R_1 = R_2$ ist, wird es einfacher sein, die Quelle in den Zweig 3 zu bringen und den Strom durch R_1 zu berechnen:

$$I_3 = I_1'$$

$$I_3 = \frac{1}{2} \cdot \frac{U_q}{R_3 + \dfrac{R_1}{2}} = \frac{1}{2} \cdot \frac{7\,V}{2\,\Omega + 5\,\Omega} = 0,5\,A$$

Mit der ursprünglichen Schaltung würde sich folgende Beziehung ergeben:

$$I_3 = \frac{R_2}{R_2 + R_3} \cdot \frac{U_q}{R_1 + \dfrac{R_2 \cdot R_3}{R_2 + R_3}} = \frac{10\,\Omega}{12\,\Omega} \cdot \frac{7\,V}{10\,\Omega + \dfrac{10 \cdot 2}{10 + 2}\,\Omega} = \frac{10\,\Omega \cdot 7\,V}{(120 + 20)\,\Omega} = 0,5\,A$$

■

7.3. Topologische Grundbegriffe beliebiger Netze

Um die Topologie[1] eines Netzes untersuchen zu können, sollen einige Grundbegriffe definiert werden:

- Die rein geometrische Anordnung des Netzes nennt man Streckenkomplex oder **Graph**. Sind in dem Graph die Zählpfeile für die Zweigströme (und somit auch für die entsprechenden Spannungen) eingetragen, so ist er ein **gerichteter Graph**.
  Die Abbildung 7.3 zeigt eine Brückenschaltung (a), ihren Graph (b) und ihren gerichteten Graph (c).

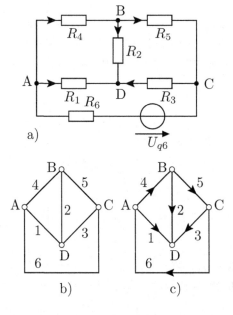

Abbildung 7.3.: a) Brückenschaltung, b) Graph, c) gerichteter Graph

---

[1]Topologie ist aus dem Griechischen abgeleitet, und bedeutet Struktur

- Ein System von Zweigen, das **alle** Knoten miteinander verbindet, **ohne** dass geschlossene Maschen entstehen dürfen, nennt man einen **vollständigen Baum**.

  Zwischen zwei Knoten soll sinnvollerweise nur ein Zweipol liegen. Treten Reihen– oder Parallelschaltungen mehrerer Zweipole zwischen zwei Knoten auf, so sollten diese durch ihren Ersatzzweipol ersetzt werden. Dies ist jedoch **keine** Bedingung.

  Man ersieht leicht, dass der vollständige Baum immer $k - 1$ Zweige hat, also genau so viele, wie die unabhängigen Knotenpunktgleichungen (bei k Zweigen würde eine geschlossene Masche entstehen).

  Die Abbildung 7.4 zeigt zwei vollständige Bäume für die Schaltung 7.3 a). Die dritte Zusammenfassung von Zweigen ist kein vollständiger Baum weil die Zweige eine geschlossene Masche bilden.

Abbildung 7.4.: Beispiele für vollständige Bäume

- Die Zweige des vollständigen Baumes nennt man die **Baumzweige**, die übrigen $z - k + 1$ Zweige die **Verbindungszweige**. Diese letzten sind besonders wichtig; sie bilden ein System von **unabhängigen** Zweigen. Also: Baumzweige sind abhängig, Verbindungszweige sind unabhängig.

- Die $m = z - k + 1$ unabhängigen Zweige bilden mit weiteren Baumzweigen m **unabhängige Maschen**.

■ Beispiel 7.5

Auswahl aller vollständigen Bäume für die Wheatstone-Brücke (Abb. 7.3). Wie viele sind es?

Die sechs Zweige müssen in 3er–Gruppen geschaltet werden. Die mathematische Formel dafür ist:

$$\binom{6}{3} = \frac{6!}{3! \cdot (6-3)!} = \frac{6 \cdot 5 \cdot 4 \cdot 3 \cdot 2}{3 \cdot 2 \cdot 3 \cdot 2} = 20.$$

Daraus müssen diejenigen Gruppen ausgeschlossen werden, die geschlossene Maschen bilden und somit einen Knoten nicht berühren.

Der beste Weg ist, sich nacheinander zwei unabhängige Zweige auszusuchen (z.B. zunächst die Zweige 2 und 6, dann die Zweige 4 und 5, usw.). Von den 20 Kombinationsmöglichkeiten je drei Zweige fallen die vier weg, die geschlossene

Maschen bilden und je einen Knoten nicht berühren. In Abbildung 7.5 sind alle möglichen vollständigen Bäume skizziert. Man sieht, dass die Nummern 8, 11, 13 und 20 herausfallen.

Wie man aus diesen vielen Möglichkeiten den günstigsten Baum auswählt, wird man weiter sehen. Einige Empfehlungen sind nützlich, doch kann man sie leider oft nicht gleichzeitig befolgen.

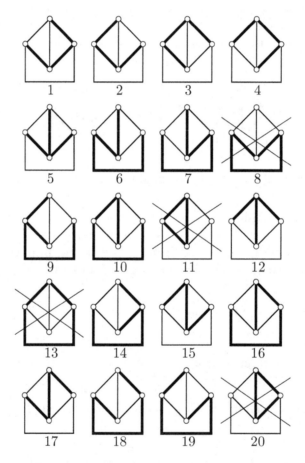

Abbildung 7.5.: Vollständige Bäume für die Wheatstone-Brücke (Abb. 7.3)

7.4. Maschenstromverfahren (Umlaufanalyse, Maschenanalyse)

7.4.1. Unabhängige und abhängige Ströme

Zur Bestimmung aller Ströme (oder Spannungen) eines Netzwerkes aus den Kirchhoffschen Gleichungen muss man ein Gleichungssystem mit z Gleichungen lösen. Man erhält $k-1$ Knotenpunktgleichungen und $m = z-k+1$ Maschengleichungen. Jedes Verfahren der Netzanalyse muss also z Unbekannte bestimmen.

Die Maschenanalyse zerlegt die Aufgabe in zwei Teilschritte, um den Rechengang zu vereinfachen: die z Ströme werden in „**abhängige**" und „**unabhängige**" Ströme eingeteilt. Es wird zunächst ein Gleichungssystem für die unabhängigen Ströme aufgestellt und gelöst. Die abhängigen ergeben sich anschließend sehr einfach.

Welche Ströme sind **unabhängig**, welche **abhängig**?

Dazu kehrt man zum vollständigen Baum zurück, der immer $k-1$ Zweige hat, die Baumzweige. Die übrigen $m = z - k + 1$ Zweige sind die Verbindungszweige. Jetzt sieht man gleich, dass wenn man jeden Verbindungszweig mit beliebigen Baumzweigen (**nicht anderen** Verbindungszweigen!) zu einem Umlauf schließt, man genau $m = z - k + 1$ Umläufe erhält. Das sind die unabhängigen Maschen, die aus der 2. Kirchhoffschen Gleichung zur Verfügung stehen. Die Ströme in den Verbindungszweigen sind tatsächlich unabhängig von den Strömen in den übrigen Verbindungszweigen, denn in jeder so gebildeten Masche fließt nur **ein** Verbindungsstrom, der vorgegeben werden kann.

Für jeden vollständigen Baum gibt es nur **eine** Möglichkeit der Maschenbildung. Die Regel zur Aufstellung der m unabhängigen Maschen lautet:

Merksatz *Man verbindet jeweils einen Verbindungszweig mit Baumzweigen zu einem geschlossenen Umlauf. In diesem Umlauf dürfen nie mehrere Verbindungszweige sein!!*

Im Folgenden sollen die ersten vier Bäume von den 16 möglichen betrachtet und für jeden Baum die drei unabhängigen Maschen aufgestellt werden.

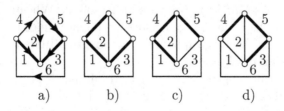

a) b) c) d)

Abbildung 7.6.: Vier vollständige Bäume für die Brückenschaltung

Bei dem ersten Baum (a) sind die Ströme in den Verbindungszweigen 2,4,6

unabhängig. In den drei ausgewählten Maschen kommt jeweils nur ein solcher
Strom vor (siehe Abbildung 7.7).

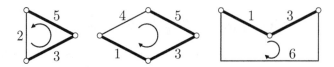

Abbildung 7.7.: Unabhängige Maschen für den vollständigen Baum 7.6 a)

In dem Baum b) Abbildung 7.6 sind unabhängig die Zweige: 2, 5 und 6. Ihre
Maschen sind auf Abbildung 7.8 gezeigt.

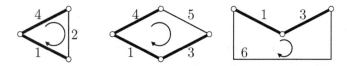

Abbildung 7.8.: Unabhängige Maschen für den vollständigen Baum 7.7 b)

Der Baum c) (siehe Abbildung 7.6) weist als unabhängig die Zweige: 2, 3, 6
auf. Die entsprechenden Maschen zeigt die Abbildung 7.9.

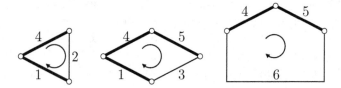

Abbildung 7.9.: Unabhängige Maschen für den vollständigen Baum 7.6 c)

Schließlich zeigt die Abbildung 7.10 die unabhängigen Maschen des Baumes d).
Die Wahl des vollständigen Baumes bedeutet also auch die **eindeutige Wahl**
der m **unabhängigen Maschen**.
Zum Verständnis des Maschenstromverfahrens soll die Wheatstone–Brücke, die
mit den Kirchhoffschen Gleichungen gelöst wurde, nochmals betrachtet werden.
Der Graph, der gerichtete Graph und der **ausgewählte** Baum sind in der
Abbildung 7.11 dargestellt.
Die Wahl des sternförmigen Baumes der Abbildung 7.11c) mit den Zweigen
1,2,3 bedeutet, dass diese Ströme eliminiert, also abhängig gemacht worden
sind. Die drei unabhängigen Maschen sind jetzt eindeutig festgelegt; sie erhalten die Namen der jeweiligen unabhängigen Ströme: 4,5,6.
Das Maschenstromverfahren geht von dem Gedankenmodell aus, dass die unabhängigen Ströme als „Maschenströme" nur jeweils die zugehörige Masche

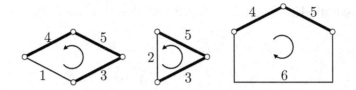

Abbildung 7.10.: Unabhängige Maschen für den vollständigen Baum 7.6 d)

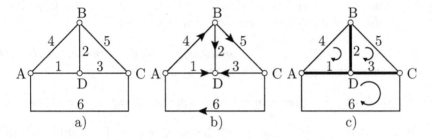

Abbildung 7.11.: a) Graph, b) gerichteter Graph, c) vollständiger Baum

durchfließen. In Abbildung 7.12 sind diese Maschenströme eingezeichnet.
Man soll verstehen, dass diese Situation in Wirklichkeit nicht auftritt: In den
Baumzweigen fließen andere Ströme, nur in den Verbindungszweigen fließen
tatsächlich die unabhängigen Maschenströme.

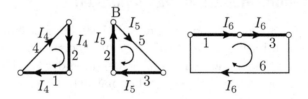

Abbildung 7.12.: Die unabhängigen Maschen gemäß Abbildung 7.11c)

Vereinbarung: *In dem vorliegenden Buch wird für die Richtungen der Maschenströme immer die Richtung des in der Masche vorhandenen unabhängigen Stromes gewählt.*
Die abhängigen Ströme ergeben sich durch die Überlagerung der Maschenströme, die durch den betreffenden Baumzweig fließen.[2] Zum Beispiel fließen durch den Baumzweig 2 die Maschenströme I_4 (in die Zählrichtung des Zweigstromes 2) und I_5 (entgegen der Zählrichtung). Es gilt also:

$$I_2 = I_4 - I_5 .$$

---

[2]Diese Methode funktioniert nur bei linearen Netzen!!

Dies ist genau die Knotenpunktgleichung für den Knoten B. Genauso ergeben sich:

$$I_1 = I_6 - I_4 \qquad \text{(Knoten A)}$$

$$I_3 = I_5 - I_6 \qquad \text{(Knoten C)}$$

Empfehlungen *zur Aufstellung des vollständigen Baumes:*

- *Spannungsquellen sollen möglichst in Verbindungszweigen liegen, damit sie in die Gleichungen nur einmal eingehen.*

- *Wird nur ein Teil der Ströme gesucht, sollen diese möglichst in Verbindungszweigen fließen, also unabhängig sein.*

- *Die unabhängigen Maschen sollen möglichst wenig Zweige enthalten.*

In der Praxis wird es nicht immer möglich sein, alle diese Empfehlungen gleichzeitig zu befolgen. Man muss sich dann entscheiden, auf welchen Vorteil man verzichten kann.

Im Grunde sind alle Bäume gleichwertig, denn alle führen zu den korrekten Strömen. Die obigen Empfehlungen sollen nur eine Hilfe bei der Entscheidung leisten, welchen von den vielen möglichen vollständigen Bäumen (allein 16 bei der Wheatstone-Brücke!) man auswählt.

7.4.2. Aufstellung der Umlaufgleichungen

Die unabhängigen Ströme können aus den drei Umlaufgleichungen bestimmt werden. Diese sollen im Folgenden analysiert und gedeutet werden.

Eine der drei Gleichungen, die sich durch Anwendung der Kirchhoffschen Gleichungen bei der Wheatstone–Brücke ergeben hat, ist:

$$-R_1 \cdot I_4 - R_3 \cdot I_5 + (R_1 + R_3 + R_6) \cdot I_6 = U_{q_6} \qquad (7.1)$$

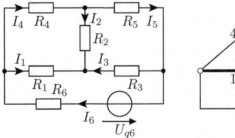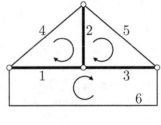

Abbildung 7.13.: Brückenschaltung und der vollständige Baum 1, 2, 3

Wenn I_6 nur durch die untere Masche fließen würde (siehe die Abbildung 7.13 links), würde er dort den Spannungsabfall

$$(R_1 + R_3 + R_6) \cdot I_6$$

verursachen. Hinzu kommt noch im Baumzweig 1 der Strom I_4, der dem Strom I_6 entgegengesetzt fließt; dadurch kommt im Umlauf 6 noch der Spannungsabfall

$$-R_1 \cdot I_4$$

hinzu. Genauso im Baumzweig 3:

$$-R_3 \cdot I_5 \ .$$

Die Quellenspannung im Umlauf des Maschenstromes I_6 tritt mit Pluszeichen auf der rechten Seite auf, weil sie dem Strom I_6 entgegengerichtet ist (2. Kirchhoffsche Gleichung). Der Widerstand

$$R_1 + R_3 + R_6$$

den der Maschenstrom I_6 in seinem Umlauf vorfindet[3], bezeichnet man als **Umlaufwiderstand**. Die Widerstände R_1 und R_3 bezeichnet man als **Kopplungswiderstände** (der Umläufe 4 und 6 bzw. 5 und 6).

Man erkennt hier **Regeln** für die Aufstellung der Umlaufgleichung (7.1) für den Maschenstrom I_6:

- Die Gleichung enthält als Unbekannte alle unabhängigen Ströme I_4, I_5 und I_6.

- Der Umlaufwiderstand $R_1 + R_3 + R_6$ tritt mit **Pluszeichen** als Koeffizient des Umlaufstromes I_6 auf.

- Die Koeffizienten der übrigen Umlaufströme I_4 und I_5 sind die Kopplungswiderstände R_1 und R_3. Ihre Vorzeichen sind **positiv**, wenn die verknüpften Umlaufströme in dem Widerstand die gleichen Zählrichtungen haben, andernfalls negativ.

- Auf der rechten Seite erscheint die Summe der Quellenspannungen im Umlauf 6, mit **Pluszeichen**, wenn ihr Zählpfeil dem des Umlaufstromes **entgegengerichtet** ist.

Man erkennt nun die **Vorteile** des Maschenstromverfahrens:

1. Es führt zu einem Gleichungssystem mit nur $m = z - k + 1$ Gleichungen (die übrigen $k - 1$ Unbekannten werden durch einfache algebraische Addition von Strömen bestimmt).

---

[3]Dieser Widerstand entspricht der Reihenschaltung sämtlicher Widerstände im Umlauf

2. Es liefert Regeln zur Aufstellung des Gleichungssystems, die keine Kenntnis irgendwelcher Gesetze der Elektrotechnik und keine vorherige Bearbeitung brauchen. Wendet man die Regeln korrekt an, so braucht man nichts mehr zu überlegen, sondern nur das Gleichungssystem zu lösen.

Die drei Umlaufgleichungen für die Maschenströme I_4, I_5 und I_6, geordnet nach den drei Unbekannten, lauten:

I_4	I_5	I_6	
$R_1 + R_2 + R_4$	$-R_2$	$-R_1$	0
$-R_2$	$R_2 + R_3 + R_5$	$-R_3$	0
$-R_1$	$-R_3$	$R_1 + R_3 + R_6$	U_{q6}

Das Koeffizientenschema, auch **Matrix des Gleichungssystems** genannt, ist hier die **Widerstandsmatrix**. Folgende Gesetzmäßigkeiten helfen, die Matrix direkt aufzustellen (und auch zu überprüfen, ob sie korrekt ist):

- Die Elemente der Hauptdiagonalen (von links oben nach rechts unten) enthalten jeweils die Umlaufwiderstände, also die Summe sämtlicher Widerstände in der betreffenden Masche. Sie sind also **immer positiv**.

- Die übrigen Elemente – die Kopplungswiderstände – liegen **symmetrisch** zur Hauptdiagonalen. In der Tat muss die Verkopplung des Umlaufes 4 mit Umlauf 5 $(-R_2)$ dieselbe sein, wie die des Umlaufes 5 mit Umlauf 4 (ebenfalls $-R_2$).

- Auf der rechten Seite steht jeweils die Summe der Quellenspannungen in der Masche. Jede Quellenspannung ist dann positiv, wenn ihr Zählpfeil der Umlaufrichtung **entgegen**gerichtet ist.

Im Allgemeinen können die Spannungsgleichungen für das Maschenstromverfahren auch als die folgende Matrizengleichung geschrieben werden:

$$
\begin{vmatrix} R_{11} & R_{12} & \ldots & R_{1m} \\ R_{21} & R_{22} & \ldots & R_{2m} \\ \vdots & & & \\ R_{m1} & R_{m2} & \ldots & R_{mm} \end{vmatrix} \cdot \begin{vmatrix} I_1' \\ I_2' \\ \vdots \\ I_m' \end{vmatrix} = \begin{vmatrix} U_{q1}' \\ U_{q2}' \\ \vdots \\ U_{qm}' \end{vmatrix}
$$

In dieser Matrix bedeuten:

- R_{ii} die immer positiven Umlaufwiderstände,

- $R_{ij} = R_{ji}$ die Kopplungswiderstände, die positiv oder negativ sein können

- I_i' die unbekannten Maschenströme,

- U_{qi}' die Summe der Quellenspannungen in der Masche i.

7.4.3. Regeln zur Anwendung des Maschenstromverfahrens

Folgende Regeln zur Anwendung des Maschenstromverfahrens sind zu beachten:

1. Zuerst werden in das Schaltbild die **Zählpfeile** für die **Quellenspannungen** (vom Plus– zum Minuspol gerichtet) und die durchnummerierten **Zweigströme** (Zählrichtung beliebig wählbar) eingetragen.

2. Man betrachtet das Netzwerk und überlegt, ob **Vereinfachungen** möglich und sinnvoll sind: in Reihe oder parallel geschaltete Widerstände werden zusammengefasst, gegebenenfalls werden Stern–Dreieck– oder Dreieck–Stern–Transformationen durchgeführt.
   Alle Stromquellen werden in Spannungsquellen umgewandelt, da hier nur Maschengleichungen für **Spannungen** geschrieben werden. (Man kann jedoch auch mit Stromquellen arbeiten, wenn man sie in Verbindungszweige setzt, so dass ihre Ströme unabhängige Ströme sind. Man muss dann nur die restlichen unabhängigen Ströme bestimmen).

3. Man betrachtet das Schaltbild und zählt:

   a) die **Zweige** z

   b) die **Knoten** k

4. Man bildet einen **vollständigen Baum** mit $k - 1$ Baumzweigen. Diese verbinden **alle** k Knoten miteinander, ohne einen geschlossenen Umlauf zu bilden (s. Empfehlungen zur Auswahl des Baumes). Alle übrigen Zweige sind **unabhängig** (ihre Anzahl: $m = z - k + 1$).

5. Mit jedem unabhängigen Zweig und mit beliebigen abhängigen Zweigen bildet man je eine **unabhängige Masche**.
   Achtung : In jeder Masche darf nur **ein** Zweig unabhängig sein!!
   Jeder Masche entspricht ein unabhängiger Strom, dessen Umlaufsinn beliebig ist (siehe dazu die Vereinbarung). Die Maschenströme werden durchnummeriert (am einfachsten mit ihrer ursprünglichen Nummer).

6. Für die m unabhängigen Ströme werden die m **Gleichungen** direkt aufgestellt.

7. Man **löst** das Gleichungssystem mit m Unbekannten mit irgendeiner Methode (Elimination, Cramer, usw.).

8. Eine **Überlagerung** der Maschenströme (mit ihren Vorzeichen!) ergibt schließlich die übrigen $k - 1$ **abhängigen** Ströme.

9. Die Ergebnisse sollen z.B. mit den zwei Kirchhoffschen Sätzen **überprüft** werden.

Anschließend wird die Anwendung des Maschenstromverfahrens anhand von mehreren Beispielen ausführlich erläutert.

7.4.4. Beispiele zur Anwendung des Maschenstromverfahrens

■ **Beispiel 7.6**

Gegeben ist die Schaltung aus Abbildung 7.14 mit:
$U_{q1} = 12\,V$, $U_{q2} = 12\,V$, $U_{q3} = 8\,V$,
$R_1 = 2\,\Omega$, $R_2 = 2\,\Omega$, $R_3 = 4\,\Omega$, $R_4 = 4\,\Omega$, $R_5 = 1\,\Omega$.

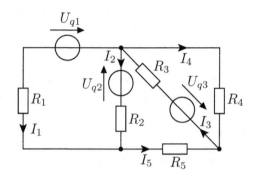

Abbildung 7.14.: Schaltung zu Beispiel 7.6

Bestimmen Sie in der Schaltung alle Zweigströme mit dem Maschenstromverfahren!

Man verfolgt den im letzten Abschnitt festgelegten Weg zur Anwendung des Maschenstromverfahrens:

1. *Man wählt Zählpfeile für die Ströme in allen Zweigen und man nummeriert sie.*

2. *Eine Vereinfachung der Schaltung ist nicht mehr möglich.*

3. *Man zählt:*

    a) *$k = 3 \Longrightarrow k - 1 = 2$ Baumzweige*

    b) *$z = 5 \Longrightarrow m = z - k + 1 = 3$ unabhängige Ströme*

4. *Man bildet einen vollständigen Baum: die Quellen sollen möglichst in Verbindungszweigen liegen. Die Zweige 1, 2 und 3 werden dadurch unabhängig, die Zweige 4 und 5 abhängig (nächstes Bild, links).*

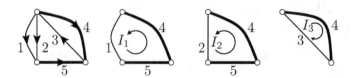

5. Die drei unabhängigen Maschen sind auf dem oberen Bild gezeigt.

6. Das Gleichungssystem für die drei unabhängigen Ströme ist:

I_1	I_2	I_3	
$R_1 + R_4 + R_5$	$R_4 + R_5$	$-R_4$	U_{q_1}
$R_4 + R_5$	$R_2 + R_4 + R_5$	$-R_4$	U_{q_2}
$-R_4$	$-R_4$	$R_3 + R_4$	U_{q_3}

Die Widerstandsdeterminante ist:

$$D = \begin{vmatrix} 7 & 5 & -4 \\ 5 & 7 & -4 \\ -4 & -4 & 8 \end{vmatrix}$$

$D = 7 \cdot (56 - 16) - 5 \cdot (40 - 16) - 4 \cdot (-20 + 28)$

$D = 7 \cdot 40 - 5 \cdot 24 - 4 \cdot 8$

$D = 280 - 120 - 32 = 128 \, \Omega^3$

Für den Strom I_1 ergibt sich die Determinante:

$$D_1 = \begin{vmatrix} 12 & 5 & -4 \\ 12 & 7 & -4 \\ 8 & -4 & 8 \end{vmatrix}$$

$D_1 = 12 \cdot (56 - 16) - 5 \cdot (12 \cdot 8 + 32) - 4 \cdot (-48 - 56)$

$D_1 = 480 - 640 + 416 = 256 \, \Omega^2 \cdot V$

Somit ist der Strom I_1:

$$I_1 = \frac{D_1}{D} = \frac{256 \, \Omega^2 \cdot V}{128 \, \Omega^3} = 2 \, A$$

Für I_3:

$$D_3 = \begin{vmatrix} 7 & 5 & 12 \\ 5 & 7 & 12 \\ -4 & -4 & 8 \end{vmatrix}$$

$D_3 = 7 \cdot (56 + 48) - 5 \cdot (40 + 48) + 12 \cdot (-20 + 28)$

$D_3 = 728 - 440 + 96$

$D_3 = 384 \, \Omega^2 \cdot V$

Der Strom I_3 ergibt sich dann zu:

$$I_3 = \frac{D_3}{D} = \frac{384 \, \Omega^2 \cdot V}{128 \, \Omega^3} = 3 \, A$$

Ähnlich ergibt sich für I_2:

$$I_2 = 2\,A$$

Die übrigen 2 Ströme sind:

$$I_4 = I_3 - I_1 - I_2 = 3 - 2 - 2 = -1\,A$$

$$I_5 = I_1 + I_2 = 2 + 2 = 4\,A$$

∎

■ Aufgabe 7.1

Überprüfen Sie die Ergebnisse aus Beispiel 7.6, indem Sie einen anderen vollständigen Baum wählen und alle 5 Ströme bestimmen. Benutzen Sie zum Beispiel den in der folgenden Abbildung eingekreisten vollständigen Baum.

Anmerkung:
Bevor man einen vollständigen Baum wählt, kann man alle für diese Schaltung möglichen Bäume betrachten.

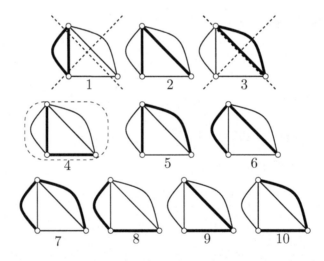

Die 10 Bäume sind auf dem oberen Bild gezeigt. Von ihnen sind zwei keine vollständigen Bäume, weil sie jeweils einen Knoten nicht berühren.
Welchen Baum man jetzt wählt, ist gleich. Die Empfehlung, dass die drei Quellen in Verbindungszweigen sein sollten, kann nicht mehr erfüllt werden; mindestens eine Quelle wird in einem Baumzweig liegen müssen.

∎

■ Aufgabe 7.2

Stellen Sie das Gleichungssystem für Beispiel 7.6 für einen weiteren Baum auf. Ein dritter Baum kann der Folgende sein (Bild links):

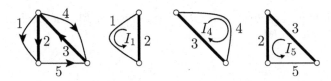

Neben dem Baum sind die drei Maschen der unabhängigen Ströme dargestellt.

■

■ **Beispiel 7.7**
In der folgenden Schaltung mit:
$U_1 = 20\,V$, $U_2 = 10\,V$,
$R_1 = 5\,\Omega$, $R_2 = 10\,\Omega$, $R_3 = 2\,\Omega$, $R_4 = 5\,\Omega$
soll der Strom I_{A-B} berechnet werden.

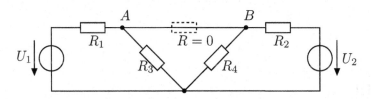

Die Punkte A und B sind kurzgeschlossen, doch fließt in dem Verbindungsleiter ein Strom, der hier gesucht wird. Deswegen kann man die beiden Punkte nicht als einen Knoten betrachten. Zum besseren Verständnis der Situation schaltet man zwischen A und B einen Widerstand, der gleich Null sein wird.

Die Schaltung hat $k = 3$, $z = 5$, $m = 3$.
Der vollständige Baum wird zwei Zweige enthalten. Wenn man die Quellen in Verbindungszweigen haben möchte und der gesuchte Strom I_{A-B} ebenfalls als unabhängig deklariert werden soll, bleibt nur ein vollständiger Baum möglich. Dieser ist zusammmen mit den entsprechenden unabhängigen Maschen auf dem folgenden Bild dargestellt.

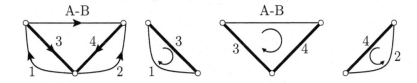

Das in Matrixform geschriebene Gleichungssystem für die drei unabhängigen Ströme: I_1, I_{A-B} und I_2 ist:

I_1	I_{A-B}	I_2	
$(5+2)\,\Omega$	$-2\,\Omega$	$0\,\Omega$	$20\,V$
$-2\,\Omega$	$(0+2+5)\,\Omega$	$5\,\Omega$	$0\,V$
$0\,\Omega$	$5\,\Omega$	$(10+5)\,\Omega$	$10\,V$

Nach Auflösung des Gleichungssystems ergibt sich für den gesuchten Strom:

$$I_{A-B} = 0,5\,A \ .$$

■

■ Beispiel 7.8

Gegeben ist die folgende Schaltung:
Die „äußeren" Widerstände sind R, die „inneren" Widerstände sind $2 \cdot R$.

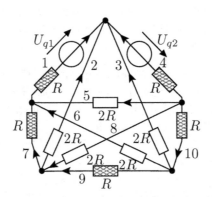

Abbildung 7.15.: Schaltbild zu Beisspiel 7.8

Schreiben Sie das Gleichungssystem für die unabhängigen Maschenströme und die Gleichungen zur Bestimmung der abhängigen Ströme.
Der sternförmige Baum, der den oberen Knoten mit allen anderen direkt verbindet, scheint günstig zu sein. Allerdings verzichtet man damit darauf, die Quellen in unabhängige Zweige zu legen.

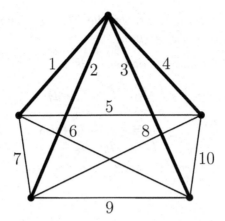

Die Baumzweige sind nun 1, 2, 3 und 4. Die Ströme I_5, I_6, I_7, I_8, I_9, I_{10} sind unabhängig.

- Die entsprechenden sechs unabhängigen Maschen sind sehr einfach:

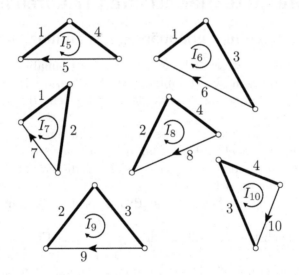

- Das Gleichungssystem lautet:

I_5	I_6	I_7	I_8	I_9	I_{10}	
$4\,R$	R	R	R	0	R	$-U_{q_2} - U_{q_1}$
R	$5\,R$	R	0	$2\,R$	$-2\,R$	$-U_{q_1}$
R	R	$4\,R$	$-2\,R$	$-2\,R$	0	$-U_{q_1}$
R	0	$-2\,R$	$5\,R$	$2\,R$	R	$-U_{q_2}$
0	$2\,R$	$-2\,R$	$2\,R$	$5\,R$	$-2\,R$	0
R	$-2\,R$	0	R	$-2\,R$	$4\,R$	$-U_{q_2}$

Die Widerstandsmatrix ist korrekt, da alle Elemente symmetrisch gegenüber der Hauptdiagonalen angeordnet sind.

- *Die abhängigen Ströme ergeben sich als:*

$$I_1 = I_5 + I_6 + I_7$$
$$I_2 = -I_7 + I_8 + I_9$$
$$I_3 = -I_6 - I_9 + I_{10}$$
$$I_4 = -I_5 - I_8 - I_{10}$$

■

Bemerkung:
Die Lösungsstrategie über „vollständige Bäume" ist die einzige, die bei komplizierten Netzwerken (wie das oben behandelte) die korrekte Auswahl der unabhängigen Maschen gewährleistet.

7.5. Knotenpotentialverfahren (Knotenanalyse)

7.5.1. Abhängige und unabhängige Spannungen

Die Maschenanalyse hat als Ziel, die $m = z - k + 1$ „unabhängigen" Ströme zu bestimmen. Die übrigen $(k - 1)$ abhängigen Ströme, die in den Baumzweigen des vollständigen Baumes fließen, werden anschließend durch einfache Superposition[4] ermittelt.

Nun kann man davon ausgehen, dass man **Spannungen** in bestimmten Netzzweigen bestimmen möchte. Dann hat man das nur für die **unabhängigen Spannungen** zu tun, die übrigen lassen sich aus diesen mit Hilfe der 2. Kirchhoffschen Gleichung ausdrücken.

Es soll die Schaltung der Wheatstone–Brücke (siehe Abbildung 7.16) betrachtet werden.

Man wählt zunächst einen vollständigen Baum aus. Ein solcher Baum ist in der Abbildung 7.16, rechts dargestellt. Man kann leicht sehen, dass die drei Spannungen U_1, U_2 und U_3 der drei Baumzweige unabhängig sind, d.h.: diese Spannungen könnte man beliebig vorschreiben. Würde man noch irgendeinen Zweig dazunehmen, so würde diese neue Spannung **nicht** mehr unabhängig sein, denn es würde eine geschlossene Masche entstehen, in der die Umlaufgleichung $\sum U = 0$ gelten muss. Es wäre auch unmöglich, die drei Spannungen U_4, U_5 und U_6 in den drei Verbindungszweigen vorzuschreiben, denn für sie gilt:

$$U_4 + U_5 + U_6 = 0 ,$$

also eine Spannung davon ist abhängig.

---

[4]durch Anwendung der 1. Kirchhoffschen Gleichung

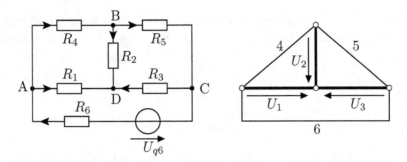

Abbildung 7.16.: Wheatstone–Brücke mit Spannungsquelle und vollständiger Baum

Merksatz *Die Spannungen an den Baumzweigen[5] bezeichnet man als unabhängige Spannungen. Die übrigen Spannungen an den Verbindungszweigen erhält man aus den Maschengleichungen.*

Das Knotenpotentialverfahren bestimmt die $(k-1)$ unabhängigen Spannungen. Die restlichen m Spannungen kann man aus Maschengleichungen ermitteln.

7.5.2. Aufstellung der Knotengleichungen

Um Spannungen leicht zu bestimmen, ist es sinnvoll, das Ohmsche Gesetz in der Form $I = G \cdot U$ anzuwenden, und dazu

- alle Spannungsquellen in Stromquellen umzuwandeln

- alle Widerstände R in Leitwerte G umzuwandeln.

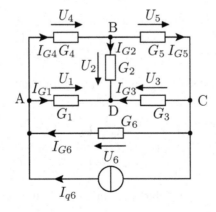

Abbildung 7.17.: Wheatstone–Brücke mit Leitwerten und Stromquelle

---

[5]Es gibt $(k-1)$Baumzweige

Die zu untersuchende Schaltung ergibt sich dann so, wie in Abbildung 7.17 gezeigt. Man kann das Ohmsche Gesetz für alle sechs Leitwerte schreiben:

$$I_{G_1} = U_1 \cdot G_1$$
$$I_{G_2} = U_2 \cdot G_2$$
$$\vdots =$$
$$I_{G_6} = U_6 \cdot G_6 \ .$$

Die 1. Kirchhoffsche Gleichung ergibt in den Knoten A, B und C:

$$I_{G_1} + I_{G_4} - I_{G_6} - I_{q_6} = 0 \quad \text{Knoten (A)}$$
$$I_{G_2} + I_{G_5} - I_{G_4} \qquad = 0 \quad \text{Knoten (B)}$$
$$I_{G_3} + I_{G_6} - I_{G_5} + I_{q_6} = 0 \quad \text{Knoten (C)}$$

Die drei unabhängigen Maschengleichungen sind:

$$U_4 = U_1 - U_2$$
$$U_5 = U_2 - U_3$$
$$U_6 = U_3 - U_1$$

In den Knotengleichungen kann man die Ströme durch die zugehörigen Spannungen ausdrücken:

$$\text{Knoten (A)} \left\{ \begin{array}{l} G_1 \cdot U_1 + G_4 \cdot U_4 - G_6 \cdot U_6 = I_{q_6} \\ G_2 \cdot U_2 - G_4 \cdot U_4 + G_5 \cdot U_5 = 0 \\ G_3 \cdot U_3 - G_5 \cdot U_5 + G_6 \cdot U_6 = -I_{q_6} \end{array} \right.$$

Jetzt kann man die abhängigen Spannungen U_4, U_5 und U_6 mit Hilfe der drei Maschengleichungen eliminieren:

$$\text{Knoten (A)} \left\{ \begin{array}{l} G_1 \cdot U_1 + G_4 \cdot (U_1 - U_2) - G_6 \cdot (U_3 - U_1) = I_{q_6} \\ G_2 \cdot U_2 - G_4 \cdot (U_1 - U_2) + G_5 \cdot (U_2 - U_3) = 0 \\ G_3 \cdot U_3 - G_5 \cdot (U_2 - U_3) + G_6 \cdot (U_3 - U_1) = -I_{q_6} \end{array} \right.$$

Man kann dieses Gleichungssystem nach den drei unbekannten Spannungen U_1, U_2 und U_3 ordnen:

$$\begin{array}{lllll} \text{(A)} & (G_1 + G_4 + G_6) \cdot U_1 & -G_4 \cdot U_2 & -G_6 \cdot U_3 & = I_{q_6} \\ \text{(B)} & -G_4 \cdot U_1 & +(G_2 + G_4 + G_5) \cdot U_2 & -G_5 \cdot U_3 & = 0 \\ \text{(C)} & -G_6 \cdot U_1 & -G_5 \cdot U_2 & +(G_3 + G_5 + G_6) \cdot U_3 & = -I_{q_6} \end{array}$$

Dieses Gleichungssystem kann folgendermaßen gedeutet werden:

- Jede Gleichung entsteht aus einer Knotengleichung.

- Was jede Gleichung enthält, kann man z.B. im Knoten (A) betrachten:

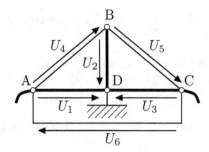

Abbildung 7.18.: Vollständiger Baum mit dem Knoten D als Bezugsknoten

– Der einzige Baumzweig ist hier der Baumzweig 1. Seine unabhängige
Spannung U_1 multipliziert die Summe **aller** drei im Knoten (A)
zusammengeführten Leitwerte $G_1 + G_4 + G_6$. Man bezeichnet $G_1 +
G_4 + G_6$ als **Knotenleitwert**.

– Als Koeffizienten für die anderen zwei Spannungen U_2 und U_3 treten die Leitwerte G_4 und G_6 auf, die den Knoten (A) direkt mit
dem Knoten (B)[6]bzw. mit dem Knoten (C)[7]verbinden: G_4 ist der
Kopplungsleitwert zwischen Knoten (A) und Knoten (B), G_6 ist
der **Kopplungsleitwert** zwischen Knoten (A) und Knoten (C).

• Man bemerkt, dass alle Knotenleitwerte **positiv**, alle Kopplungsleitwerte
negativ sind.

• Auf der rechten Seite erscheint die **Summe** aller Quellenströme, die in
den betreffenden Knoten **hineinfließen**[8](siehe Abbildung 7.18).

Eine kompakte Schreibform für das untersuchte Gleichungssystem sieht folgendermaßen aus:

$$
\begin{vmatrix}
G_{11} & G_{12} & \cdots & G_{1\,(k-1)} \\
G_{21} & G_{22} & \cdots & G_{2\,(k-1)} \\
\vdots & & & \\
G_{(k-1)\,1} & G_{(k-1)\,2} & \cdots & G_{(k-1)\,(k-1)}
\end{vmatrix}
\cdot
\begin{vmatrix}
U'_1 \\
U'_2 \\
\vdots \\
U'_{k-1}
\end{vmatrix}
=
\begin{vmatrix}
I'_{q_1} \\
I'_{q_2} \\
\vdots \\
I'_{q_{k-1}}
\end{vmatrix}
$$

mit: $G_{ii} > 0$ = Knotenleitwerte,

$G_{ij} < 0$ = Kopplungsleitwerte,

U'_i = unabhängige Spannungen,

I'_{q_i} = Summe aller **Quellenströme** in dem Knoten i

(mit Pluszeichen, wenn sie **hineinfließen**).

---

[6]U_2 ist die dem Knoten (B) zugeordnete unabhängige Spannung
[7]U_3 ist die dem Knoten (C) zugeordnete unabhängige Spannung
[8]Fließen Ströme aus dem Knoten heraus, so erhalten sie ein Minuszeichen

Diskussion über die Struktur der Leitwertmatrix für die Knotenanalyse

Man muss besonders betonen, dass das sehr einfache Bildungsgesetz für das Gleichungssystem (alle Knotenleitwerte positiv, **alle** Kopplungsleitwerte negativ) nur dann gilt, wenn

- der Baum alle Knoten des Netzes **strahlenförmig** mit einem Bezugsknoten verbindet,

- man den **Bezugsknoten** bei der Anwendung der Knotengleichungen **nicht** benutzt,

- die **Zählpfeile** der unabhängigen Spannungen **auf den Bezugsknoten** zuweisen.

Diese erhebliche Einschränkung bei der Auswahl des vollständigen Baumes wird praktisch immer hingenommen.

Anmerkung : *Man könnte auch mit einem anderen Baum zum Ziel kommen, doch dann wäre das Gleichungssystem nicht mehr so einfach.*

7.5.3. Regeln zur Anwendung der Knotenanalyse

1. Man formt die Schaltung um, indem man

   - alle **Widerstände** in Leitwerte umrechnet,

   - alle **Spannungsquellen** durch Stromquellen ersetzt,

   - die nötigen Vereinfachungen durchführt (vor allem Parallelschaltungen von Leitwerten).

   Die Ströme erhalten Zählpfeile.

2. Man wählt einen beliebigen **Bezugsknoten** aus, dem man ein willkürlich gewähltes Potential[9]zuweist. Die Spannungen zwischen diesem Knoten und den übrigen Knoten, also die entsprechenden Potentialdifferenzen, sind die **unabhängigen** Spannungen.

   Das Ziel der Knotenanalyse ist, die unbekannten $(k-1)$ unabhängigen Knotenspannungen zu bestimmen. Diese Zahl ist in den meisten Fällen kleiner als m.

3. Mit dem Bezugsknoten ist der **vollständige Baum** festgelegt: er verbindet **sternförmig** alle Knoten mit dem Bezugsknoten. Sind nicht alle Knoten direkt mit dem Bezugsknoten verbunden, so fügt man Zweige mit dem Leitwert $G = 0$ ein.

---

[9]Als Potential kann z.B. Null gewählt werden, d.h. der Knoten wird gedanklich „geerdet".

4. Alle unabhängigen Spannungen erhalten **Zählpfeile, die auf den Bezugsknoten zeigen**.

5. Man schreibt das Gleichungssystem für die $(k-1)$ unbekannten unabhängigen Spannungen, indem man nacheinander alle Knoten betrachtet. Der **Bezugsknoten** erhält **keine** Gleichung !

   - Der Koeffizient der unabhängigen Spannung des betreffenden Knotens ist der **immer positive Knotenleitwert**. Er ist gleich der Summe aller Leitwerte, die in dem Knoten zusammengeführt sind.

   - Die Koeffizienten der anderen unabhängigen Spannungen sind die **immer negativen Kopplungsleitwerte**.

   - Auf der rechten Seite steht die Summe der Quellenströme in dem betrachteten Knoten, mit Pluszeichen, wenn sie hineinfließen.

6. Man löst das Gleichungssystem für die $(k-1)$ unbekannten Spannungen.

7. Die abhängigen Spannungen ergeben sich aus den Maschengleichungen.

8. Die Ströme ergeben sich aus dem Ohmschen Gesetz

$$I = G \cdot U$$

oder, in Zweigen mit Quellen, aus einer Kirchhoffschen Gleichung.

7.5.4. Beispiele zur Anwendung der Knotenanalyse

■ **Beispiel 7.9**

Für die Wheatstone–Brücke aus Abbildung 7.19 (links) sollen alle Ströme mit Hilfe der Knotenanalyse bestimmt werden. Für die Richtungen der Ströme siehe Abb. 7.13.

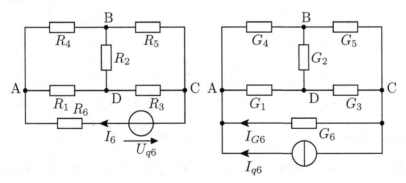

Abbildung 7.19.: Wheatstone–Brücke zu Beispiel 7.9

Es gilt: $U_{q6} = 10\,V$, $R_1 = 3\,\Omega$, $R_2 = 1\,\Omega$, $R_3 = 2\,\Omega$, $R_4 = 1\,\Omega$, $R_5 = 5\,\Omega$, $R_6 = 1\,\Omega$.

1. Man formt die Schaltung um:

   - Widerstände → Leitwerte:
   $$G_1 = \frac{1}{R_1} = \frac{1}{3}\,S \; ; G_2 = \frac{1}{R_2} = 1\,S \; ; G_3 = \frac{1}{R_3} = \frac{1}{2}\,S$$
   $$G_4 = \frac{1}{R_4} = 1\,S \; ; G_5 = \frac{1}{R_5} = \frac{1}{5}\,S \; ; G_6 = \frac{1}{R_1} = 1\,S$$

2. - Man wandelt die Spannungsquelle in eine Stromquelle um:

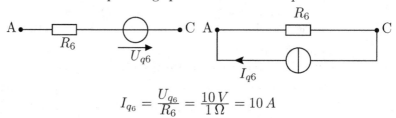

   $$I_{q_6} = \frac{U_{q6}}{R_6} = \frac{10\,V}{1\,\Omega} = 10\,A$$

3. Als Bezugsknoten wird der Knoten (D) gewählt.

4. Es ergibt sich der vollständige Baum aus der Abbildung 7.18.

5. Die unabhängigen Spannungen sind U_1, U_2 und U_3. Das Gleichungssystem lautet:

U_1	U_2	U_3	
$G_1 + G_4 + G_6$	$-G_4$	$-G_6$	I_{q_6}
$-G_4$	$G_2 + G_4 + G_5$	$-G_5$	0
$-G_6$	$-G_5$	$G_3 + G_5 + G_6$	$-I_{q_6}$

bzw. mit Zahlenwerten:

U_1	U_2	U_3	
$\frac{1}{3}\,S + 1\,S + 1\,S$	$-1\,S$	$-1\,S$	$10\,A$
$-1\,S$	$1\,S + 1\,S + \frac{1}{5}\,S$	$-\frac{1}{5}\,S$	0
$-1\,S$	$-\frac{1}{5}\,S$	$\frac{1}{2}\,S + \frac{1}{5}\,S + 1\,S$	$-10\,A$

5. Es ergeben sich: $U_1 = 3\,V \qquad U_2 = 1\,V \qquad U_3 = -4\,V$

6. Aus den Maschengleichungen (siehe Graph) ergeben sich die abhängigen Spannungen:

   $$U_4 = U_1 - U_2 = 3\,V - 1\,V = 2\,V$$

   $$U_5 = U_2 - U_3 = 1\,V - (-4\,V) = 5\,V$$

   $$U_6 = U_3 - U_1 = -4\,V - 3\,V = -7\,V$$

7. *Die sechs gesuchten Ströme sind:*

$$I_1 = U_1 \cdot G_1 = 3\,V \cdot \tfrac{1}{3}\,S = 1\,A$$

$$I_2 = U_2 \cdot G_2 = 1\,V \cdot 1\,S = 1\,A$$

$$I_3 = U_3 \cdot G_3 = -4\,V \cdot \tfrac{1}{2}\,S = -2\,A$$

$$I_4 = U_4 \cdot G_4 = 2\,V \cdot 1\,S = 2\,A$$

$$I_5 = U_5 \cdot G_5 = 5\,V \cdot \tfrac{1}{5}\,S = 1\,A$$

$$I_6 = I_{G_6} + I_{q6} = U_6 \cdot G_6 + I_{q6} = -7\,V \cdot 1\,S + 10\,A = 3\,A$$

Man ersieht, dass sich alle Ströme in den passiven Zweigen direkt aus dem Ohmschen Gesetz ergeben. In Zweigen mit Quellen muss man zusätzlich die Knotengleichung berücksichtigen.

■

■ **Beispiel 7.10**

In der folgenden Schaltung (siehe nächste Abbildung, oben) soll der Strom I_{AB} mit der Knotenanalyse ermittelt werden. Es gilt: $U_{q1} = 20\,V$, $U_{q2} = 10\,V$, $R_1 = 5\,\Omega$, $R_2 = 10\,\Omega$, $R_3 = 2\,\Omega$, $R_4 = 5\,\Omega$.

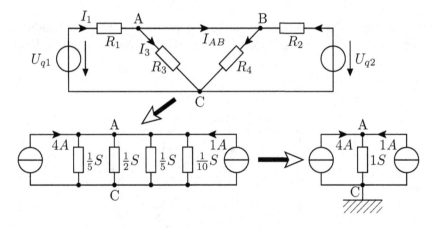

Zuerst muss das Netzwerk umgewandelt werden (untere Abbildung, links). In diesem Netzwerk fasst man die Leitwerte zusammen. Wählt man den unteren Knoten C als Bezugsknoten, so muss man nur die Gleichung des oberen Knotens (A–B) schreiben. Die einzige Gleichung lautet:

$$G \cdot U = 5\,A \quad \rightarrow \quad U = \frac{5\,A}{1\,S} = 5\,V$$

Jetzt muss man in die ursprüngliche Schaltung zurückgehen, um den gesuchten Strom zu ermitteln. Da die Spannung zwischen A und C bekannt ist, kann man auf der linken Masche die Maschengleichung schreiben und somit den Strom I_1 ermitteln:

$$U_{q_1} = R_1 \cdot I_1 + U \Longrightarrow I_1 = \frac{U_{q_1} - U}{R_1} = \frac{20\,V - 5\,V}{5\,\Omega} = 3\,A$$

Der Strom I_3 ergibt sich ebenfalls aus der ermittelten Spannung U:

$$I_3 = \frac{U}{R_3} = \frac{5\,V}{2\,\Omega} = 2,5\,A$$

Schließlich kann man I_{AB} aus einer Knotengleichung bestimmen:

$$I_{AB} = I_1 - I_3 = 3\,A - 2,5\,A = 0,5\,A\ .$$

■ **Beispiel 7.11**
Eine Schaltung, die bereits mit dem Maschenstromverfahren behandelt wurde, soll jetzt mit der Knotenanalyse gelöst werden (siehe nächste Abbildung und Abb. 7.14).

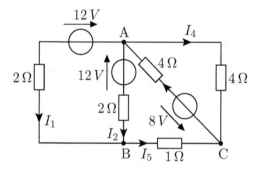

Es gelte wieder: $U_{q1} = 12\,V$, $U_{q2} = 12\,V$, $U_{q3} = 8\,V$,
$R_1 = 2\,\Omega$, $R_2 = 2\,\Omega$, $R_3 = 4\,\Omega$, $R_4 = 4\,\Omega$, $R_5 = 1\,\Omega$.
Die Schaltung hat $k = 3$ Knoten und $z = 5$ Zweige. Sie wird umgeformt, indem alle drei Spannungsquellen mit den in Reihe geschalteten Widerständen in äquivalente Stromquellen und alle Widerstände in Leitwerte umgewandelt werden. Nun können noch verschiedene Leitwerte zusammengefasst werden:

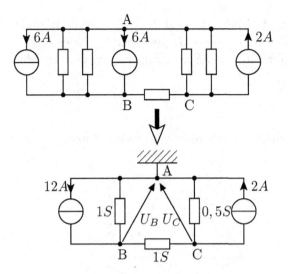

Das Gleichungssystem hat dann folgendes Aussehen:

U_B	U_C	
$2\,S$	$-1\,S$	$12\,A$
$-1\,S$	$1{,}5\,S$	$-2\,A$

Die Determinanten berechnen sich zu:

$$D = 3 - 1 = 2\,S^2 \qquad D_1 = 12 \cdot 1{,}5 - 2 = 16\,AS \qquad D_2 = -4 + 12 = 8\,AS$$

Für die Spannungen U_B und U_C gilt dann:

$$U_B = \frac{D_1}{D} = \frac{16\,AS}{2\,S^2} = 8\,V \qquad U_C = \frac{D_2}{D} = \frac{8\,AS}{2\,S^2} = 4\,V$$

Es ergibt sich:

$$U_{R_5} = U_B - U_C \Longrightarrow I_5 = \frac{4\,V}{1\,\Omega} = 4\,A$$

$$U_B - U_{q_2} + R_2 \cdot I_2 \Longrightarrow I_2 = \frac{U_{q_2} - U_B}{R_2} = \frac{12\,V - 8\,V}{2\,\Omega} = 2\,A$$

$$U_B - U_{q_1} + R_1 \cdot I_1 \Longrightarrow I_1 = \frac{U_{q_1} - U_B}{R_1} = \frac{4\,V}{2\,\Omega} = 2\,A$$

$$U_C = -R_4 \cdot I_4 \Longrightarrow I_4 = -1\,A$$

$$I_3 = I_5 + I_4 = 4\,A - 1\,A = 3\,A\,.$$

∎

■ Beispiel 7.12

Der Stern mit den 5 Knoten und 10 Zweigen (Abbildung 7.15), der mit dem Maschenstromverfahren behandelt wurde, soll nochmals betrachtet werden.

1. Die äußeren Widerstände sind R, die inneren Widerstände $2R$. Somit sind die äußeren Leitwerte G, die inneren Leitwerte $\frac{G}{2}$.
   Man muss auch die zwei Spannungsquellen umwandeln:

$$I_{q_1} = \frac{U_{q_1}}{R} \qquad I_{q_2} = \frac{U_{q_2}}{R}.$$

2. Als Bezugsknoten wählt man den oberen Punkt.

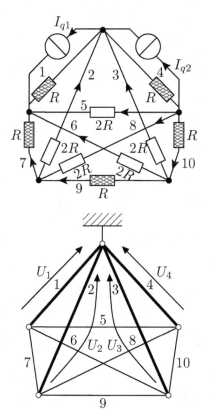

3. Der vollständige Baum ist in der obigen Darstellung gezeigt.

4. Die unabhängigen Spannungen sind: U_1, U_2, U_3 und U_4. Das Gleichungssystem hat nur vier Gleichungen, statt sechs bei der Maschenanalyse!!

5. Das Gleichungssystem ist:

U_1	U_2	U_3	U_4	
$G_1 + G_5 + G_6 + G_7$	$-G_7$	$-G_6$	$-G_5$	I_{q_1}
$-G_7$	$G_2 + G_7 + G_8 + G_9$	$-G_9$	$-G_8$	0
$-G_6$	$-G_9$	$G_3 + G_6 + G_9 + G_{10}$	$-G_{10}$	0
$-G_5$	$-G_8$	$-G_{10}$	$G_4 + G_5 + G_8 + G_{10}$	$-I_{q_2}$

$$
\begin{array}{cccc|c}
U_1 & U_2 & U_3 & U_4 & \\
\hline
3\,G & -G & -\dfrac{G}{2} & -\dfrac{G}{2} & U_{q_1} \cdot G \\[2mm]
-G & 3\,G & -G & -\dfrac{G}{2} & 0 \\[2mm]
-\dfrac{G}{2} & -G & 3\,G & -G & 0 \\[2mm]
-\dfrac{G}{2} & -\dfrac{G}{2} & -G & 3\,G & -U_{q_2} \cdot G
\end{array}
$$

6. Für $U_{q_1} = 11\,V$ und $U_{q_2} = 33\,V$ ergibt sich:

$$U_1 = -1,6\,V \qquad U_2 = -5,2\,V \qquad U_3 = -6,8\,V \qquad U_4 = -14,4\,V$$

7. Die sechs abhängigen Spannungen ergeben sich aus den Maschengleichungen:

$$
\begin{aligned}
U_5 &= U_4 - U_1 = (-14,4\,V - (-1,6\,V)) & = & \quad -12,8\,V \\
U_6 &= U_3 - U_1 = (-6,8\,V) - (-1,6\,V) & = & \quad -5,2\,V \\
U_7 &= U_2 - U_1 = (-5,2\,V) - (-1,6\,V) & = & \quad -3,6\,V \\
U_8 &= U_4 - U_2 = (-14,4\,V) - (-5,2\,V) & = & \quad -9,2\,V \\
U_9 &= U_3 - U_2 = (-6,8\,V) - (-5,2\,V) & = & \quad -1,6\,V \\
U_{10} &= U_4 - U_3 = (-14,4\,V) - (-6,8\,V) & = & \quad 7,6\,V
\end{aligned}
$$

8. Acht der zehn Ströme ergeben sich aus dem Ohmschen Gesetz $I = G \cdot U$. Nur bei den Strömen I_1 und I_4 muss man die Maschengleichungen schreiben:

$$U_1 = R_1 \cdot I_1 + U_{q_1} \Longrightarrow I_1 = \frac{U_1 - U_{q_1}}{R_1}$$

$$U_4 = R_4 \cdot I_4 - U_{q_2} \Longrightarrow I_4 = \frac{U_4 + U_{q_2}}{R_4}.$$

■

7.6. Zusammenfassung und Vergleich zwischen den Methoden der Analyse linearer Netzwerke

Es wurden die folgenden Methoden zur Berechnung von Strömen und Spannungen in linearen Netzwerken ausführlich untersucht:

- Die Kirchhoffschen Gleichungen

- Die Methoden der Ersatzspannungs– und der Ersatzstromquelle (Thévenin– und Norton–Theorem)

- Der Überlagerungssatz

- Das Maschenstromverfahren

- Das Knotenpotentialverfahren .

Im folgenden sollen die Methoden kurz wiederholt, ihre Merkmale, Vor– und Nachteile analysiert und miteinander verglichen werden. Ein einfaches Beispiel einer Schaltung mit zwei Quellen und drei Widerständen soll mit allen sechs Methoden berechnet werden.

7.6.1. Allgemeines

Die Aufgabe der Netzwerkananlyse ist die Bestimmung der Ströme und Spannungen in Netzwerken, wenn alle Quellen und alle Widerstände bekannt sind. Ist also die Anzahl der Unbekannten

$$2 \cdot z \, ,$$

wobei z die Anzahl der Zweige bedeutet, so reduziert das Ohmsche Gesetz

$$U = R \cdot I \qquad\qquad I = G \cdot U$$

die Anzahl der Unbekannten auf die Hälfte. **Es sind also im Allgemeinen z unbekannte Ströme oder Spannungen zu bestimmen.**
Sollte das gesamte Netzwerk analysiert werden, also sollten alle Unbekannten ermittelt werden, so eignen sich dazu alle erwähnten Methoden, mit Ausnahme der Methoden der Ersatzquellen. Diese liefern nur einen Strom[10] oder nur eine Spannung[11] und werden nur dann eingesetzt, wenn eine einzige unbekannte Größe gesucht wird. Das zu untersuchende Beispiel ist die einfache Schaltung aus Abbildung 7.20.

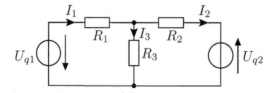

Abbildung 7.20.: Beispiel für den Vergleich der Berechnungsmethoden

Gesucht ist der Strom I_3. Er soll mit Hilfe aller sechs Methoden bestimmt werden. Die Schaltung hat

---

[10]Thévenin–Theorem
[11]Norton–Theorem

$$k = 2 \text{ Knoten}$$
$$z = 3 \text{ Zweige}$$
$$m = z - k + 1 = 2 \text{ unabhängige Maschen.}$$

7.6.2. Die Kirchhoffschen Gleichungen (Zweigstromanalyse)

Die zwei Kirchhoffschen Gleichungen lauten:

1. Die Summe aller zu- und abfließenden Ströme an jedem Knotenpunkt (unter Beachtung ihrer Vorzeichen) ist gleich Null:

$$\boxed{\sum_{\mu=1}^{n} I_\mu = 0}$$

2. Die Summe aller Teilspannungen in einem geschlossenen Umlauf (Masche), unter Beachtung ihrer Vorzeichen, ist stets Null:

$$\boxed{\sum_{\mu=1}^{n} U_\mu = 0}.$$

Die Kirchhoffschen Sätze führen zu einem Gleichungssystem mit z Unbekannten für die z unbekannten Ströme, das folgendermaßen zusammengestellt ist:

$\boxed{(k-1)}$ Gleichungen für die Knoten

$\boxed{m = z - (k-1)}$ Gleichungen für die Maschen

Achtung : *Ein Knoten* **muss** *unberücksichtigt bleiben. Nur* **m** *Maschen sind unabhängig!!*
Gemäß der nächsten Abbildung ergeben sich mit den Kirchhoffschen Gleichungen die folgenden Zusammenhänge:

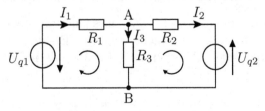

Im Knoten (A):	$I_1 = I_2 + I_3$
Masche (1) :	$I_1 \cdot R_1 + I_3 \cdot R_3 = U_{q_1}$
Masche (2) :	$I_2 \cdot R_2 - I_3 \cdot R_3 = U_{q_2}$

$\left.\begin{array}{c} \\ \\ \\ \end{array}\right\}$ 3 Gleichungen für $z = 3$ Ströme

Aus den Maschengleichungen kann man I_1 und I_2 als Funktion von I_3 ausdrücken:

$$I_1 = \frac{U_{q_1} - I_3 \cdot R_3}{R_1} \qquad I_2 = \frac{U_{q_2} + I_3 \cdot R_3}{R_2}$$

Diese kann man jetzt in die Knotengleichung einführen:

$$I_3 = I_1 - I_2 = \frac{U_{q_1} - I_3 \cdot R_3}{R_1} - \frac{U_{q_2} + I_3 \cdot R_3}{R_2}$$

$$I_3 \cdot (R_1\,R_2) = U_{q_1} \cdot R_2 - I_3 \cdot (R_3\,R_2) - U_{q_2} \cdot R_1 - I_3 \cdot (R_1\,R_3)$$

$$I_3 \cdot (R_1\,R_2 + R_3\,R_2 + R_1\,R_3) = U_{q_1} \cdot R_2 - U_{q_2} \cdot R_1$$

$$I_3 = \frac{U_{q_1} \cdot R_2 - U_{q_2} \cdot R_1}{\underbrace{R_1\,R_2 + R_3\,R_2 + R_1\,R_3}_{\sum R_i \cdot R_j}}$$

Kommentar:

- Die Kirchhoffschen Gleichungen stellen die allgemeinste Methode zur
  Netzwerkanalyse dar; sie sind immer einsetzbar und führen zu den z
  unbekannten Strömen. Nur bei dieser Methode operiert man mit den
  tatsächlichen Strömen, die durch die Zweige fließen. Alle anderen Methoden benutzen virtuelle Ströme, die erst zum Schluss die physikalischen
  Ströme ergeben. Somit ist die „Zweigstromanalyse" weniger abstrakt und
  leichter nachvollziehbar als alle anderen Methoden.

- Die Anzahl der zu lösenden Gleichungen ist **maximal z**.

- Auch wenn nur ein Strom gesucht wird, muss man alle z Gleichungen
  schreiben.

- Alle anderen Methoden sind aus den Kirchhoffschen Gleichungen abgeleitet.

7.6.3. Ersatzspannungsquelle und Ersatzstromquelle

Diese Methoden gehen von der Tatsache aus, dass jeder beliebige lineare, aktive
Zweipol durch eine Ersatzspannungsquelle oder eine Ersatzstromquelle ersetzt
werden kann, die an den zwei Klemmen dasselbe Verhalten[12] aufweist.
Es bedeuten:

- U_l die Leerlaufspannung an den Klemmen A–B

- I_K den Kurzschlussstrom

---

[12]d.h. denselben Strom I und dieselbe Spannung U

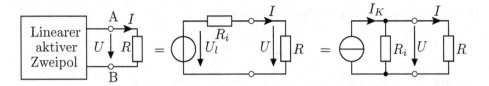

Abbildung 7.21.: Ersatzspannungsquelle und Ersatzstromquelle

- $R_i = \frac{U_l}{I_K}$ den Innenwiderstand der Ersatzquellen.

Wenn das so ist, dann kann man jede Schaltung in Bezug auf die zwei Klemmen A und B durch eine Ersatzspannungsquelle oder eine Ersatzstromquelle ersetzen. Die Voraussetzung dafür ist, dass der abgetrennte Zweig A–B passiv (ohne Quelle) sein muss.

Zwei Theoreme ermöglichen die Berechnung des Stromes in dem Zweig A–B (Thévenin) oder der Spannung an den Klemmen A–B (Norton).

Theorem von Thévenin (Ersatzspannungsquelle):

$$I_{AB} = \frac{U_{AB_l}}{R_{i_{AB}} + R}$$ U_{AB_l} =Leerlaufspannung an A–B

Theorem von Norton (Ersatzstromquelle):

$$U_{AB} = \frac{I_{K_{AB}}}{G_{i_{AB}} + G}$$ $I_{K_{AB}}$ =Kurzschlussstrom zwischen A und B

In beiden Fällen verfährt man folgendermaßen:

1. Man trennt den Zweig A–B mit dem Widerstand R ab.

2. Die restliche Schaltung wird als Ersatzsspannungsquelle mit der Quellenspannung U_{AB_l} oder als Ersatzstromquelle mit dem Quellenstrom $I_{K_{AB}}$ betrachtet.

3. Der Innenwiderstand R_i ist der gesamte Widerstand der **passiven** Schaltung an den Klemmen A–B[13].

---

[13]Um den Widerstand zu ermitteln, werden alle Spannungsquellen kurzgeschlossen und alle Stromquellen unterbrochen

Berechnung mit dem Thévenin–Theorem

$$I_3 = \frac{U_{AB_l}}{R_{i_{AB}} + R_3}$$

Berechnung des Innenwiderstandes der passiven Schaltung:

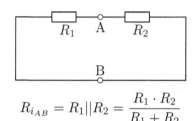

$$R_{i_{AB}} = R_1 \| R_2 = \frac{R_1 \cdot R_2}{R_1 + R_2}$$

Berechnung der Leerlaufspannung U_{AB_l} :

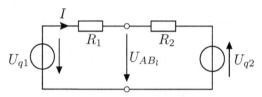

Der Strom ist: $I = \dfrac{U_{q_1} + U_{q_2}}{R_1 + R_2}$.

Die Spannung ergibt sich z.B. aus dem linken Maschenumlauf (Uhrzeigersinn):
$U_{AB_l} - U_{q_1} + I \cdot R_1 = 0$.
Damit wird U_{AB_l}:

$$U_{AB_l} = U_{q_1} - R_1 \cdot \frac{U_{q_1} + U_{q_2}}{R_1 + R_2}$$

$$U_{AB_l} = \frac{U_{q_1} \cdot (R_1 + R_2) - R_1 \cdot (U_{q_1} + U_{q_2})}{R_1 + R_2}$$

$$U_{AB_l} = \frac{U_{q_1} \cdot R_2 - U_{q_2} \cdot R_1}{R_1 + R_2} \ .$$

Der Strom I_3 ist dann:

$$I_3 = \frac{U_{q_1} \cdot R_2 - U_{q_2} \cdot R_1}{R_1\,R_3 + R_2\,R_3 + R_1\,R_2} \ .$$

Berechnung mit dem Norton–Theorem

$$U_{AB} = \frac{I_{K_{AB}}}{G_{i_{AB}} + G} \implies I_3 = \frac{U_{AB}}{R_3} = \frac{I_{K_{AB}}}{R_3 \cdot G_{i_{AB}} + 1}$$

$$G_{i_{AB}} = \frac{1}{R_{i_{AB}}} = \frac{R_1 + R_2}{R_1 \cdot R_2}$$

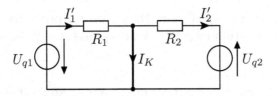

Der Kurzschlussstrom ist:

$$I_K = I_1 - I_2 = \frac{U_{q_1}}{R_1} - \frac{U_{q_2}}{R_2} = \frac{U_{q_1} \cdot R_2 - U_{q_2} \cdot R_1}{R_1 \cdot R_2} \ .$$

Zur Überprüfung:

I_K kann auch anders berechnet werden:

$$I_K = \frac{U_{AB_l}}{R_{i_{AB}}} = \frac{U_{q_1} \cdot R_2 - U_{q_2} \cdot R_1}{R_1 + R_2} \cdot \frac{R_1 + R_2}{R_1 \cdot R_2}$$

Damit wird I_3:

$$I_3 = \frac{U_{q_1} \cdot R_2 - U_{q_2} \cdot R_1}{R_1 R_2 \cdot \left(R_3 \cdot \dfrac{R_1 + R_2}{R_1 R_2} + 1 \right)}$$

$$I_3 = \frac{U_{q_1} \cdot R_2 - U_{q_2} \cdot R_1}{R_1 R_3 + R_2 R_3 + R_1 R_2} \ .$$

Kommentar:

- Die Sätze von den Ersatzquellen sind dazu geeignet, in einer Schaltung **einen** Strom oder **eine** Spannung zu bestimmen und zwar nur in einem **passiven** Zweig. Für eine Gesamtanalyse sind sie nicht interessant, da die Berechnung zu aufwändig wäre.

- Der große Vorteil dieser Sätze besteht darin, dass bei unterschiedlichen Verbrauchern, die von derselben Quelle gespeist werden, die Quelle (egal wie kompliziert sie aussieht) nur einmal rechnerisch behandelt werden muss, indem man eine Ersatzquelle bestimmt. Danach kann man beliebige Verbraucher schalten, ohne dass man sich weiter um die Quelle kümmern muss.

- Ist der Lastwiderstand zwischen zwei Klemmen variabel und sollte eine Leistungsanpassung realisiert werden, so soll die restliche Schaltung durch eine Ersatzquelle ersetzt werden.

- Sind in der Schaltung nichtlineare Bauelemente vorhanden (z.B. eine Diode), so ist zur Bestimmung des Arbeitspunktes eine Ersatzquelle sehr günstig.

- Zur Bestimmung von U_l oder I_K müssen andere Methoden herangezogen werden.

- Zur Bestimmung von $R_{i_{AB}}$ müssen Widerstände zusammengeschaltet werden, eventuell muss eine Stern–Dreieck– oder eine Dreieck–Stern– Transformation durchgeführt werden.

- Das Thévenin–Theorem ist besonders interessant, wenn $R_{i_{AB}} \ll R$ ist. Dann gilt:

$$I_{AB} \approx \frac{U_{AB_l}}{R} \ .$$

- Das Norton–Theorem wird meistens eingesetzt, wenn $R_{i_{AB}} \gg R$ ist. Dann gilt:

$$U_{AB} \approx \frac{I_{K_{AB}}}{G} \ .$$

7.6.4. Der Überlagerungssatz

Der Überlagerungssatz ist eine Konsequenz der **Linearität** aller Schaltelemente: zwischen jedem Strom und jeder Quellenspannung besteht dann eine lineare Beziehung.

Die Idee dieses Verfahrens ist: Man lässt jede Quelle **allein** wirken, indem man alle anderen als energiemäßig nicht vorhanden ansieht. Bei **n** Quellen ergeben sich somit **n** verschiedene Stromverteilungen, die mit der tatsächlichen Stromverteilung nichts zu tun haben!

Erst die Überlagerung der „Teilströme" unter Beachtung ihrer **Zählrichtung** ergibt die tatsächlichen Ströme. Jeder Zweigstrom besteht also aus **n** Teilströmen.

Bemerkung: *Genauso gut kann man Gruppen von Quellen wirken lassen und ihre Wirkung anschließend überlagern. Damit verringert man die Anzahl der Stromverteilungen die man berechnen muss, doch werden die einzelnen Stromverteilungen etwas komplizierter, da die zu behandelnden virtuellen Schaltungen jetzt mehrere Quellen enthalten.*

Das betrachtete Beispiel wird nun mit dem Überlagerungssatz berechnet:

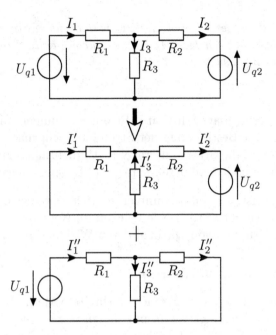

Quelle 1 unwirksam, es interessiert nur I_3 (siehe Abbildung, Mitte).

$$I_2' = \frac{U_{q2}}{R_2 + \dfrac{R_1\,R_3}{R_1 + R_3}} = \frac{U_{q2} \cdot (R_1 + R_3)}{R_1\,R_2 + R_2\,R_3 + R_1\,R_3}$$

I_3' ergibt sich mit der Stromteilerregel:

$$I_3' = I_2' \cdot \frac{R_1}{R_1 + R_3} = \frac{U_{q2} \cdot R_1}{\sum (R_i \cdot R_j)}\ .$$

Nun wird die Quelle 2 als unwirksam betrachtet (Abbildung, unten):

$$I_1'' = \frac{U_{q1}}{R_1 + \dfrac{R_2\,R_3}{R_2 + R_3}} = \frac{U_{q1} \cdot (R_2 + R_3)}{\sum (R_i \cdot R_j)}$$

$$I_3'' = I_1'' \cdot \frac{R_2}{R_2 + R_3} = \frac{U_{q1} \cdot R_2}{\sum (R_i \cdot R_j)}\ .$$

Der tatsächliche Strom I_3 ist $I_3'' - I_3'$, da I_3' entgegen dem angenommenen Zählpfeil fließt.

$$I_3 = \frac{U_{q1} \cdot R_2 - U_{q2} \cdot R_1}{\sum (R_i \cdot R_j)}\ .$$

Empfehlung: Es ist immer sinnvoll die zu überlagernden Ströme anders zu be-nennen als die tatsächlichen (z.B. I'_1, I'_2, $\cdots$ für die erste Stromverteilung, I''_1, I''_2, $\cdots$ für die zweite, usw.)

Kommentar:

- Der Überlagerungssatz führt zu **n** Stromverteilungen mit jeweils nur **einer** Quelle. Zur Bestimmung der Ströme braucht man nur Widerstände zu schalten und die Stromteilerregel (evtl. mehrmals) zu benutzen. Man kann jedoch auch jede andere Strategie (z.B. Spannungsteiler) benutzen.

- Der Nachteil ist: Es müssen immer so viele unterschiedliche Stromver-teilungen bestimmt werden, wie Quellen im Netz vorhanden sind (außer man bildet Gruppen von Quellen, deren Wirkung man überlagert).

7.6.5. Maschenstromverfahren

Das Maschenstromverfahren ist die meistverbreitete Methode der Netzwerk-analyse, da sie ein Gleichungssystem mit nur $m = z - k + 1$ Gleichungen löst und sehr übersichtlich ist. Das Gleichungssystem kann direkt aufgestellt wer-den.

Die Methode basiert auf der Annahme, dass man die **Zweigströme** in un-abhängige und abhängige Zweigströme aufteilen kann. Die **unabhängigen Ströme** sind die Unbekannten, für die das Gleichungssystem aufgestellt werden muss. Man sollte bei dieser Methode mit den Begriffen

- vollständiger Baum[14]

- **Baumzweige**[15]

- **Verbindungszweige**[16]

arbeiten. (Es geht auch ohne „Bäume", doch gibt es einige Gründe dafür, sie hier einzusetzen: erstens werden diese topologischen Begriffe heute auf vielen Gebieten angewendet, zweitens führen sie zu einer Systematisierung des Ver-fahrens, die Fehlerquellen eliminiert und drittens kann man komplizierte Schal-tungen ohne sie kaum behandeln).

Die Wahl des vollständigen Baumes ist **frei**.

Die **unabhängigen Ströme fließen in den Verbindungszweigen.** Mit je-dem von diesen (und den Baumzweigen) bildet man **m** unabhängige Maschen.

---

[14]Ein vollständiger Baum verbindet alle Knoten, ohne eine Masche zu bilden
[15]Es gibt immer $(k - 1)$ Baumzweige
[16]Dies sind die restlichen m Zweige

Das Gedankenmodell der Methode ist: In jeder Masche fließt ein solcher unabhängiger **Maschenstrom**. Das Gleichungssystem enthält m Maschengleichungen:

$$\begin{vmatrix} R_{11} & R_{12} & \ldots & R_{1m} \\ R_{21} & R_{22} & \ldots & R_{2m} \\ \vdots & & & \\ R_{m1} & R_{n2} & \ldots & R_{mm} \end{vmatrix} \cdot \begin{vmatrix} I_1' \\ I_2' \\ \vdots \\ I_m' \end{vmatrix} = \begin{vmatrix} U_{q_1}' \\ U_{q_2}' \\ \vdots \\ U_{q_m}' \end{vmatrix}$$

mit: $R_{ii} > 0$ = Umlaufwiderstände (Summe aller Widerstände in der betreffenden Masche)

$R_{ij} \overset{<}{>} 0$ = Kopplungswiderstände zwischen zwei Maschen

I_i' = unbekannte Maschenströme

U_{q_i}' = Summe aller **Quellenspannungen** in der Masche (mit Pluszeichen, wenn ihr Zählpfeil **entgegen** dem Umlaufsinn ist).

Die $(k-1)$ abhängigen Ströme werden durch Überlagerung (Knotengleichung) bestimmt.

Das bereits mehrmals betrachtete Beispiel soll nun mit dem Maschenstromverfahren berechnet werden. Die folgende Abbildung zeigt nochmals die Schaltung und ihren gerichteten Graph.

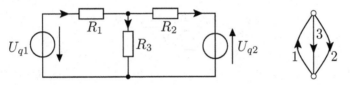

Es gilt: $k = 2$, $z = 3$, $m = 2$.
Möglich sind drei vollständige Bäume (siehe nächste Abbildung):

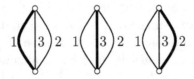

Der vollständige Baum sei z.B. der Zweig 3. Unabhängige Ströme sind: I_1 und I_2. Ihre Maschen sind auf der nächsten Abbildung gezeigt:

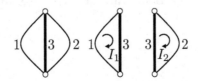

Das entsprechende Gleichungssystem ist:

$$
\begin{array}{cc|c}
I_1 & I_2 & \\
\hline
R_1 + R_3 & -R_3 & U_{q_1} \\
-R_3 & R_2 + R_3 & U_{q_2}
\end{array}
$$

$$D = (R_1 + R_3) \cdot (R_2 + R_3) - R_3^2 = \sum (R_i \cdot R_j)$$

$$D_1 = U_{q_1} \cdot (R_2 + R_3) + U_{q_2} \cdot R_3$$

$$I_1 = \frac{D_1}{D} = \frac{U_{q_1} \cdot (R_2 + R_3) + U_{q_2} \cdot R_3}{\sum (R_i \cdot R_j)}$$

$$D_2 = U_{q_2} \cdot (R_1 + R_3) + U_{q_1} \cdot R_3 \implies I_2 = \frac{U_{q_2} \cdot (R_1 + R_3) + U_{q_1} \cdot R_3}{\sum (R_i \cdot R_j)}$$

Der Strom I_3 ist nach der Knotengleichung im Knoten (A):

$$I_3 = \frac{U_{q_1} \cdot (R_2 + R_3) + U_{q_2} \cdot R_3 - U_{q_2} \cdot (R_1 + R_3) - U_{q_1} \cdot R_3}{\sum (R_i \cdot R_j)}$$

$$I_3 = \frac{U_{q_1} \cdot R_2 - U_{q_2} \cdot R_1}{\sum (R_i \cdot R_j)} \; .$$

Kommentar:

- Gegenüber den Kirchhoffschen Gleichungen werden hier nur $m = z - k + 1$ Gleichungen gelöst.

- Das Gleichungssystem kann direkt aufgestellt werden, ohne Kenntnis irgendwelcher Gesetze der Elektrotechnik. Dieser Vorteil wird oft unterschätzt und er wird manchmal sogar - wegen dem Automatismus, der bei der Anwendung dieser „Gebrauchsanweisung" ensteht - als Nachteil dargestellt. Nun, eine deutliche und leicht anzuwendende Gebrauchsanweisung, die schnell zu dem korrekten Ergebnis führt, ist immer vorzuziehen, auch wenn dabei der physikalische Hintergrund nicht mehr zu erkennen ist.

- Stromquellen sollen in Spannungsquellen umgewandelt werden.

7.6.6. Knotenpotentialverfahren

Von der Anzahl der zu lösenden Gleichungen her ist es meistens das optimale Verfahren. Es müssen lediglich $(k-1)$ Gleichungen gelöst werden.

Das Gleichungssystem kann auch hier direkt aufgestellt werden. Vorbereitungs-arbeiten (Umwandeln der Schaltung) und Nacharbeiten machen jedoch diese Methode weniger übersichtlich als die Maschen–Analyse.

Die Idee der Methode ist, dass man die **Spannungen** zwischen den einzelnen Knoten in unabhängige und abhängige Spannungen aufteilen kann.
Die **unabhängigen Spannungen** sind die Unbekannten, für die man das Glei-chungssystem aufstellt. **Unabhängig sind die Spannungen an den Baum-zweigen**, es gibt also $(k-1)$ unabhängige Zweige.

Beim Knotenpotential–Verfahren wurden jedoch Einschränkungen bezüglich der Wahl des vollständigen Baumes vereinbart. Man verbindet einen ausgewähl-ten „Bezugsknoten" sternförmig mit **allen** anderen Knoten und wählt die Be-zugspfeile für die unabhängigen Spannungen **zu** diesem Knoten **hin**.

Das Gleichungssystem enthält $(k-1)$ Knotengleichungen. Die restlichen **m** abhängigen Ströme ergeben sich anschließend aus Maschengleichungen.

Vor der Aufstellung des Gleichungssystems müssen alle Spannungsquellen in Stromquellen und alle Widerstände in Leitwerte umgewandelt werden. Das Gleichungssystem lautet:

$$
\begin{vmatrix}
G_{11} & G_{12} & \cdots & G_{1\,(k-1)} \\
G_{2\,1} & G_{22} & \cdots & G_{2\,(k-1)} \\
\vdots & & & \\
G_{(k-1)\,1} & G_{(k-1)\,2} & \cdots & G_{(k-1)\,(k-1)}
\end{vmatrix}
\cdot
\begin{vmatrix}
U_1' \\ U_2' \\ \vdots \\ U_{(k-1)}'
\end{vmatrix}
=
\begin{vmatrix}
I_{q1}' \\ I_{q2}' \\ \vdots \\ I_{q(k-1)}'
\end{vmatrix}
$$

mit: $G_{i\,i} > 0$ = Knotenleitwert (Summe aller Leitwerte in dem Knoten)
$\quad\ \ G_{i\,j} < 0$ = Kopplungsleitwert zwischen zwei Knoten
$\quad\ \ U_i' \qquad$ = unbekannte Knotenspannungen
$\quad\ \ I_{q_i}' \qquad$ = Summe aller Quellenströme in dem Knoten.[17]

In dem betrachteten Beispiel kann man z.B. den Knoten (B) als Bezugsknoten wählen. Die ursprüngliche und die umgeformte Schaltung sind auf der nächsten Abbildung gezeigt.

---

[17]Ströme die hineinfließen sind als positiv, Ströme die herausfließen als negativ zu zählen

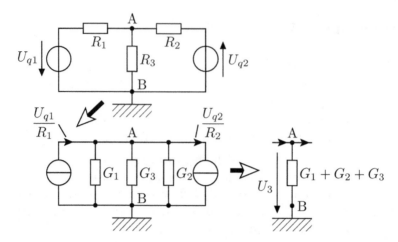

Es gibt nur **eine** Gleichung, für den oberen Knoten:

$$G \cdot U_3 = \frac{U_{q_1}}{R_1} - \frac{U_{q_2}}{R_2} .$$

Der gesuchte Strom I_3 ist dann:

$$I_3 = U_3 \cdot G_3 = \frac{1}{R_3} \cdot \frac{\dfrac{U_{q_1}}{R_1} - \dfrac{U_{q_2}}{R_2}}{\dfrac{1}{R_1} + \dfrac{1}{R_2} + \dfrac{1}{R_3}}$$

$$I_3 = \frac{1}{R_3} \cdot \frac{R_3 \, R_2 \, U_{q_1} - R_3 \, R_1 \, U_{q_2}}{\sum (R_i \cdot R_j)}$$

$$I_3 = \frac{U_{q_1} \cdot R_2 - U_{q_2} \cdot R_1}{\sum (R_i \cdot R_j)} .$$

Kommentar:

- In den meisten Fällen erfordert keine andere Methode zur kompletten Analyse eines Netzes weniger Gleichungen.

- Unter Annahme einiger Einschränkungen ist das Gleichungssystem sehr einfach und kann direkt aufgestellt werden.

- Wegen unvermeidbaren Umwandlungen vor der Aufstellung des Gleichungssystems und Zurückwandlungen zu der ursprünglichen Schaltung ist die Methode weniger übersichtlich als die Maschen–Analyse.

- Gewöhnt man sich (durch Üben!!) an die nötigen Umwandlungen und an die Arbeit mit Leitwerten und Stromquellen, so ist die Knotenanalyse meistens der schnellste Weg zur Bestimmung aller Ströme.

7.7. Design von Gleichstromkreisen mit gewünschten Strömen

Man kann sehr leicht Schaltungen auf Papier „basteln", bei denen alle in den Zweigen auftretenden Ströme, wie auch die Widerstände und die Quellenspannungen, ganze Zahlen sind.

Mit einer solchen, selbst entwickelten Schaltung kann man schnell und unkompliziert alle Methoden der Netzwerkanalyse üben.

Außerdem ist das auch eine oft in der Praxis vorkommende Fragestellung: Wie erzeugt man gewünschte Ströme, wenn man einen Satz von Widerständen und bestimmte Quellen zur Verfügung hat?

Folgende Erkenntnisse bilden die **theoretische Grundlage** dieser Auslegungsmethode:

1) In einer Schaltung mit **z Zweigen** und **k Knoten** kann man sich immer

$$m = z - k + 1$$

   Ströme vorgeben. Die restlichen $(k - 1)$ sind abhängig und ergeben sich aus **Knoten**gleichungen (I. Kirchhoffscher Satz).
   Bedingung :
   In keinem Knoten dürfen **alle** *Ströme vorgegeben werden (mindestens ein Strom ist nicht mehr unabhängig, denn die Summe der Ströme muss Null sein).*

2) Von den **Spannungen** sind dagegen

$$k - 1$$

   unabhängig, also dürfen willkürlich **vorgegeben** werden. Die restlichen $m = z - k + 1$ ergeben sich aus **Maschen**gleichungen (II. Kirchhoffscher Satz).
   Bedingung :
   Auf keinem möglichen geschlossenen Umlauf dürfen **alle** *Spannungen vorgegeben werden (mindestens eine Spannung ist nicht mehr unabhängig, denn die Summe muss Null sein).*

3) Der Spannungsabfall an allen Widerständen ist:

$$U = RI \text{ (Ohmsches Gesetz)}.$$

Die Auslegung von Schaltungen geht also von den zwei Kirchhoffschen Sätzen und von dem Ohmschen Gesetz aus.

Eigene Schaltungen zusammenzustellen und diese mit allen Verfahren der
Netzwerkanalyse zu behandeln ist eine bewährte Methode um die angestreb-
te Sicherheit im Umgang mit Schaltungen zu erlangen. Da die Ströme, die
Widerstände und die Quellenspannungen alle ganze Zahlen sind, wird man
viel Rechenaufwand sparen. Es ist insgesamt eine kreative Beschäftigung mit
Gleichstrom- Schaltungen, die auf jeden Fall zum besseren Verständnis der
Gesetze dieser Stromkreise führen wird. Die folgende **Strategie** ist empfeh-
lenswert:

a) **Auswahl einer Konfiguration für die Schaltung**
Ganz am Anfang soll man sich entscheiden, wie viele Zweige und Knoten die
Schaltung haben soll und dementsprechend eine Skizze (Graph) in der die Zwei-
ge nummeriert werden sollen, zeichnen.
Eine Schaltung mit $z = 5$ Zweigen und $k = 3$ Knoten wäre ein guter Anfang.
Später kann man dann auch mehrere Zweige in Betracht ziehen.

b) **Auswahl der Widerstände in den Zweigen**
Weiter soll man annehmen, dass man einen Satz von Widerständen zur
Verfügung hat, zum Beispiel:

$$R = 1\,\Omega \text{ und } R = 2\,\Omega \text{ (und eventuell } R = 0,5\,\Omega \text{)}.$$

Möchte man Ströme in der Größenordnung mA erzielen, so sollte man die
Widerstände in $k\Omega$ annehmen, zum Beispiel:

$$R = 1\,k\Omega \text{ und } 2\,k\Omega.$$

Anschließend verteilt man die Widerstände beliebig auf den z Zweigen.

c) **Vorgabe von $(z - k + 1)$ Strömen und Ermittlung der übrigen $(k - 1)$**
In der ausgewählten Schaltung kann man $5 - 3 + 1 = 3$ Ströme vorgeben, al-
lerdings nicht alle in demselben Knoten!
Aus Knotengleichungen ergeben sich die übrigen zwei abhängigen Ströme.
Es ist jetzt unerlässlich zu überprüfen, ob die I. Kirchhoffsche Gleichung in
allen Knoten erfüllt ist.
Diese Stromverteilung ist der Ausgangspunkt für die Auslegung der Schaltung.
Wählt man hier andere Ströme, so ergeben sich auch andere Quellen.
Die Bestimmung der Quellen, die zusammen mit den vorgegebenen Wi-
derständen diese Stromverteilung erzeugen, ist der komplizierteste Schritt des
Verfahrens.

d) **Berechnung der Spannungsabfälle an den Widerständen**
Die ausgewählten Widerstände und die festgelegte Stromverteilung führen au-
tomatisch zu bestimmten Spannungsabfällen an den Widerständen. Es ist emp-
fehlenswert, diese jetzt zu berechnen und in eine Skizze einzutragen.
Die Spannungsabfälle werden mit Hilfe des Ohmschen Gesetzes $U = RI$ bestimmt, wobei Strom und Spannung dieselbe Richtung haben.

e) Vorgabe von $(k-1)$ Zweigspannungen

In der ausgewählten Schaltung mit $k = 3$ Knoten kann man $k - 1 = 2$ Spannungen willkürlich vorgeben, da sie unabhängig von den anderen sind.

Geht man von der Idee aus, dass man die gewünschte Stromverteilung mit möglichst wenigen Quellen realisieren möchte, so erscheint sinnvoll, zwei von den Zweigen **passiv** zu lassen und als unabhängige Spannungen die bereits vorhandenen Spannungsabfälle an diesen Zweigen zu wählen. **Alle** anderen Zweigspannungen sind dann nicht mehr unabhängig.

Welche von den Zweigen passiv sein sollten ist völlig egal, nur darf man nicht solche Zweigpaare wählen, die geschlossene Umläufe bilden, da ihre Zweigspannungen nicht voneinander unabhängig sind!

f) Ermittlung der übrigen $m = z - k + 1$ abhängigen Spannungen und Festlegung der erforderlichen Spannungsquellen

Die zwei vorgegebenen Zweigspannungen erzwingen alle anderen drei Spannungen, denn diese sind nicht mehr unabhängig, sondern von den Umlaufgleichungen festgelegt.

g) Eventuelle Verbesserungen der Schaltung

Das beschriebene Verfahren führt zu bestimmten Quellenspannungen, die sich aus den Umlaufgleichungen ergeben und somit nicht beeinflusst werden können. Was kann man jedoch tun, wenn man exakt diese benötigten Spannungsquellen nicht zur Verfügung hat? Dann fängt eine Arbeit an, die in kleinen Schritten die Schaltung immer weiter verbessert, bis man eine optimale Lösung gefunden hat. Selbstverständlich muss man dabei Kompromisse schließen und auf bereits gewählte Widerstände oder Ströme verzichten. Hier kommen die Fantasie und die Geschicklichkeit des Entwicklers ins Spiel.

h) Endgültige Schaltung; Überprüfung

Ist man mit den erzielten Werten für Widerstände und Quellenspannungen zufrieden, so sollte man die endgültige Schaltung zeichnen und einige Überprüfungen durchführen.

i) Eventuelle Einführung von Stromquellen

Hat man auch Stromquellen zur Verfügung (oder möchte man auch damit üben), so kann man eine (oder gegebenenfalls mehrere) Spannungsquellen in Stromquellen umwandeln.

Dem Leser dieses Buches wird wärmstens empfohlen, einige Schaltungen zu entwerfen. Er wird zum Schluss die Theorie der Gleichstromschaltungen vollständig beherrschen und auf dem Weg dahin viel Spaß haben.

Teil III.

Wechselstromschaltungen

8. Grundbegriffe der Wechselstromtechnik

8.1. Warum verwendet man Wechselstrom?

Man kennt aus der Praxis die besondere Bedeutung der Wechselstromtechnik, sowohl bei der Erzeugung und Übertragung der elektrischen Energie als auch bei ihrer Umwandlung in andere Energieformen (Energietechnik) und nicht zuletzt in der Nachrichten-, Informations- und Automatisierungstechnik.

Aus welchen Gründen benutzt man vorwiegend Wechsel- und nicht Gleichstrom?
Die wichtigsten sind:

- Die elektrische Energie wird in Kraftwerken mittels großer Generatoren erzeugt. Die Wechselstrom- oder Drehstromgeneratoren großer Leistung sind einfacher zu realisieren, da sie im Gegensatz zu den Gleichstrommaschinen keine zusätzlichen Einrichtungen (Stromwender = Kommutatoren) benötigen. Damit kann man auch höhere Spannungen erzeugen.

- In unserer energiebewussten Zeit ist die Frage sehr wichtig, wie man die elektrische Energie von dem Erzeuger zu den Verbrauchern über große Entfernungen möglichst verlustarm übertragen kann. Man kann leicht ersehen (der Beweis ist im 3. Beispiel, Kap. 9.10.3 erbracht), dass die Wärmeverluste auf der Leitung umgekehrt proportional zu U^2 sind. Somit ist der Wirkungsgrad der Übertragung umso besser, desto höher die Spannung ist. In Europa verwendet man $400\,kV$, in Ländern mit größeren Entfernungen (Russland, Kanada) über $700\,kV$. Das hat zwei Konsequenzen:

    - dass man beim Erzeuger die Spannung hochtransformieren muss, da solche Spannungen mit Maschinen nicht erzeugt werden können und

    - dass man bei dem Verbraucher die Hochspannung in mehreren Stufen heruntertransformieren muss (bis zu $400\,V$). Das geschieht am günstigsten mit Transformatoren, die allerdings nur mit Wechselstrom funktionieren.

- Die einfachsten und robustesten elektrischen Motoren, die demzufolge am häufigsten eingesetzt werden, sind die Drehstrom-Asynchronmotoren.

- Viele Anwendungen der elektrischen Energie können nur mit zeitlich veränderlichen Spannungen und Strömen realisiert werden, so z.B. die Umwandlung in thermische Energie in Induktionsöfen.

- Die gesamte Nachrichtentechnik arbeitet mit Überlagerung von Wechselstromsignalen. Die Erzeugung und die Benutzung von elektromagnetischen Wellen benötigt Wechselströme von hoher Frequenz.

Bemerkung: Alle diese Argumente zugunsten des Wechselstromes sollen jedoch nicht die Bedeutung der Gleichstromtechnik schmälern, die in den letzten Jahrzehnten, parallel zu der rasanten Entwicklung der Leistungselektronik, wieder viele Anwendungsgebiete für sich beanspruchen kann.

Von den Wechselströmen ist vor allem der *Sinusstrom* von überragender Bedeutung, vor allem für die Energietechnik. Da alle anderen periodischen Funktionen (mit Hilfe der Fourier-Analyse) als Überlagerung von sinusförmigen Funktionen mit verschiedenen Frequenzen betrachtet werden können, bildet die Untersuchung des Sinusstromkreises die Grundlage der Wechselstromtechnik.

Bemerkung: In einigen Büchern wird statt Sinusstrom der Begriff „*Cosinusstrom*" benutzt. Da beide Begriffe gleichwertig sind, muss man sich für einen von ihnen entscheiden. In dem vorliegenden Buch wird konsequent mit Sinusgrößen gearbeitet.

Heute sind die meisten Netze zur Erzeugung, Übertragung und Verteilung elektromagnetischer Energie mit wenigen Ausnahmen Wechselstromnetze mit sinusförmigen Spannungen der Frequenz $f = 50\,Hz$ (in Amerika: $60\,Hz$), die man industrielle Frequenz nennt.

Warum wurde ausgerechnet diese Frequenz gewählt? Grundsätzlich sollte die Frequenz so niedrig wie möglich sein, um die Schwierigkeiten bei der Erzeugung und Übertragung der elektrischen Energie zu minimieren. Die Frequenz wurde so ausgewählt, dass man die Schwankungen der Lichtintensität der Glühlampen mit dem Auge nicht wahrnehmen kann. (Die Bahn benutzt, wegen Schwierigkeiten mit der Kommutierung der Motoren, die Frequenz $16\frac{2}{3}$ Hz; dort muss man für eine einwandfreie Beleuchtung spezielle Maßnahmen ergreifen - siehe das erste Beispiel im Abschnitt 11.2.3 „Kombinierte Schaltungen").

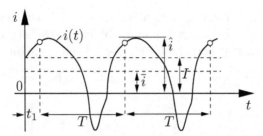

Abbildung 8.1.: Wechselgröße und ihre Kennwerte

8.2. Kennwerte der sinusförmigen Wechselgrößen

8.2.1. Wechselgrößen

Eine Wechselgröße ändert ihre Größe und ihre Richtung *periodisch* mit der Zeit t. Nach Ablauf einer **Periodendauer** T wiederholt sich der Verlauf der Wechselgröße (Abbildung 8.1).
Der Augenblickswert einer Wechselgröße, z.B. elektrischer Strom i, ist:

$$i = i\,(t + n\,T) \quad \textit{mit } n \textit{ als ganzer Zahl} \quad . \tag{8.1}$$

Vereinbarung: *Für Augenblickswerte benutzt man kleine Buchstaben.*
Man definiert noch:

- **Frequenz:**

$$f = \frac{1}{T} \tag{8.2}$$

  mit der Einheit Hertz (Hz).

- **Kreisfrequenz** oder **Winkelgeschwindigkeit**:

$$\omega = 2\pi f = \frac{2\pi}{T} \tag{8.3}$$

  mit der Einheit s^{-1} (nicht Hz). Nach (8.3) gilt: $\omega T = 2\pi$.

- **Amplitude** (Scheitelwert) $\hat{\imath}$, als Maximalwert, den die Wechselgröße innerhalb einer Periode erreicht (s. Abbildung 8.1).

- **Arithmetischer Mittelwert** ($\bar{\imath}$ oder $\tilde{\imath}$):

$$\bar{\imath} = \frac{1}{T} \int_{t_1}^{t_1+T} i(t)\,dt \quad . \tag{8.4}$$

Dieser Wert hängt nicht von der Anfangszeit t_1 ab (Abbildung 8.1).
Bei „reinen" Wechselgrößen ist der arithmetische Mittelwert gleich Null

und liefert somit keine quantitative Aussage. Wird dem Wechselstrom ein Gleichstrom überlagert (es entsteht ein „Mischstrom"), so gibt der arithmetische Mittelwert die Größe der Gleichstromkomponente an.

- **Effektivwert** I (oder I_{eff}) ist der quadratische, zeitliche Mittelwert:

$$I = \sqrt{\frac{1}{T} \int_{t_1}^{t_1+T} i^2(t)\, dt} \quad > 0 \qquad . \tag{8.5}$$

Der Effektivwert eines Wechselstromes hat eine physikalische Bedeutung: es ist der Wechselstrom, der dieselben Wärmeverluste in einem Widerstand während einer Periode verursacht, wie ein Gleichstrom mit demselben Betrag I (weil $P = R\,I^2$ ist).

- **Scheitelfaktor** ξ und **Formfaktor** F

$$\xi = \frac{\hat{i}}{I} \qquad , \qquad F = \frac{I}{|i|} . \tag{8.6}$$

8.2.2. Sinusgrößen

Eine Sinusgröße ist ein Sonderfall der Wechselgrößen. Der Augenblickswert einer Sinusgröße ändert sich nach einer Sinusfunktion (s. Abbildung 8.2 a):

$$i(t) = \hat{i}\, \sin(\omega t) \quad (2\pi = \omega T) \quad .$$

Häufig wird der zeitliche sinusförmige Verlauf nicht über t, sondern über die Verhältnisgröße ωt aufgetragen (siehe Abbildung 8.2).
Die Mittelwerte einer Sinusfunktion sind:

- **Arithmetischer Mittelwert**: stets gleich Null, siehe Abbildung 8.2a: die obere – positive – Fläche unter der Kurve und die untere – negative – Fläche sind gleich groß.

- **Gleichrichtwert** (Abbildung 8.2b). Wenn der Sinusstrom mit Hilfe eines Gleichrichters gleichgerichtet wird, dann weisen beide Halbschwingungen dieselbe Stromrichtung auf und man kann einen Gleichrichtwert definieren:

$$\overline{|\,i\,|} = \frac{1}{T} \int_0^T |\,i\,|\, dt \quad . \tag{8.7}$$

Löst man das Integral für eine Sinusfunktion mit dem Scheitelwert $\hat{i}$ auf, so ergibt sich:

$$\frac{\overline{|\,i\,|}}{\hat{i}} = \frac{2}{\pi} = 0,6366 \quad .$$

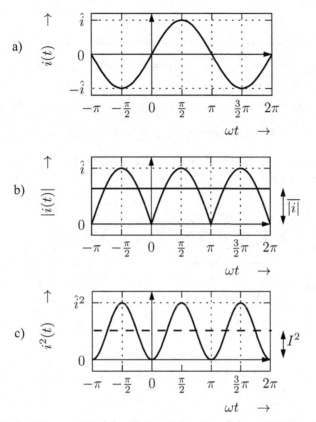

Abbildung 8.2.: Sinusgröße (a), Gleichrichtwert (b) und Effektivwert (c)

- **Effektivwert**:
  Nach Gleichung (8.5) ergibt sich für die Sinusfunktion:

$$I^2 = \frac{1}{T} \int_0^T i^2 \, dt = \frac{\hat{i}^2}{T} \int_0^T \sin^2 \omega t \, dt$$

$$= \frac{\hat{i}^2}{2T} \int_0^T (1 - \cos 2\omega t) \, dt = \frac{\hat{i}^2}{2T} \int_0^T dt = \frac{\hat{i}^2}{2} \quad .$$

$$\boxed{I = \frac{\hat{i}}{\sqrt{2}}} \quad , \quad \boxed{\hat{i} = \sqrt{2}\,I} \quad . \tag{8.8}$$

Nach Gleichung (8.6) ist der Scheitelfaktor einer Sinusfunktion $\xi = 1,414$ und der Formfaktor $F = 1,11$.
Ganz allgemein muss eine Sinusfunktion nicht zum Zeitpunkt $t = 0$ durch Null gehen, sodass die allgemeine Form der hier untersuchten Funktionen die

folgende ist:

$$i(t) = \hat{i}\,\sin(\omega t + \varphi_0) = I\,\sqrt{2}\,\sin(\omega t + \varphi_0) \qquad . \qquad (8.9)$$

Eine Sinusfunktion ist durch drei konstante Parameter gekennzeichnet:

Amplitude $\hat{i} > 0,$ **Kreisfrequenz** $\omega > 0,$ **Nullphasenwinkel** $\varphi_0 \gtrless 0.$

Der Nullphasenwinkel φ_0 ist offensichtlich der Wert des *Phasenwinkels* $(\omega t + \varphi_0)$ im Zeitpunkt $t = 0$.

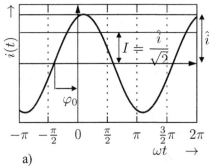
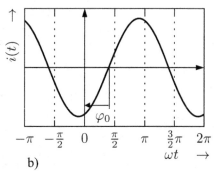

Abbildung 8.3.: Zeitlicher Verlauf einer Sinusfunktion mit Nullphasenwinkel: a)$\varphi_0 > 0$, b)$\varphi_0 < 0$

Auf das Vorzeichen des Nullphasenwinkels ist streng zu achten! Er ist eine gerichtete Größe und wird durch einen Pfeil gekennzeichnet. Um den Nullphasenwinkel aus dem Zeitdiagramm abzulesen, muss man den Winkelpfeil vom positiven Nulldurchgang aus zur Ordinatenachse richten (die Pfeilspitzen müssen stets an der Ordinatenachse liegen). φ_0 wird dann positiv angegeben, wenn sein Pfeil in Richtung der positiven Winkelzählrichtung weist (Abbildung 8.3 a), bzw. negativ bei entgegengesetzter Richtung (Abbildung 8.3 b).

Wichtiger als der Nullphasenwinkel ist in der Wechselstromtechnik die *Phasenverschiebung* (Phasenwinkel φ) zwischen zwei Sinusfunktionen.

Der Phasenwinkel φ ergibt sich als Differenz der Nullphasenwinkel (in Abbildung 8.4: φ_u und φ_i):

$$\varphi = \varphi_u - \varphi_i \; .$$

Es ist fest vereinbart (DIN 40110), dass der *Phasenwinkel φ stets zwischen Strom i und Spannung u gemessen wird* (also mit i als Bezugsgröße).

Für die Abbildung 8.4, in der als Beispiel $\varphi_i = -\frac{\pi}{3}$ und $\varphi_u = \frac{\pi}{6}$ gilt, kann man also gleichwertig sagen:

- der Phasenwinkel φ beträgt: $\varphi = \varphi_u - \varphi_i = \frac{\pi}{6} - (-\frac{\pi}{3}) = \frac{\pi}{2}$

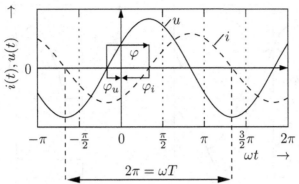

Abbildung 8.4.: Zeitlicher Verlauf von Strom i und Spannung u bei einem Phasenwinkel φ

- der Strom i eilt der Spannung u um $90°$ *nach*
- die Spannung u eilt dem Strom i um $90°$ *vor*.

Man ersieht leicht, dass jede Sinusgröße $i = I\sqrt{2}\sin(\omega t + \varphi_0)$ vollständig definiert wird, wenn man die drei Parameter:

- Effektivwert I ,
- Kreisfrequenz ω
- Nullphasenwinkel φ_0

angibt. Die Frequenz ist von der speisenden Quelle bestimmt und ist meistens dieselbe für alle Spannungen und Ströme in einem Wechselstromkreis. Man kann somit die entsprechenden Sinusfunktionen durch lediglich *zwei* Parameter: **Effektivwert und Nullphasenwinkel** vollständig beschreiben:

$$i = I\sqrt{2}\sin(\omega t + \varphi_0) \leftrightarrow (I, \varphi_0) \quad .$$

■ Aufgabe 8.1

Zwei Sinusströme sind durch die Funktionen: $i_1 = I_1\sqrt{2}\sin(\omega t + \varphi_1)$ *und* $i_2 = I_2\sqrt{2}\sin(\omega t + \varphi_2)$ *definiert. Bestimmen Sie graphisch für die folgenden sechs Abbildungen den Phasenwinkel* $\varphi = \varphi_1 - \varphi_2$ *zwischen den Strömen* i_1 *und* i_2.

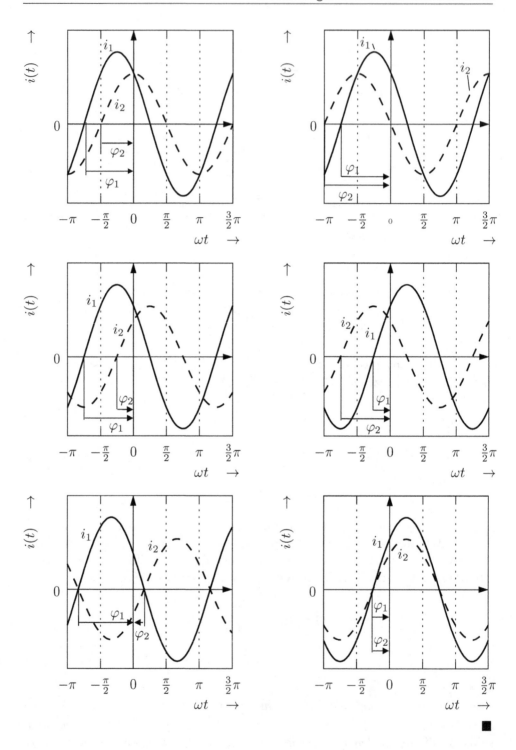

9. Einfache Sinusstromkreise im Zeitbereich

9.1. Allgemeines

In Gleichstromkreisen treten als Schaltelemente (neben Quellen) lediglich Widerstände R auf. Bei Wechselstromkreisen treten noch zwei Schaltelemente auf:

Induktivitäten L und Kapazitäten C.

R, L und C sind die Grundbauelemente der Wechselstromtechnik.
Bei der rechnerischen Behandlung von Schaltelementen geht man vereinfachenderweise von *idealen* Schaltelementen aus. Das bedeutet, dass Spulen nur eine Induktivität L und Kondensatoren nur eine Kapazität C aufweisen (keinen Widerstand R) und somit in ihnen keine elektrische Energie als Wärme verloren geht. Sie sind „verlustfrei". In Wirklichkeit sind auch diese Schaltelemente verlustbehaftet.
Im Folgenden setzt man voraus, dass die Stromkreise mit einer Spannung:

$$u = U \sqrt{2} \, \sin(\omega t + \varphi_u)$$

gespeist werden und dass die Vereinbarung des Verbraucherzählpfeilsystems gilt. Man sucht für den Strom eine Lösung der Form:

$$i = I \sqrt{2} \, \sin(\omega t + \varphi_i) \ ,$$

also den Effektivwert I und den Nullphasenwinkel φ_i (oder den Phasenwinkel $\varphi = \varphi_u - \varphi_i$).
Man definiert das Verhältnis der Effektivwerte U und I:

$$\boxed{Z = \frac{U}{I} > 0} \tag{9.1}$$

als **Scheinwiderstand** (oder **Impedanz**), mit der Dimension eines Widerstandes (Ω).

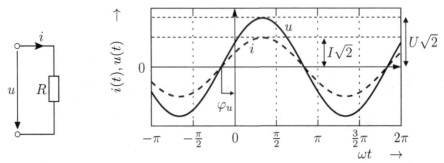

Abbildung 9.1.: Spannung und Strom eines ohmschen Widerstandes

9.2. Ohmscher Widerstand R

Die Gleichung dieses Stromkreises aus Abbildung 9.1 lautet:

$$u = R\,i = U\sqrt{2}\,\sin(\omega t + \varphi_u) \tag{9.2}$$

$$\text{mit} \quad i = I\sqrt{2}\,\sin(\omega t + \varphi_i) \quad .$$

Durch Koeffizientenvergleich gewinnt man:

$$\boxed{\frac{U}{I} = Z_R = R} \quad ; \quad \varphi_u = \varphi_i \quad \Rightarrow \quad \boxed{\varphi_R = 0}. \tag{9.3}$$

Der Strom durch einen ohmschen Widerstand, der an einer Sinusspannung liegt, ist proportional zu der angelegten Spannung und mit ihr phasengleich (Abbildung 9.1).

9.3. Zusammenhang zwischen Strom und Spannung bei Induktivitäten und Kapazitäten

In Gleichstromkreisen treten, vom energetischen Standpunkt aus gesehen, zwei Arten von Schaltelementen auf:

- Energiequellen (Spannungs- oder Stromquellen)
- Energieverbraucher (ohmsche Widerstände).

Die ohmschen Widerstände R *verbrauchen* die ihnen zugeführte Leistung

$$P = R \cdot I^2\,,$$

indem sie diese elektrische Leistung irreversibel in Wärme umwandeln. In Widerständen wird keine Energie *gespeichert*, sondern lediglich verbraucht.

Demgegenüber können in Stromkreisen, in denen die Ströme und Spannungen nicht mehr zeitlich konstant sind, wie u.a. in Sinusstromkreisen, zwei andere Schaltelemente auftreten, in denen elektromagnetische Energie *gespeichert* werden kann:

- Induktivitäten L als Speicher von magnetischer Energie W_m
- Kapazitäten C als Speicher von elektrischer Energie W_e.

Der Zusammenhang zwischen Strom und Spannung in Induktivitäten und Kapazitäten ergibt sich direkt aus den Grundgesetzen der elektromagnetischen Felder, den Maxwellschen Gleichungen.

Hier sollte dieser Zusammenhang aus energetischen Betrachtungen abgeleitet werden, ohne die Maxwellschen Gleichungen heranzuziehen.

Induktivitäten L.

Als typisches Beispiel für eine Induktivität soll eine Spule betrachtet werden.

Abbildung 9.2.: Schematische Darstellung einer Spule und der Feldlinien des magnetischen Feldes

Fließt durch die Spule ein Strom, so wird innerhalb der Spule ein Magnetfeld erzeugt, dessen Feldlinien auf dem Bild skizziert dargestellt sind.

Der Aufbau des Magnetfeldes in der Spule erfordert eine gewisse Energiemenge, die der Energiequelle, die den Strom i erzeugt, entnommen wird. Diese Energie wird jedoch, im Gegensatz zu den ohmschen Widerständen, nicht *verbraucht*, sondern sie bleibt im Magnetfeld der Spule gespeichert, solange der Strom fließt. Die Magnetenergie einer Spule ist proportional i^2 und hat den Ausdruck:

$$W_m = \frac{1}{2} \cdot L \cdot i^2, \tag{9.4}$$

wo i der Strom durch die Spule und L eine Kenngröße der Spule ist, die Induktivität genannt wird.

Eine ähnliche Formel kennt man aus der Mechanik. Die kinetische Energie eines Körpers der Masse m ist:

$$W_{kin} = \frac{1}{2} \cdot m \cdot v^2, \tag{9.5}$$

wo v die Geschwindigkeit des Körpers bedeutet. Die Masse m ist ein Maß für die Trägheit, die der Körper der Änderung seiner Geschwindigkeit entgegensetzt. Die Geschwindigkeit v eines Körpers kann sich nicht sprunghaft ändern, weil die Masse m entgegenwirkt. In Analogie mit der Mechanik kann man die Induktivität L als ein Maß für die elektromagnetische „Trägheit", die die Spule der Änderung des Stromes i entgegensetzt, betrachten. Anders ausgedrückt: In einer Spule kann sich der Strom i nicht sprunghaft ändern (wie in einem ohmschen Widerstand), weil die Induktivität L eine gewisse Verzögerung bewirkt.

Wenn in einem Zweig, in dem eine Spule mit der Induktivität L vorhanden ist, der Strom unterbrochen wird (z.B. indem ein Schalter geöffnet wird), so fließt durch die Spule noch eine kurze Zeit (in der Regel Millisekunden) ein Strom. Die Magnetenergie W_m, die in der Spule gespeichert war, wird während dieser Zeit einem Widerstand abgegeben und irreversibel in Wärme umgewandelt. Man sollte immer dafür sorgen, dass ein Widerstand im Stromkreis vorhanden ist, der die Magnetenergie übernimmt.

Die Abnahme der Energie W_m pro Zeiteinheit ist gleich der Leistung, die im Widerstand verbraucht wird.

Mathematisch ausgedrückt heißt es:

$$\frac{dW_m}{dt} = -u \cdot i$$

und weiter:

$$\frac{1}{2}L \cdot 2i\frac{di}{dt} = L \cdot i\frac{di}{dt} = -u \cdot i .$$

Daraus ergibt sich der Zusammenhang zwischen Klemmenstrom i und Klemmenspannung u bei einer Induktivität L:

$$\boxed{u = L \cdot \frac{di}{dt}} \quad , \qquad\qquad (9.6)$$

mit Plusvorzeichen wenn bei der Induktivität das Verbraucher–Zählpfeilsystem - wie bei Widerständen - benutzt wird. Diese Zählpfeil-Vereinbarung definiert die Induktivität L als passives Schaltelement, was in den Wechselstromschaltungen, die wir weiter betrachten werden, immer der Fall sein wird.

Die Formel (9.6) besagt, dass der Strom i sich nicht sprunghaft ändern kann, denn sonst wäre seine Ableitung und somit die Klemmenspannung u unendlich groß. Die Formel zeigt auch, dass wenn der Strom i konstant ist, also seine Ableitung gleich Null, die Spannung an der Induktivität gleich Null wird. Bei Gleichstrom ($i = konst.$) wirkt eine Induktivität wie ein *Kurzschluss*, sie hat also für den Stromkreis keine Bedeutung.

Die Einheit für die Induktivität ergibt sich aus der Spannungsgleichung (9.6):

$$[L] = \frac{[U] \cdot [t]}{[I]} = \frac{Vs}{A} = Henry .$$

Kapazitäten C.

Als typisches Beispiel für eine Kapazität soll ein Plattenkondensator betrachtet werden.

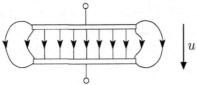

Abbildung 9.3.: Schematische Darstellung eines Kondensators und der Feldlinien des elektrischen Feldes

Wird der Kondensator an einer Spannung u angeschlossen, so werden auf den Platten Ladungen getrennt (z.B. oben positive, unten negative) und zwischen den Platten erscheint ein elektrostatisches Feld, dessen Feldlinien auf dem Bild skizziert wurden. Um dieses Feld aufzubauen, muss einer Energiequelle elektrische Energie entnommen werden. Ähnlich wie in der Spule die magnetische, wird im Kondensator die elektrische Energie W_e gespeichert. W_e hat den Ausdruck:

$$W_e = \frac{1}{2} \cdot C \cdot u^2 \,, \qquad (9.7)$$

wo u die Spannung an den Klemmen des Kondensators und C eine Kenngröße, genannt Kapazität, bedeutet.

Die Analogie mit der kinetischen Energie $W_{kin} = \frac{1}{2} \cdot m \cdot v^2$ ist wieder auffallend. Somit kann man auch hier die Kapazität C als eine „Trägheit" interpretieren, mit der sich der Kondensator der Änderung seiner Klemmenspannung u widersetzt. Oder: Die Spannung u an einem Kondensator kann sich nicht sprunghaft ändern, denn seine Kapazität C bewirkt eine gewisse Verzögerung.

Die in einem Kondensator C gespeicherte elektrische Energie kann einem Widerstand R abgegeben werden, wenn C und R zusammengeschaltet werden. Die Entladung des Kondensators dauert eine gewisse Zeit, denn die Spannung zwischen den Platten kann nicht plötzlich verschwinden. In dieser Zeit fließt ein Strom i und die elektrische Energie W_e, die im Kondensator gespeichert war, wird in dem Widerstand verbraucht.

Die zeitliche Abnahme der Energie W_e ist gleich der Leistung am Widerstand:

$$\frac{dW_e}{dt} = -u \cdot i$$

$$\frac{1}{2} \cdot C \cdot 2u \frac{du}{dt} = -u \cdot i$$

und weiter:

$$i = C \cdot \frac{du}{dt} \qquad , \tag{9.8}$$

wenn auch die Kapazität C als passives Schaltelement betrachtet wird, in dem man dasselbe Verbraucher–Zählpfeilsystem wie bei Widerständen (Strom und Spannung haben dieselbe Richtung) vereinbart.

Diese Formel besagt erneut, dass die Spannung u an einer Kapazität sich nicht sprunghaft ändern kann, denn sonst wäre der Strom i unendlich groß, was energetisch nicht möglich ist.

Eine andere Schlussfolgerung der obigen Formel ist, dass bei konstanter Spannung u der Strom i gleich Null wird. Bei einer Gleichspannung ($u = konst$) wirkt die Kapazität wie eine *Unterbrechung* des Stromkreises.

Die Einheit für die Kapazität C ergibt sich als:

$$[C] = \frac{[I] \cdot [t]}{[U]} = \frac{As}{V} = Farad.$$

9.4. Ideale Induktivität L

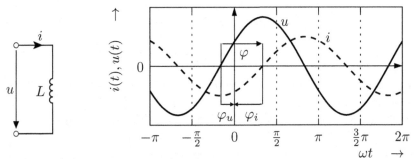

Abbildung 9.4.: Spannung und Strom einer idealen Induktivität

Die Gleichung des Kreises lautet nach (9.6) jetzt:

$$u = L\,\frac{di}{dt} = U\,\sqrt{2}\,\sin(\omega t + \varphi_u) \quad . \tag{9.9}$$

Wenn wieder $i = I\,\sqrt{2}\,\sin(\omega t + \varphi_i)$ ist, so wird:

$$u = L\,\frac{di}{dt} = L\,I\,\sqrt{2}\,\omega\,\cos(\omega t + \varphi_i) = L\,\omega\,I\,\sqrt{2}\,\sin(\omega t + \varphi_i + \frac{\pi}{2}) \quad .$$

Durch Vergleich der Koeffizienten und der Argumente der Sinusfunktionen ergibt sich:

$$U\sqrt{2} = L\omega I\sqrt{2} \quad \text{und} \quad \omega t + \varphi_u = \omega t + \varphi_i + \frac{\pi}{2}$$

und somit:

$$\boxed{Z_L = \frac{U}{I} = L\,\omega} \qquad \boxed{\varphi_L = \varphi_u - \varphi_i = \frac{\pi}{2}} \qquad . \qquad (9.10)$$

Da $\varphi_i = \varphi_u - \frac{\pi}{2}$ ist, ist der Strom durch die Induktivität:

$$i = \frac{U}{\omega L}\,\sqrt{2}\,\sin(\omega t + \varphi_u - \frac{\pi}{2}) \qquad . \qquad (9.11)$$

Liegt eine ideale Induktivität an einer Sinusspannung, so ist der Effektivwert des Stromes proportional der Spannung und umgekehrt proportional der Kreisfrequenz ω. Der Strom eilt der Spannung *um 90° nach*.
Die Impedanz der idealen Spule ist proportional der Kreisfrequenz (9.10): Bei sehr hohen Frequenzen wirkt die Spule wie eine Unterbrechung des Stromkreises, bei sehr niedrigen Frequenzen wie ein Kurzschluss.

9.5. Ideale Kapazität C

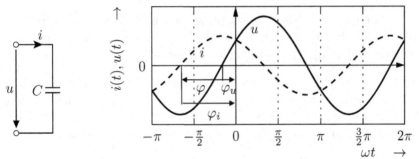

Abbildung 9.5.: Spannung und Strom einer idealen Kapazität

Die Gleichung des Kreises ist nach (9.8):

$$\begin{aligned}
i &= C\,\frac{du}{dt} = C\,\frac{d}{dt}\,[U\,\sqrt{2}\,\sin(\omega t + \varphi_u)] \qquad . & (9.12)\\
i &= I\,\sqrt{2}\,\sin(\omega t + \varphi_i) = C\,\omega\,U\,\sqrt{2}\,\cos(\omega t + \varphi_u) \qquad .
\end{aligned}$$

Um die Argumente gleich setzen zu dürfen, müssen auf beiden Seiten entweder Sinus- oder Cosinusfunktionen stehen. Wenn man den Cosinus auf der rechten Seite in einen Sinus umwandelt, dann gilt:

$$\cos(\omega t + \varphi_u) = \sin(\omega t + \varphi_u + \frac{\pi}{2})$$

und somit ergibt sich für den Strom:

$$i = \omega\, C\, U\, \sqrt{2}\, \sin(\omega t + \varphi_u + \frac{\pi}{2}) \qquad (9.13)$$

und für die Impedanz und den Phasenwinkel:

$$\boxed{Z_C = \frac{U}{I} = \frac{1}{\omega C}} \quad und \quad \boxed{\varphi_C = \varphi_u - \varphi_i = -\frac{\pi}{2}} \quad . \qquad (9.14)$$

Der Effektivwert des Stromes ist proportional sowohl der Spannung U als auch der Kreisfrequenz ω. Der Strom eilt der angelegten Spannung *um 90° voraus*. Bei sehr hohen Frequenzen wirkt der Kondensator wie ein Kurzschluss, bei sehr niedrigen Frequenzen wie eine Unterbrechung des Stromkreises. Ein Gleichstrom kann somit nicht durch einen Kondensator fließen.

9.6. Ohmsches Gesetz bei Wechselstrom

Das Ohmsche Gesetz bei Gleichstrom:

$$U = R\,I \qquad (9.15)$$

bestimmt eindeutig den Zusammenhang zwischen Spannung und Strom. Bei sinusförmigen Wechselspannungen braucht man *zwei Größen* um den Zusammenhang zwischen U und I eindeutig zu beschreiben:

1. Den Quotienten $\frac{U}{I} = Z$ (der Scheinwiderstand oder die Impedanz), der zwar die Dimension eines Widerstandes, doch nicht die gleiche physikalische Bedeutung hat. (Wie man bei Abschnitt 9.4 und Abschnitt 9.5 gesehen hat, ist Z allgemein eine Funktion der Kreisfrequenz ω.)

2. Die Phasenverschiebung $\varphi = \varphi_u - \varphi_i$.

Das Ohmsche Gesetz gilt auch für Wechselstrom, wenn man die als Scheinwiderstand (Impedanz) Z definierte Größe einführt *und* die Phasenverschiebung zwischen Strom und Spannung berücksichtigt.

9.7. Die Kirchhoffschen Sätze für Wechselstromschaltungen

Die von den Gleichstromschaltungen bekannten Kirchhoffschen Sätze beziehen sich auf die Summe der Ströme in einem Knoten (Knotengleichungen) und auf die Summe der Teilspannungen in einem geschlossenen Umlauf (Maschengleichungen). Die Summen müssen für alle Zeitaugenblicke gleich Null sein.

Um sie bei Wechselstromkreisen anzuwenden, müssen Sinusgrößen addiert werden. Es soll im Folgenden eine Zusammenfassung der **Rechenregeln für Sinusgrößen** angegeben werden.

Das wichtigste Merkmal aller in der Wechselstromtechnik interessierenden Operationen mit Sinusgrößen (Addition, Multiplikation mit einem Skalar, Ableitung und Integration) ist, dass die sich ergebenden Größen Sinusgrößen *derselben* Frequenz sind.

Addition von Sinusgrößen

Sei es:

$$i_1 = I_1 \sqrt{2} \sin(\omega t + \varphi_1) \quad , \quad i_2 = I_2 \sqrt{2} \sin(\omega t + \varphi_2) \quad . \tag{9.16}$$

Die Summe ist die Sinusgröße

$$i = i_1 + i_2 = I \sqrt{2} \sin(\omega t + \varphi) \quad . \tag{9.17}$$

Um I und φ zu bestimmen, setzt man (9.16) in (9.17) ein und vergleicht die Koeffizienten. Das Additionstheorem ergibt:

$$\begin{aligned} i_1 + i_2 &= I_1 \sqrt{2} \sin \omega t \cos \varphi_1 + I_1 \sqrt{2} \cos \omega t \sin \varphi_1 + \\ &\quad + I_2 \sqrt{2} \sin \omega t \cos \varphi_2 + I_2 \sqrt{2} \cos \omega t \sin \varphi_2 \\ &= I \sqrt{2} \sin \omega t \cos \varphi + I \sqrt{2} \cos \omega t \sin \varphi \quad . \end{aligned}$$

Durch Koeffizientenvergleich ergeben sich zwei Beziehungen:

$$\begin{aligned} I_1 \cos \varphi_1 + I_2 \cos \varphi_2 &= I \cos \varphi \\ I_1 \sin \varphi_1 + I_2 \sin \varphi_2 &= I \sin \varphi \quad . \end{aligned}$$

Der Phasenwinkel φ ergibt sich durch Division der beiden Gleichungen:

$$\tan \varphi = \frac{I_1 \sin \varphi_1 + I_2 \sin \varphi_2}{I_1 \cos \varphi_1 + I_2 \cos \varphi_2} \quad . \tag{9.18}$$

Das Quadrat des Effektivwerts I^2 kann man durch Addition der Quadrate der beiden Gleichungen erzielen:

$$\begin{aligned} I^2 &= (I_1 \cos \varphi_1 + I_2 \cos \varphi_2)^2 + (I_1 \sin \varphi_1 + I_2 \sin \varphi_2)^2 \\ &= I_1^2 + I_2^2 + 2\,I_1 I_2 (\cos \varphi_1 \cos \varphi_2 + \sin \varphi_1 \sin \varphi_2) \end{aligned}$$

$$I = \sqrt{I_1^2 + I_2^2 + 2I_1 I_2 \, cos(\varphi_1 - \varphi_2)} \quad . \tag{9.19}$$

Man kann mit dem gleichen Rechnungsgang nachweisen, dass im Falle von n Sinusgrößen gleicher Frequenz die Summe den folgenden Effektivwert:

$$I = \sqrt{\sum_{\nu=1}^{n} I_\nu^2 + \sum_{\nu \neq \mu} I_\nu \, I_\mu \, cos(\varphi_\nu - \varphi_\mu)} \tag{9.20}$$

und den folgenden Phasenwinkel:

$$\tan\varphi = \frac{\sum_{\nu=1}^{n} I_\nu \, \sin\varphi_\nu}{\sum_{\nu=1}^{n} I_\nu \, \cos\varphi_\nu} \tag{9.21}$$

aufweist.

Multiplikation mit einem Skalar

Durch Multiplikation einer Sinusgröße mit einem konstanten Skalar $\lambda \lessgtr 0$ ergibt sich eine Sinusgröße derselben Frequenz und mit demselben Nullphasenwinkel. Der Effektivwert wird mit λ multipliziert:

$$i = \lambda \, i_1 = \lambda \, I_1 \, \sqrt{2} \, \sin(\omega t + \varphi_1) = I \, \sqrt{2} \, \sin(\omega t + \varphi)$$

$$\text{mit} \quad I = \lambda \, I_1 \quad , \quad \varphi = \varphi_1 \, . \tag{9.22}$$

Ableitung einer Sinusgröße nach der Zeit

Es ergibt sich eine Sinusgröße derselben Frequenz, die der ursprünglichen um $\frac{\pi}{2}$ *voreilt* und deren Effektivwert ω *mal größer* ist: Wenn $i = I \, \sqrt{2} \, \sin(\omega t + \varphi_i)$ ist, so wird:

$$\frac{di}{dt} = I \, \sqrt{2} \, \omega \, \cos(\omega t + \varphi_i) = \omega \, I \, \sqrt{2} \, \sin(\omega t + \varphi_i + \frac{\pi}{2}) \quad . \tag{9.23}$$

Integration einer Sinusgröße

Es ergibt sich eine Sinusgröße derselben Frequenz, die der ursprünglichen um $\frac{\pi}{2}$ *nacheilt* und deren Effektivwert ω *mal kleiner* ist.
Für $i = I \, \sqrt{2} \, \sin(\omega t + \varphi_i)$ wird:

$$\int i \, dt = -\frac{I \, \sqrt{2}}{\omega} \, \cos(\omega t + \varphi_i) = \frac{I}{\omega} \, \sqrt{2} \, \sin(\omega t + \varphi_i - \frac{\pi}{2}) \quad . \tag{9.24}$$

Bemerkung: Nichtlineare mathematische Operationen, wie die Multiplikation zweier Sinusgrößen, führen *nicht* mehr zu reinen Sinusgrößen.
So ergibt die Multiplikation zweier Sinusfunktionen:

$$\begin{aligned} i_1 &= I_1 \, \sqrt{2} \, \sin(\omega t + \varphi_1) \\ i_2 &= I_2 \, \sqrt{2} \, \sin(\omega t + \varphi_2) \end{aligned}$$

$$
\begin{aligned}
i_1\, i_2 &= 2I_1 I_2 \sin(\omega t + \varphi_1)\sin(\omega t + \varphi_2) \\
&= I_1 I_2 \cos(\varphi_1 - \varphi_2) - I_1 I_2 \cos(2\omega t + \varphi_1 + \varphi_2) \quad .
\end{aligned} \tag{9.25}
$$

Das Ergebnis enthält einen konstanten Teil und einen Teil mit doppelter Frequenz.

In den Knoten und Maschen von Wechselstromnetzen gelten für jeden beliebigen Zeitpunkt die Kirchhoffschen Sätze für die Augenblickswerte von Strömen und Spannungen.

Die aus den Kirchhoffschen Gleichungen resultierenden Summen können direkt aus den Amplituden und Phasenwinkeln der einzelnen Ströme oder Spannungen (mit (9.20) und (9.21)), berechnet werden.

9.8. Schaltungen von Grundelementen

9.8.1. Reihenschaltung R und L

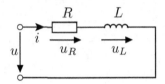

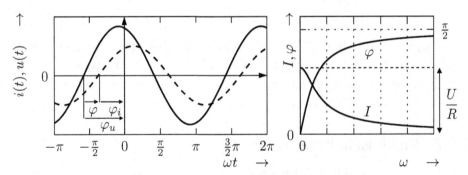

Abbildung 9.6.: Reihenschaltung R und L

Die Gleichung dieses Stromkreises ist:

$$
u = u_R + u_L
$$

$$
U\sqrt{2}\,\sin(\omega t + \varphi_u) = R\,i + L\,\frac{di}{dt} \tag{9.26}
$$

wobei $i = I\sqrt{2}\,\sin(\omega t + \varphi_i)$ gelte. Der Spannungsabfall an der Induktivität L ist im Abschnitt 9.4 erläutert. Durch Substitution in (9.26) ergibt sich:

$$
U\sqrt{2}\,\sin(\omega t + \varphi_u) \equiv RI\sqrt{2}\,\sin(\omega t + \varphi_i) + L\omega I\sqrt{2}\,\sin(\omega t + \varphi_i + \frac{\pi}{2}) \quad . \tag{9.27}
$$

Diese Gleichung muss in allen Augenblicken erfüllt werden, also auch für $\omega t + \varphi_i = 0$ und $\omega t + \varphi_i = \frac{\pi}{2}$. (Diese beiden Argumente wurden vereinfachungshalber ausgewählt, weil sie am schnellsten zu den gesuchten Größen I und φ führen). Mit diesen Werten ergibt die Gleichung (9.27) zwei Beziehungen:

$$U \sin(\varphi_u - \varphi_i) = L\omega I$$
$$U \cos(\varphi_u - \varphi_i) = RI \quad .$$

Durch Addition der Quadrate ergibt sich:

$$I = \frac{U}{\sqrt{R^2 + \omega^2 L^2}} = \frac{U}{Z} \quad \Rightarrow \quad \boxed{Z = \sqrt{R^2 + \omega^2 L^2}} \qquad (9.28)$$

und durch Dividieren:

$$\boxed{\tan\varphi = \frac{\omega L}{R} > 0} \quad . \qquad (9.29)$$

Der Phasenwinkel φ wird $0 < \varphi < \frac{\pi}{2}$ sein. Der Strom ergibt sich als:

$$i = \frac{U}{\sqrt{R^2 + \omega^2 L^2}} \sqrt{2} \sin(\omega t + \varphi_u - \arctan\frac{\omega L}{R}) \quad . \qquad (9.30)$$

Er eilt der Spannung *nach*.
Wie ändern sich I und φ mit der Frequenz ω? Der Phasenwinkel φ wächst kontinuierlich und strebt asymptotisch den Wert $\frac{\pi}{2}$ bei $\omega \to \infty$ an.
Der Effektivwert I nimmt stetig ab, von dem Maximalwert $\frac{U}{R}$ bei $\omega = 0$ bis Null bei $\omega \to \infty$ (Abbildung 9.6, rechts).

9.8.2. Reihenschaltung R und C

Hier lautet die Gleichung des Kreises:

$$u = u_R + u_C$$

$$U\sqrt{2} \sin(\omega t + \varphi_u) = R\,i + \frac{1}{C} \int i\,dt \quad . \qquad (9.31)$$

Der Spannungsabfall an einer Kapazität C ist im Abschnitt 9.5 erläutert. Man sucht wieder eine Lösung der Form $i = I\sqrt{2} \sin(\omega t + \varphi_i)$ und setzt diese in (9.31) ein:

$$U\sqrt{2} \sin(\omega t + \varphi_u) \equiv R I\sqrt{2} \sin(\omega t + \varphi_i) + \frac{I}{\omega C}\sqrt{2} \sin(\omega t + \varphi_i - \frac{\pi}{2}) \quad . \quad (9.32)$$

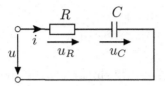

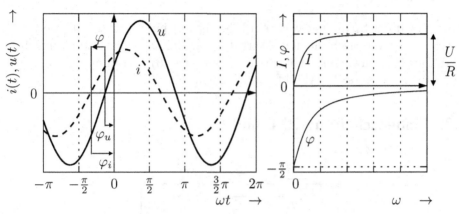

Abbildung 9.7.: Reihenschaltung R und C

Da die Gleichung für alle Zeitaugenblicke erfüllt werden muss, gilt sie auch für die zwei bereits aus rechnerischen Gründen ausgewählten Argumenten:

$$\omega t + \varphi_i = 0 \quad und \quad \omega t + \varphi_i = \frac{\pi}{2} \quad .$$

Auch hier führen diese Argumente auf dem kürzesten Weg zu I und φ:

$$U \sin(\varphi_u - \varphi_i) = -\frac{I}{\omega C}$$
$$U \cos(\varphi_u - \varphi_i) = R I \quad .$$

Die Addition der Quadrate ergibt:

$$I = \frac{U}{\sqrt{R^2 + \frac{1}{\omega^2 C^2}}} = \frac{U}{Z} \Rightarrow \boxed{Z = \sqrt{R^2 + \frac{1}{\omega^2 C^2}}} \quad . \qquad (9.33)$$

Durch Dividieren ergibt sich:

$$\boxed{\tan \varphi = -\frac{1}{\omega RC} < 0} \quad . \qquad (9.34)$$

Der Phasenwinkel ist negativ: $0 > \varphi > -\frac{\pi}{2}$.
Für den Strom i ergibt sich der Ausdruck:

$$i = \frac{U}{\sqrt{R^2 + \frac{1}{\omega^2 C^2}}} \sqrt{2} \sin(\omega t + \varphi_u + \arctan \frac{1}{\omega RC}) \quad . \qquad (9.35)$$

Der Strom eilt der Spannung *vor*. Sein Effektivwert nimmt stetig zu, von $I = 0$ bei $\omega = 0$ asymptotisch zu dem Wert $I = \frac{U}{R}$ bei $\omega \to \infty$ (Abbildung 9.7, rechts). Der Phasenwinkel φ fängt bei $-\frac{\pi}{2}$ an ($\omega \to 0$) und nimmt ständig ab, bis zu 0 für $\omega \to \infty$ (siehe Abbildung 9.7, rechts).

9.8.3. Reihenschaltung R, L und C

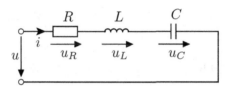

Abbildung 9.8.: Reihenschaltung R, L und C

Die Spannungsgleichung lautet:

$$u = u_R + u_L + u_C$$

$$U\sqrt{2} \sin(\omega t + \varphi_u) = R i + L \frac{di}{dt} + \frac{1}{C} \int i\, dt \quad . \qquad (9.36)$$

Wenn der Strom die Form $i = I\sqrt{2} \sin(\omega t + \varphi_i)$ aufweisen soll, dann wird aus (9.36):

$$U\sqrt{2} \sin(\omega t + \varphi_u) \equiv RI\sqrt{2} \sin(\omega t + \varphi_i) + \omega L I\sqrt{2} \sin(\omega t + \varphi_i + \tfrac{\pi}{2}) + $$
$$+ \tfrac{I}{\omega C}\sqrt{2} \sin(\omega t + \varphi_i - \tfrac{\pi}{2}) \quad . \qquad (9.37)$$

Man schreibt diese Gleichung wieder zweimal, für:

$$\omega t + \varphi_i = 0 \quad und \quad \omega t + \varphi_i = \frac{\pi}{2} \quad .$$

Die zwei Beziehungen sind:

$$U \sin(\varphi_u - \varphi_i) = (\omega L - \tfrac{1}{\omega C}) I$$
$$U \cos(\varphi_u - \varphi_i) = R I \quad .$$

Wie vorher ergibt sich daraus:

$$I = \frac{U}{\sqrt{R^2 + (\omega L - \frac{1}{\omega C})^2}} = \frac{U}{Z} \Rightarrow \boxed{Z = \sqrt{R^2 + (\omega L - \frac{1}{\omega C})^2}} \qquad (9.38)$$

und:

$$\boxed{\tan \varphi = \frac{\omega L - \frac{1}{\omega C}}{R}} \quad (-\frac{\pi}{2} < \varphi < \frac{\pi}{2}) \quad . \qquad (9.39)$$

Man sieht, dass die Schaltung aus Abbildung 9.8 alle vorhin untersuchten Schaltungen als Sonderfälle enthält: Der ohmsche Widerstand (Abschnitt 9.2) weist $L \to 0$, $C \to \infty$ auf; die ideale Spule (Abschnitt 9.4) hat $R \to 0$, $C \to \infty$; der ideale Kondensator (Abschnitt 9.5) hat keinen Widerstand ($R \to 0$) und keine Induktivität ($L \to 0$); die Reihenschaltung R und L (Abschnitt 9.8.1) weist eine unendlich große Kapazität auf ($C \to \infty$) und die Reihenschaltung R und C (Abschnitt 9.8.2) keine Induktivität ($L \to 0$).

■ **Beispiel 9.1**
In der dargestellten Wechselstromschaltung sind die Ströme i_1 und i_2 durch die folgenden Zeitfunktionen definiert:

$$i_1 = \sqrt{2} \cdot 3A \sin(\omega t)$$
$$i_2 = \sqrt{2} \cdot 5A \sin(\omega t - \frac{\pi}{2}) \, .$$

1. *Bestimmen Sie die Zeitfunktion $i(t)$ für den Gesamtstrom i und skizzieren Sie die Zeitdiagramme der drei Ströme.*

2. *Wie ändern sich die Ausdrücke der Ströme i_1, i_2 und i, wenn der Nullphasenwinkel des Stromes i gleich Null ist? Wie sehen jetzt die Zeitdiagramme aus?*

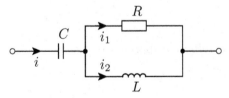

Lösung:

1. *Es gilt zu addieren (Knotengleichung):*
$$i = i_1 + i_2 = \sqrt{2} \cdot 3A \sin(\omega t) - \sqrt{2} \cdot 5A \cos(\omega t) \quad .$$

Die Summe wird eine Sinusgröße mit derselben Frequenz sein:
$$i = I\sqrt{2} \sin(\omega t + \varphi) \quad .$$

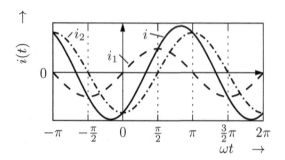

Zur Bestimmung von I und φ kann man die Formeln (9.18) und (9.19) benutzen:

$$I = \sqrt{3^2 + 5^2 + 2 \cdot 3 \cdot 5 \cos \frac{\pi}{2}}\, A = \sqrt{34}\, A$$

$$\tan \varphi = \frac{5 \sin(-\frac{\pi}{2})}{3 + 5 \cos(-\frac{\pi}{2})} = -\frac{5}{3} \Rightarrow \varphi = -59^o \quad .$$

$$i = \sqrt{2}\,\sqrt{34}\, A\, \sin(\omega t - 59^\circ) \quad .$$

Wenn man die Formeln (9.18) und (9.19) nicht zur Hand hat, kann man das Additionstheorem:

$$\lambda \sin(\alpha - \beta) = \lambda \sin \alpha \cos \beta - \lambda \cos \alpha \sin \beta$$

heranziehen und mit der oberen Summe $(i_1 + i_2)$ vergleichen.
Man führt einen Winkel β ein, von dem man weiß:

$$\sqrt{2} \cdot 3 = \lambda \cos \beta \quad und \quad \sqrt{2} \cdot 5 = -\lambda \sin \beta$$

$$\Rightarrow \tan \beta = \frac{-5}{3} \Rightarrow \beta = -59^o \quad .$$

Außerdem gilt:

$$\lambda = \sqrt{2}\,\sqrt{25 + 9} = \sqrt{2}\,\sqrt{34} \quad .$$

Es ergibt sich für i derselbe Ausdruck wie vorhin.
2. *Der Strom i ist jetzt:*

$$i = \sqrt{2} \cdot 5,83\, A\, \sin(\omega t) \quad .$$

Man weiß, dass i_1 um 59° voreilt, dagegen i_2 um $(90^o - 59^o) = 31^o$ nacheilt.
Die Ausdrücke sind:

$$i_1 = \sqrt{2} \cdot 3A\, \sin(\omega t' + 59^\circ)$$

$$i_2 = \sqrt{2} \cdot 5A\, \sin(\omega t' - 31^\circ).$$

Die Zeitdiagramme sind um 59° verschoben:

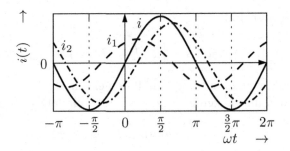

9.9. Kennwerte der Sinusstromkreise

9.9.1. Impedanz und Phasenwinkel

Ein Sinusstromkreis, der mit einer bestimmten Frequenz gespeist wird, kann durch *zwei* Parameter gekennzeichnet werden. Das Parameterpaar kann verschiedenartig definiert werden.

Sei es ein linearer, passiver Zweipol, der mit der Spannung:

$$u = U \sqrt{2} \, \sin(\omega t + \varphi_u)$$

gespeist wird.

Der Strom wird ebenfalls sinusförmig verlaufen und dieselbe Frequenz aufweisen:

$$i = I \sqrt{2} \, \sin(\omega t + \varphi_i).$$

Allgemein ist das Verhältnis zwischen Spannung und Strom:

$$\frac{u(t)}{i(t)} \neq const.$$

Das ist der wesentliche Unterschied zum Gleichstrom, wo dieses Verhältnis eine Konstante (R) ist.

Als Kennwerte zur Bestimmung eines Zweipols kann man, wie man vorhin gesehen hat, die folgenden zwei Größen benutzen, die unabhängig von Spannungen und Strömen sind:

- Die **Impedanz Z (Scheinwiderstand)** des Zweipols:

$$\boxed{Z = \frac{U}{I}} = f(\omega, R, L, C \ldots) > 0 \quad , \tag{9.40}$$

welche nur von ω und den Schaltelementen abhängt, immer positiv ist und in Ω gemessen wird.

- Der **Phasenwinkel** φ:

$$\boxed{\varphi = \varphi_u - \varphi_i} = f(\omega,\, R,\, L,\, C \ldots) \gtrless 0 \quad , \qquad (9.41)$$

der ebenfalls von ω und den Schaltelementen abhängt.

Wenn man Z und φ kennt, ist der Strom i eindeutig definiert:

$$i = \frac{U}{Z}\sqrt{2}\,\sin(\omega t + \varphi_u - \varphi) \quad . \qquad (9.42)$$

9.9.2. Resistanz und Reaktanz

Statt Z und φ kann zur Kennzeichnung eines Sinusstromkreises ein anderes Parameterpaar benutzt werden:

- Die **Resistanz** (der **Wirkwiderstand**) R:

$$\boxed{R = \frac{U\cos\varphi}{I} = Z\cdot\cos\varphi} > 0 \quad . \qquad (9.43)$$

Bemerkung: Auch wenn man hier dasselbe Symbol R wie für den Gleichstromwiderstand benutzt, man darf die Resistanz nicht mit dem Gleichstromwiderstand ($R = \frac{l}{\kappa A}$) verwechseln! Hier ist R im allgemeinen *frequenzabhängig*, hat also eine ganz andere physikalische Bedeutung als bei Gleichstrom.

- Die **Reaktanz** (der **Blindwiderstand**) X:

$$\boxed{X = \frac{U\sin\varphi}{I} = Z\cdot\sin\varphi} \gtrless 0 \quad . \qquad (9.44)$$

Man sieht gleich, dass wenn man R und X kennt, die Impedanz Z und der Phasenwinkel φ ebenfalls bekannt sind:

$$\tan\varphi = \frac{X}{R} \quad;\quad \cos\varphi = \frac{R}{Z} \quad;\quad \sin\varphi = \frac{X}{Z} \quad;\quad Z = \sqrt{R^2 + X^2} \quad . \qquad (9.45)$$

Man merkt sich diese Beziehungen leicht mit Hilfe eines so genannten „Impedanz-Dreiecks" (Abbildung 9.9).

R und X werden ebenfalls in Ω gemessen. Bei bekannten R und X ist die Zeitfunktion für den Strom:

$$i = \frac{U}{\sqrt{R^2 + X^2}}\sqrt{2}\,\sin(\omega t + \varphi_u - \arctan\frac{X}{R}) \quad . \qquad (9.46)$$

Bemerkung: Welchen rechentechnischen Nutzen die Einführung des Parameterpaares R, X bringt, wird deutlich, wenn man die komplexe Darstellung benutzt: Sie stellen den Real- bzw. Imaginärteil der komplexen Impedanz $\underline{Z}$ dar.

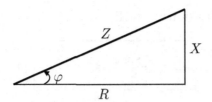

Abbildung 9.9.: Impedanz-Dreieck

9.9.3. Admittanz und Phasenwinkel

Eine dritte Möglichkeit, die insbesondere bei Parallelschaltungen günstig ist, besteht darin, statt der Impedanz Z ihren Kehrwert zu benutzen. Ähnlich dazu hat man bei Gleichstrom nicht nur mit Widerständen R, sondern auch mit den Kehrwerten $G = \frac{1}{R}$ operiert.

Admittanz Y (Scheinleitwert)

$$\boxed{Y = \frac{1}{Z} = \frac{I}{U}} > 0 \quad . \tag{9.47}$$

Zusammen mit dem Phasenwinkel φ ergibt die Admittanz ein Parameterpaar zur vollständigen Beschreibung eines Sinusstromkreises.
Es gelten die Beziehungen:

$$I = Y \cdot U \;\; ; \;\; Y = \frac{1}{\sqrt{R^2 + X^2}} \;\; ; \;\; R = \frac{\cos \varphi}{Y} \;\; ; \;\; X = \frac{\sin \varphi}{Y} \tag{9.48}$$

und der Strom i wird:

$$i = U Y \sqrt{2} \sin(\omega t + \varphi_u - \varphi) \quad . \tag{9.49}$$

Die Admittanz wird in Siemens gemessen ($1\,S = 1\Omega^{-1}$).

9.9.4. Konduktanz und Suszeptanz

Die vierte Möglichkeit, ein Parameterpaar zur eindeutigen Beschreibung eines Sinusstromkreises auszuwählen, geht von der Admittanz Y aus. Man nennt:

- **Konduktanz (Wirkleitwert) G**

$$\boxed{G = \frac{I \cos \varphi}{U} = Y \cos \varphi} > 0 \tag{9.50}$$

• **Suszeptanz (Blindleitwert) B**

$$B = \frac{I \sin \varphi}{U} = Y \sin \varphi \quad \gtrless 0 \quad . \tag{9.51}$$

Wenn G und B bekannt sind, ergeben sich Y und φ mit den Beziehungen:

$$\tan \varphi = \frac{B}{G} \quad ; \quad \cos \varphi = \frac{G}{Y} \quad ; \quad \sin \varphi = \frac{B}{Y} \quad ; \quad Y = \sqrt{G^2 + B^2} \quad , \tag{9.52}$$

die man sich leicht mit dem „Admittanz-Dreieck" merken kann (Abbildung 9.10).

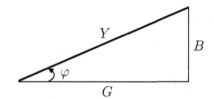

Abbildung 9.10.: Admittanz-Dreieck

Weiterhin gilt noch:

$$Z = \frac{1}{\sqrt{G^2 + B^2}} \quad ; \quad G = \frac{R}{Z^2} \quad ; \quad B = \frac{X}{Z^2} \quad ; \quad R = \frac{G}{Y^2} \quad ; \quad X = \frac{B}{Y^2} \tag{9.53}$$

und der Strom i wird:

$$i = U \sqrt{G^2 + B^2} \sqrt{2} \sin(\omega t + \varphi_u - \arctan \frac{B}{G}) \quad . \tag{9.54}$$

Die Konduktanz G und die Suszeptanz B werden in Siemens (Ω^{-1}) gemessen. Sie stellen den Real- bzw. Imaginärteil der komplexen Admittanz $\underline{Y}$ dar.

9.9.5. Zusammenfassung und Diskussion der Kennwerte einfacher Sinusstromkreise

In den Tabellen 9.1 und 9.2 sind alle definierten Kennwerte: Z, φ, R, X, Y, G und B für die vorhin untersuchten einfachen Stromkreise (Abschnitt 9.2, 9.4, 9.5, 9.8.1, 9.8.2, 9.8.3) und zusätzlich für die Parallelschaltungen $R - L$ und $R - C$ zusammengefasst. Die den zwei letzten Schaltungen entsprechenden Parameter sollen als Übung nachvollzogen werden, wobei derselbe Rechenweg wie bei den übrigen Stromkreisen anzuwenden ist.

Stromkreis	Z	φ	R	X
R	R	0	R	0
L	ωL	$\frac{\pi}{2}$	0	ωL
C	$\frac{1}{\omega C}$	$-\frac{\pi}{2}$	0	$-\frac{1}{\omega C}$
R L	$\sqrt{R^2+\omega^2 L^2}$	$\tan\varphi = \frac{\omega L}{R}$	R	ωL
R C	$\sqrt{R^2+\frac{1}{\omega^2 C^2}}$	$\tan\varphi = -\frac{1}{\omega C R}$	R	$-\frac{1}{\omega C}$
R L C	$\sqrt{R^2+(\omega L-\frac{1}{\omega C})^2}$	$\tan\varphi = \frac{\omega L-\frac{1}{\omega C}}{R}$	R	$\omega L-\frac{1}{\omega C}$
R L	$\frac{R\omega L}{\sqrt{R^2+\omega^2 L^2}}$	$\tan\varphi = \frac{R}{\omega L}$	$\frac{R\omega^2 L^2}{R^2+\omega^2 L^2}$	$\frac{R^2\omega L}{R^2+\omega^2 L^2}$
R C	$\frac{R}{\sqrt{1+R^2\omega^2 C^2}}$	$\tan\varphi = -\omega C R$	$\frac{R}{1+R^2\omega^2 C^2}$	$-\frac{\omega C R^2}{1+R^2\omega^2 C^2}$

Tabelle 9.1.: Impedanz Z, Phasenwinkel φ, Resistanz R und Reaktanz X bei einfachen Sinusstromkreisen

Einige **Bemerkungen** zu den zwei Tabellen:

- Man stellt fest, dass zwar immer $Y = \frac{1}{Z}$ gilt, aber allgemein $G \neq \frac{1}{R}$ und $B \neq \frac{1}{X}$ ist.

- Für die Anwendungen besonders wichtig sind die folgenden Reaktanzen:

  Die Reaktanz einer idealen Spule: $X_L = \omega L \; > 0$;
  Die Reaktanz eines idealen Kondensators: $X_C = -\frac{1}{\omega C} \; < 0$;
  Reihenschaltung R, L und C: $X = \omega L - \frac{1}{\omega C} \gtrless 0$.

- Alle Parameter: Z, Y, R, X, G, B hängen im allgemeinen von der Frequenz $f = \frac{\omega}{2\pi}$ der Spannung ab.

- Noch einige Bezeichnungen. Man nennt einen Stromkreis:

reaktiv, wenn: $\varphi \neq 0$, $X \neq 0$, $B \neq 0$;

induktiv, wenn: $\varphi > 0$, $X > 0$, $B > 0$;

rein induktiv, wenn: $\varphi = \frac{\pi}{2}$, $R = 0$, $Z = X$, $B = Y$;

kapazitiv, wenn: $\varphi < 0$, $X < 0$, $B < 0$;

rein kapazitiv, wenn: $\varphi = -\frac{\pi}{2}$, $R = 0$, $X = -Z$, $B = -Y$.

Stromkreis	Y	φ	G	B
R	$\frac{1}{R}$	0	$\frac{1}{R}$	0
L	$\frac{1}{\omega L}$	$\frac{\pi}{2}$	0	$\frac{1}{\omega L}$
C	ωC	$-\frac{\pi}{2}$	0	$-\omega C$
$R \quad L$	$\frac{1}{\sqrt{R^2+\omega^2 L^2}}$	$\tan\varphi = \frac{\omega L}{R}$	$\frac{R}{R^2+\omega^2 L^2}$	$\frac{\omega L}{R^2+\omega^2 L^2}$
$R \quad C$	$\frac{\omega C}{\sqrt{1+R^2\omega^2 C^2}}$	$\tan\varphi = -\frac{1}{\omega C R}$	$\frac{R}{R^2+\frac{1}{\omega^2 C^2}}$	$-\frac{\omega C}{1+R^2\omega^2 C^2}$
$R \quad L$ C	$\frac{1}{\sqrt{R^2+\left(\omega L-\frac{1}{\omega C}\right)^2}}$	$\tan\varphi = \frac{\omega L-\frac{1}{\omega C}}{R}$	$\frac{R}{R^2+\left(\omega L-\frac{1}{\omega C}\right)^2}$	$\frac{\omega L-\frac{1}{\omega C}}{R^2+\left(\omega L-\frac{1}{\omega C}\right)^2}$
R L	$\sqrt{\frac{1}{R^2}+\frac{1}{\omega^2 L^2}}$	$\tan\varphi = \frac{R}{\omega L}$	$\frac{1}{R}$	$\frac{1}{\omega L}$
R C	$\sqrt{\frac{1}{R^2}+\omega^2 C^2}$	$\tan\varphi = -\omega C R$	$\frac{1}{R}$	$-\omega C$

Tabelle 9.2.: Admittanz Y, Phasenwinkel φ, Konduktanz G und Suszeptanz B bei einfachen Sinusstromkreisen

9.10. Leistungen in Wechselstromkreisen

9.10.1. Leistung bei idealen Schaltelementen R, L und C

Wenn ein **ohmscher Widerstand** R an einer Wechselspannung:

$$u = U\,\sqrt{2}\,\sin(\omega t + \varphi_u)$$

liegt und der Strom:

$$i_R = \frac{U}{R}\,\sqrt{2}\,\sin(\omega t + \varphi_u)$$

fließt, so nimmt der Widerstand, wenn das Verbraucherzählpfeilsystem benutzt wird, die folgende Leistung auf:

$$p_R = u \cdot i_R = 2\,\frac{U^2}{R}\,\sin(\omega t + \varphi_u) \cdot \sin(\omega t + \varphi_u)$$

oder mit der Formel: $2\sin\alpha \cdot \sin\beta = \cos(\alpha - \beta) - \cos(\alpha + \beta)$:

$$p_R = \frac{U^2}{R}[\cos 0^o - \cos 2(\omega t + \varphi_u)] = \frac{U^2_{max}}{2R}[1 - \cos 2(\omega t + \varphi_u)] \quad . \qquad (9.55)$$

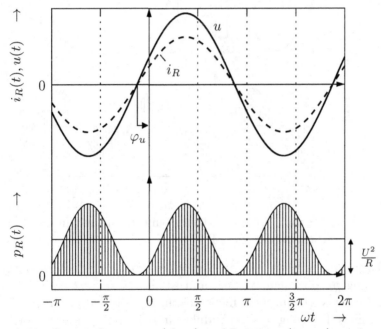

Abbildung 9.11.: Strom, Spannung (oben) und Leistung (unten) an einem ohmschen Widerstand R

Bei Gleichstrom war die Leistung $P = \frac{U^2}{R}$, jetzt ist p *zeitabhängig*. Die Leistung pulsiert mit der *doppelten Frequenz*, wird aber *nie* negativ. Der ideale Widerstand verbraucht in jedem Augenblick Leistung und wandelt sie irreversibel in Wärme um.
Liegt eine **ideale Induktivität L** an derselben Spannung wie vorhin, so fließt der Strom:

$$i_L = \sqrt{2}\,\frac{U}{\omega L}\,\sin(\omega t + \varphi_u - \frac{\pi}{2})$$

und die elektrische Leistung wird:

$$p_L = u \cdot i_L = 2\frac{U^2}{\omega L}\sin(\omega t + \varphi_u)\cdot\sin(\omega t + \varphi_u - \frac{\pi}{2}) \tag{9.56}$$

$$= \frac{U^2}{\omega L}[\cos\frac{\pi}{2} - \cos(2\omega t + 2\varphi_u - \frac{\pi}{2})] = -\frac{U^2}{\omega L}\sin 2(\omega t + \varphi_u) \tag{9.57}$$

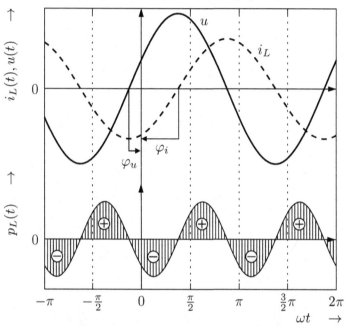

Abbildung 9.12.: Strom, Spannung (oben) und Leistung (unten) an einer idealen Induktivität L

Die Leistung p_L pulsiert mit der *doppelten Frequenz*, doch im Gegensatz zu
der Leistung p_R an einem Widerstand ist ihr *Mittelwert Null*. Das bedeutet:
Während einer Viertelperiode fließt Leistung *in* die Induktivität, während der
nächsten fließt Leistung *aus* der Induktivität, in die Spannungsquelle.
Schließlich ist der Strom durch einen **idealen Kondensator** C:

$$i_C = \sqrt{2}\,U\omega C\,\sin(\omega t + \varphi_u + \frac{\pi}{2})$$

und die Leistung:

$$p_C = u \cdot i_C = 2\,U^2\omega C\,\sin(\omega t + \varphi_u)\cdot\sin(\omega t + \varphi_u + \frac{\pi}{2}) \tag{9.58}$$

$$= U^2\omega C[\cos(-\frac{\pi}{2}) - \cos(2\omega t + 2\varphi_u + \frac{\pi}{2})] \tag{9.59}$$

$$= U^2\omega C\,\sin 2(\omega t + \varphi_u)\quad. \tag{9.60}$$

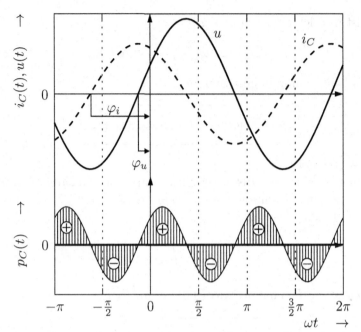

Abbildung 9.13.: Strom, Spannung (oben) und Leistung (unten) an einem idealen Kondensator C

Auch die Leistung p_C pulsiert mit der *doppelten Frequenz* und auch ihr *Mittelwert* ist gleich *Null* (wie bei p_L). Vergleicht man Abbildung 9.13 mit Abbildung 9.12 so erkennt man, dass in denjenigen Viertelperioden in denen die Induktivität Leistung aufnimmt, der Kondensator die Leistung in die Spannungsquelle abgibt und umgekehrt. Dieses zeitlich verschobene Verhalten von Induktivität und Kapazität ist äußerst wichtig.

Da der Mittelwert der Leistung p Null ist, wird in idealen Induktivitäten und Kondensatoren keine Leistung „verbraucht", d.h. irreversibel in Wärme umgewandelt, wie bei Widerständen der Fall ist.

Die Leistung wird lediglich *gespeichert* (bei Induktivitäten in ihrem magnetischen Feld, bei Kondensatoren in ihrem elektrischen Feld) und wieder *abgegeben*. Man spricht von *Blindleistung*.

9.10.2. Wechselstromleistung allgemein

Wenn an einem beliebigen Zweipol die Sinusspannung

$$u = U\sqrt{2}\,\sin(\omega t + \varphi_u)$$

liegt, so dass der Strom

$$i = I\sqrt{2}\,\sin(\omega t + \varphi_i)$$

fließt, so ist die elektrische Leistung $p = u \cdot i$:

$$p = 2\,UI\,\sin(\omega t + \varphi_u) \cdot \sin(\omega t + \varphi_i)$$

oder, nach Umformung in eine Summe:

$$p = UI[\cos\varphi - \cos(2\omega t + \varphi_u + \varphi_i)] \qquad (9.61)$$

wenn $\varphi_u - \varphi_i = \varphi$ ist.

Die Leistung ist eine periodische Funktion mit einer *konstanten* Komponente ($UI\cos\varphi$) und einer Komponente mit *doppelter Frequenz*.

Der Mittelwert der Leistung p:

$$\bar{p} = \frac{1}{T} \int_0^T p\,dt$$

wird *Wirkleistung* P genannt. Aus (9.61) ergibt sich:

$$P = U \cdot I \cdot \cos\varphi \quad \geq 0 \quad . \qquad (9.62)$$

Ein passiver Zweipol nimmt immer Wirkleistung auf und wandelt sie *irreversibel* in Wärme um.

Die Wirkleistung kann auch mit Hilfe der Resistanz R oder der Konduktanz G ausgedrückt werden:

$$U = I \cdot Z = I\,\frac{R}{\cos\varphi}\,; \quad P = I\,\frac{R}{\cos\varphi} \cdot I \cdot \cos\varphi$$

$$P = R \cdot I^2 = G \cdot U^2 \quad \geq 0 \quad . \qquad (9.63)$$

Die Formel (9.61) besagt, dass die Augenblicksleistung p mit der Kreisfrequenz 2ω um den Mittelwert $P = UI\cos\varphi$ pulsiert.

Auch wenn $P > 0$ ist, gibt es Zeitintervalle in denen p negativ ist: Der Zweipol gibt Leistung an die Spannungsquelle ab (die in Spulen oder Kondensatoren gespeicherte Leistung wird dann zurück abgegeben).

9.10.3. Wirk-, Blind- und Scheinleistung, Leistungsfaktor

Die Formel (9.61) lässt sich weiter umformen und interpretieren. Mit:

$$\begin{aligned}
\cos(2\omega t + \varphi_u + \varphi_i) &= \cos[2(\omega t + \varphi_u) + (\varphi_i - \varphi_u)]\\
&= \cos 2(\omega t + \varphi_u) \cdot \cos(\varphi_i - \varphi_u)\\
&\quad - \sin 2(\omega t + \varphi_u) \cdot \sin(\varphi_i - \varphi_u)
\end{aligned}$$

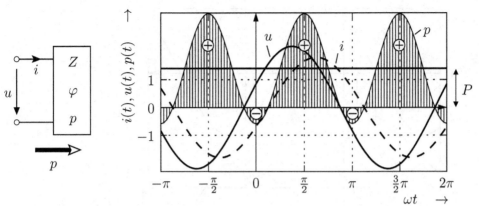

Abbildung 9.14.: Strom, Spannung und Leistung an einem Zweipol

wird die Leistung:

$$
\begin{aligned}
p &= UI[\cos\varphi - \cos 2(\omega t + \varphi_u) \cdot \cos\varphi - \sin 2(\omega t + \varphi_u) \cdot \sin\varphi] \quad (9.64) \\
&= UI\{\cos\varphi[1 - \cos 2(\omega t + \varphi_u)] - \sin\varphi \cdot \sin 2(\omega t + \varphi_u)\} \quad . \quad (9.65)
\end{aligned}
$$

Die Augenblicksleistung p kann als Summe von zwei Komponenten aufgefasst werden:

- Die **Wirkleistung** p_W:

$$
p_W = UI\cos\varphi[1 - \cos 2(\omega t + \varphi_u)] \quad (9.66)
$$

die mit der Frequenz 2ω pulsiert, aber ihr Vorzeichen nicht ändert. Der zeitlich konstante Mittelwert von p_W ist:

$$
P = UI\cos\varphi \quad .
$$

- Die **Blindleistung** p_B:

$$
p_B = -UI\sin\varphi \cdot \sin 2(\omega t + \varphi_u) \quad . \quad (9.67)
$$

Diese Komponente pendelt mit 2ω um die Nulllinie. Der Leistungsfluss kehrt seine Richtung periodisch um, dem Verbraucher wird im Mittel *keine* Energie zugeführt.

Die Blindleistung belastet also den Stromerzeuger nicht, doch der Energie, die im Verbraucher gespeichert und wieder abgegeben wird, entspricht ein Strom, der der Energieträger für die Umspeichervorgänge ist. Die Leitungen und Widerstände werden durch diesen Strom thermisch belastet!
Um diese strommäßige Belastung der Leitungen leicht überschauen zu können,

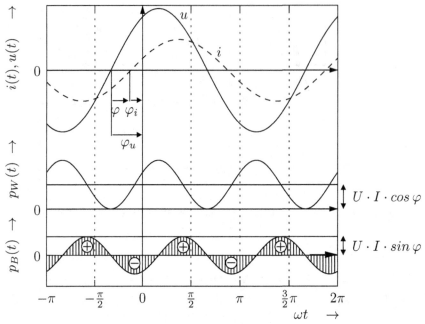

Abbildung 9.15.: Zeitlicher Verlauf von Strom und Spannung (oben), Wirkleistung p_W (Mitte) und Blindleistung p_B (unten)

hat man analog zur Wirkleistung einen fiktiven „Mittelwert" der Blindleistung
p_W eingeführt:

$$\textbf{Blindleistung}: \quad \boxed{Q = UI\sin\varphi} \quad \gtrless 0 \quad . \tag{9.68}$$

Man spricht von induktiver und kapazitiver Blindleistung:

$Q = UI\sin\varphi > 0$: der Verbraucher nimmt Blindleistung auf (in-
duktives Verhalten)
$Q = UI\sin\varphi < 0$: der Verbraucher gibt Blindleistung an die Quelle
(kapazitives Verhalten).

Die Blindleistung wird in *Var* gemessen, um sie deutlich von der Wirkleistung
zu unterscheiden. (Einheitenzeichen: var).
Die Blindleistung kann auch mit Hilfe der Reaktanz X oder der Suszeptanz B
ausgedrückt werden:

$$U = I \cdot Z = I\frac{X}{\sin\varphi}; \quad P = I\frac{X}{\sin\varphi} \cdot I \cdot \sin\varphi$$

$$\boxed{Q = X \cdot I^2 = B \cdot U^2} \quad \gtrless 0 \quad . \tag{9.69}$$

Analog dem Begriff der Blindleistung hat man noch einen fiktiven „Mittelwert" der allgemeinen Wechselstromleistung eingeführt:

$$\textbf{Scheinleistung:} \quad \boxed{S = U \cdot I} \quad > 0 \ . \tag{9.70}$$

Diese Leistung ist eine Rechengröße; sie wird wie bei Gleichstrom berechnet, als ob keine Phasenverschiebung zwischen Strom und Spannung vorhanden wäre. Die Scheinleistung hat keine unmittelbare physikalische Bedeutung, wie die Wirkleistung, doch bedeutet sie die maximal mögliche Wirkleistung bei gegebenen U und I und variablem Phasenwinkel φ.

Somit kennzeichnet sie die Grenzen der Funktionsfähigkeit der Verbraucher und wird meistens vom Hersteller angegeben.

Die Einheit von S heißt VA. Die Scheinleistung kann noch folgendermaßen ausgedrückt werden:

$$\boxed{S = Z \cdot I^2 = Y \cdot U^2} \quad . \tag{9.71}$$

Zwischen P, Q und S bestehen folgende Beziehungen:

$$P^2 + Q^2 = S^2 \ ; \quad Q = P \cdot \tan\varphi \ ; \quad P = S \cdot \cos\varphi \ ; \quad Q = S \cdot \sin\varphi \tag{9.72}$$

die man sich leicht mit dem so genannten „Leistungsdreieck" (Abbildung 9.16) merken kann:

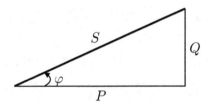

Abbildung 9.16.: Leistungsdreieck

Für die Energietechnik ist das folgende Verhältnis besonders wichtig:

$$\boxed{1 \geq \frac{P}{S} = \cos\varphi \geq 0}$$

der **Leistungsfaktor** genannt wird. Die Aufgabe der Verbesserung des Leistungsfaktors ist eine der wichtigsten in der Energietechnik.

Es gilt noch:

$$\frac{P}{S} = \frac{\sqrt{S^2 - Q^2}}{S} = \sqrt{1 - \frac{Q^2}{S^2}}$$

was bedeutet, dass die Verbesserung des Leistungsfaktors die Reduzierung der Blindleistung Q voraussetzt.

■ **Beispiel 9.2**

*Ein einphasiger Wechselstrommotor arbeitet bei einer Spannung von $U = 230\,V$
und nimmt die Wirkleistung $P = 2\,kW$ unter $\cos\varphi = 0,8$ (induktiv) auf.
Berechnen Sie:*

1. *Die Motor-Parameter: Z, R und X*

2. *Die vom Motor aufgenommene Blindleistung Q*

3. *Die Scheinleistung S.*

Lösung:

1.

$$Z = \frac{U}{I} \quad mit \quad I = \frac{P}{U\cos\varphi} = \frac{2\cdot 10^3 W}{230V\cdot 0,8} = 10,87\,A$$

$$Z = \frac{230\,V}{10,87\,A} = 21,16\,\Omega$$

$$R = Z\cos\varphi = 21,16\,\Omega \cdot 0,8 = 16,93\,\Omega$$

$$X = Z\sin\varphi = 21,16\,\Omega \cdot 0,6 = 12,7\,\Omega.$$

2.

$$Q = UI\sin\varphi = 230\,V \cdot 10,87\,A \cdot 0,6 = 1,5\,kvar.$$

3.

$$S = U\cdot I = 230\,V \cdot 10,87\,A = 2,5\,kVA.$$

Überprüfung: $S = \sqrt{P^2 + Q^2} = \sqrt{2^2 + 1,5^2}\,kVA = 2,5\,kVA.$

■

■ **Beispiel 9.3**

*Eine elektrische Doppelleitung liefert an einen Verbraucher die Wirkleistung
$P = 20\,kW$ unter der Spannung $U = 230\,V$ mit dem Leistungsfaktor
$\cos\varphi = 0,8$ (induktiv). Der elektrische Widerstand pro $1\,m$ Länge der Leitung
beträgt: $r_l = 3\cdot 10^{-4}\,\Omega/m$ und die Leitung ist $100\,m$ lang.
Gesucht sind die Wirkleistungsverluste ΔP auf der Leitung.*

Lösung:

Die Leitungsverluste sind:

$$\Delta P = r\cdot I^2 = r\frac{S^2}{U^2} = r\frac{P^2 + Q^2}{U^2} \quad .$$

Die Blindleistung ist: $Q = P\tan\varphi = 20\,kW \cdot 0,75 = 15\,kvar.$

Der Leitungswiderstand ist:

$$r = 2 \cdot 100 \, m \cdot 3 \cdot 10^{-4} \, \Omega/m = 60 \, m\Omega \, .$$

Somit treten auf der Leitung die folgenden Wirkleistungsverluste auf:

$$\Delta P = 60 \cdot 10^{-3} \, \Omega \cdot \frac{20^2 + 15^2}{(230 \, V)^2} \cdot 10^6 \, W^2 = 708 \, W \quad .$$

Bemerkung:
Die obige Formel für die Verluste ΔP auf der Leitung besagt, dass bei einer gegebenen Leitung (r) und einer bestimmten Wirkleistung (P) die Verluste umgekehrt proportional mit dem Quadrat der Spannung variieren und dass sie mit dem Quadrat der Blindleistung Q zunehmen.

Deswegen sind für die Energieübertragung auf große Entfernungen möglichst hohe Spannungen erforderlich.

Bei 400 V wären die Verluste dreimal kleiner gewesen:

$$\Delta P = 236 \, W \, .$$

Auch die Bedeutung eines besseren Leistungsfaktors wird klar: bei $\cos\varphi = 1$ (Q = 0) wären die Verluste:

$$\Delta P = 454 \, W$$

gewesen. Die Blindleistung belastet die Leitung und muss deswegen vom Verbraucher mitbezahlt werden.

∎

10. Symbolische Verfahren zur Behandlung von Sinusgrößen

10.1. Allgemeines

Es ist leicht zu ersehen, dass es bei etwas komplizierteren Schaltungen nicht mehr möglich ist, direkt mit den Zeitfunktionen für Spannungen und Ströme zu arbeiten. Die komplizierteste Schaltung, die in Kapitel 9 behandelt werden konnte, war die Reihenschaltung $R - L - C$. Darüber hinaus werden die Berechnungen sehr aufwändig und unübersichtlich. Die von den Gleichstromnetzen bekannten Lösungsverfahren, die von linearen algebraischen Gleichungssystemen ausgehen (Maschen-, Knoten- und andere Verfahren) können nicht übernommen werden.

Aus diesen Gründen wurden andere Verfahren entwickelt, die die rechnerische Behandlung von Wechselstromkreisen erheblich vereinfachen. Man benutzt heute zwei *symbolische* Verfahren, die sich gegenseitig ergänzen:

- Die Zeigerdarstellung (graphisches Verfahren)
- Die komplexe Darstellung (analytisches Verfahren).

Ein symbolisches Verfahren wird im Allgemeinen folgenderweise angewendet:

- Man ordnet nach einer gewissen Regel jeder Sinusgröße eine symbolische Größe zu (z.B. einen Vektor oder eine komplexe Zahl);
- Man schreibt die Differentialgleichungen des Netzwerkes mit den symbolischen Größen;
- Statt die Differentialgleichungen zu lösen, löst man die Gleichungen für die Symbole und bestimmt die unbekannten Größen.
- Man transformiert die gefundenen Symbolgrößen zurück in die gesuchten Sinusgrößen.

Dieser Weg erscheint auf den ersten Blick etwas umständlich. Damit er zu einer beträchtlichen Vereinfachung der Rechenarbeit führt, müssen die folgenden Bedingungen erfüllt werden:

1. Die Darstellung (Abbildung) muss eineindeutig sein, d.h. jeder Sinusgröße muss eine einzige Symbolgröße entsprechen und ebenfalls umgekehrt, jeder Symbolgröße entspricht eine einzige Sinusgröße.

2. Beide Umformungen (Sinusgröße ⇒ Symbol und umgekehrt) müssen leicht durchführbar sein.

3. Jeder elementaren Operation mit Sinusgrößen, die in den Gleichungen der Wechselstromkreise auftritt (Addition, Multiplikation mit einem Skalar, Differentiation und Integration) muss eineindeutig eine Operation zwischen den Symbolen entsprechen.

4. Sehr wichtig ist, dass die Auflösung der Gleichungen mit den Symbolen viel einfacher, leichter zu systematisieren und übersichtlicher sein muss, als mit den Sinusgrößen.

Alle diese Bedingungen werden von der Zeiger- und von der komplexen Darstellung erfüllt.

10.2. Zeigerdarstellung von Sinusgrößen

10.2.1. Geometrische Darstellung einer Sinusgröße

Es wurde bereits gezeigt (Abschnitt 8.2.2), dass eine Sinusgröße durch drei Parameter vollständig definiert wird:

- Amplitude
- Kreisfrequenz
- Nullphasenwinkel.

In den meisten Berechnungen von Wechselstromkreisen treten Spannungen und Ströme *gleicher* Frequenz auf, so dass diese lediglich durch *Amplitude* (ein Skalar) und *Phasenlage* (ein Winkel) eindeutig bestimmt werden.
Ebenfalls durch einen Skalar (seinen Betrag) und einen Winkel (mit einer Bezugsachse) wird auch ein Vektor in der Ebene definiert. Man kann also eine eineindeutige Beziehung zwischen jeder Sinusgröße und einem Vektor (der diese symbolisieren wird) aufstellen. Das ist die Idee der Zeigerdarstellung. Den analytischen Beziehungen zwischen den Sinusgrößen werden geometrische Beziehungen zwischen den darstellenden Vektoren entsprechen, die einfacher und anschaulicher sein werden.
Die geometrischen Symbolgrößen der Sinusfunktionen werden *Zeiger* genannt, um sie von den (im dreidimensionalen Raum definierten) vektoriellen physikalischen Größen zu unterscheiden (wie z.B. die Stromdichte $\vec{S}$), mit denen sie nicht verwechselt werden dürfen. Außerdem unterliegen Vektoren und Zeiger unterschiedlichen Rechengesetzen.
Auf Abbildung 10.1 wird gezeigt, dass eine Sinusgröße der Form:

$$i = I\sqrt{2}\,\sin(\omega t + \varphi)$$

als Projektion eines *rotierenden Zeigers* auf eine stillstehende (die vertikale) Bezugsachse dargestellt werden kann. Die Länge des Zeigers ist gleich der *Amplitude* und die Winkelgeschwindigkeit gleich der Kreisfrequenz $\omega = 2\pi f$ der Sinusgröße.

Die Projektion des Zeigers auf die vertikale Achse (Abbildung 10.1) beschreibt den Augenblickswert der Sinusgröße.

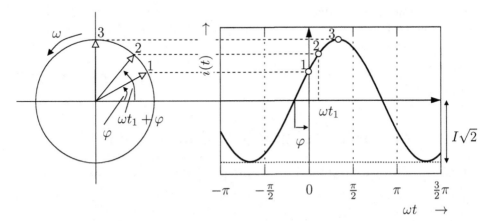

Abbildung 10.1.: Zeigerdarstellung einer Sinusgröße

Man hat also eine Vorschrift aufgestellt, mit der eine Sinusgröße durch einen Zeiger „symbolisiert" werden kann. Die Zeiger werden meist mit unterstrichenen großen Buchstaben gekennzeichnet ($\underline{I}$, $\underline{U}$, usw.).

Im Anhang A sind die Rechenregeln für Zeiger kurz zusammengefasst.

Man ersieht leicht, welche **Vorteile** die Zeigerdarstellung bringt. Statt die Differentialgleichungen der Schaltungen zu lösen, zeichnet man entsprechende Zeigerdiagramme und alle vorkommenden Operationen reduzieren sich auf die Addition von Vektoren mit verschiedenen Beträgen und Richtungen. Die Auflösung der Gleichung besteht darin, verschiedene Winkel und Längen aus dem Zeigerdiagramm abzulesen.

Operationen mit Vektoren durchzuführen ist viel einfacher als direkt mit den Zeitfunktionen zu arbeiten. Außerdem gewinnt man aus einem Zeigerdiagramm eine sehr anschauliche Vorstellung über die Verhältnisse zwischen den verschiedenen Spannungen und Strömen in einer Schaltung, vor allem über ihre Phasenverschiebungen.

10.2.2. Grundschaltelemente in Zeigerdarstellung

Die Darstellung einer Sinusgröße $i = I\sqrt{2}\sin(\omega t + \varphi)$ durch einen mit der Winkelgeschwindigkeit ω im positiven Sinne drehenden Zeigers mit dem Betrag $I\sqrt{2}$ wurde in der Wechselstromtechnik weiter vereinfacht, indem alles, was der Berechnung nicht direkt nützt, weggelassen wurde:

- da alle in einer Schaltung vorkommenen Sinusgrößen (meist) dieselbe Kreisfrequenz ω aufweisen, kann man diese außer Acht lassen und die *Zeiger als stehend* betrachten;

- Der Faktor $\sqrt{2}$ in den Scheitelwerten aller Sinusgrößen wird nicht berücksichtigt und man arbeitet mit *Effektivwerten*, da diese weitaus häufiger benötigt werden als die Scheitelwerte, vor allem zur Bestimmung von Leistungen. Man reduziert also die Zeigerlängen im Maßstab $\frac{1}{\sqrt{2}}$.

Bei der Zurücktransformation von den Zeigern zu den Sinusgrößen müssen der Faktor $\sqrt{2}$ und die Kreisfrequenz ω wieder berücksichtigt werden.

Es sollen nun die Grundschaltelemente R, L und C, die in den Abschnitten 9.2, 9.4 und 9.5 bereits untersucht wurden, in Zeigerdarstellung betrachtet werden. Die idealen Schaltelemente sollen mit einer Spannung:

$$u = U\sqrt{2}\sin\omega t$$

gespeist werden. Der Strom wird die Form:

$$i = I\sqrt{2}\sin(\omega t - \varphi) = \frac{U}{Z}\sqrt{2}\sin(\omega t - \varphi)$$

aufweisen.

10.2.2.1. Ohmscher Widerstand

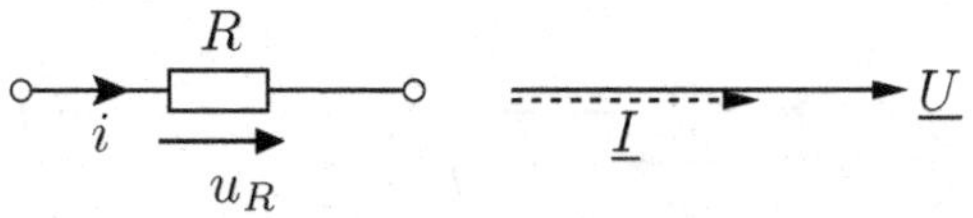

Abbildung 10.2.: Zeigerdiagramm von Spannung und Strom an einem Widerstand

Die Spannungsgleichung ist:

$$u = R \cdot i\,.$$

Die der Spannung u und dem Strom i entsprechenden Zeiger verlaufen parallel.

$$I = \frac{U}{R}\,, \quad \varphi = 0 \quad \Rightarrow \quad i = \frac{U}{R}\sqrt{2}\sin\omega t\,.$$

10.2.2.2. Ideale Induktivität

Die Spannungsgleichung lautet:

$$u = L \, \frac{di}{dt} \; .$$

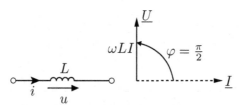

Abbildung 10.3.: Zeigerdiagramm von Spannung und Strom an einer idealen Induktivität

Der Zeiger der Spannung ergibt sich also aus dem Stromzeiger, durch dessen Drehung um $\frac{\pi}{2}$ im positiven (trigonometrischen) Sinn und durch Multiplikation mit ωL. Es ergibt sich:

$$I = \frac{U}{\omega L} \quad , \quad \varphi = +\frac{\pi}{2} \quad \Rightarrow \quad i = \frac{U}{\omega L} \, \sqrt{2} \, \sin(\omega t - \frac{\pi}{2}) \quad .$$

An einer idealen Spule eilt der Strom der Spannung um 90° *hinterher*.

10.2.2.3. Ideale Kapazität

Die Gleichung lautet:

$$u = \frac{1}{C} \int i \, dt \quad .$$

Der Spannungszeiger ergibt sich durch eine Drehung des Stromzeigers um $\frac{\pi}{2}$ im negativen (Uhrzeiger-) Sinn und durch Dividieren durch ωC.

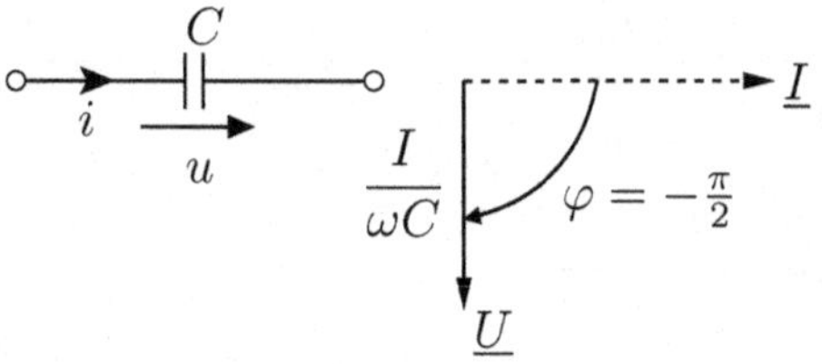

Abbildung 10.4.: Zeigerdiagramm eines idealen Kondensators

$$I = \omega C U \quad , \quad \varphi = -\frac{\pi}{2} \quad \Rightarrow \quad i = U \omega C \, \sqrt{2} \, \sin(\omega t + \frac{\pi}{2}) \quad .$$

Der Strom durch einen Kondensator eilt der Spannung um 90° *vor*.

10.2.3. Behandlung von Sinusstromkreisen mit der Zeigerdarstellung

Sinusstromkreise können nach den gleichen Methoden wie Gleichstromkreise behandelt werden, mit der Maßgabe, dass alle für Gleichströme und Gleichspannungen gültigen Gesetze (Knoten- und Maschengleichungen) zu jedem Zeitpunkt von den Augenblickswerten der Sinusgrößen erfüllt werden müssen. Der Unterschied zu den Gleichstromaufgaben, bei denen die Zahl der zu bestimmenden Ströme (oder Spannungen) gleich der Zahl der Unbekannten des zu lösenden Problems ist, besteht darin, dass bei Sinusstromaufgaben jeder zu bestimmenden Größe *zwei* Unbekannte entsprechen: Amplitude und Phasenlage.

Mit Hilfe der in Abschnitt 9.8.3 im Zeitbereich behandelten *RLC*-Reihenschaltung soll gezeigt werden, wie man die Zeigerdarstellung zur Bestimmung des Stromes i benutzt. Die Spannungsgleichung ist:

$$ u = R\,i + L\,\frac{di}{dt} + \frac{1}{C} \int i\, dt\,. $$

Das Zeigerdiagramm, das diese Gleichung „symbolisiert" (Abbildung 10.5), sagt folgendes aus: Der Spannungszeiger ist eine Summe von drei Zeigern, von denen der erste der mit R multiplizierte Stromzeiger, der zweite der um $\frac{\pi}{2}$ nach vorne und mit ωL multiplizierte Stromzeiger und der dritte der um $\frac{\pi}{2}$ zurück gedrehte und durch ωC dividierte Stromzeiger ist.

Diese Summe wird graphisch, schrittweise, durchgeführt. Man geht sinnvollerweise von einem beliebigen Zeiger für den unbekannten Strom $\underline{I}$ aus.

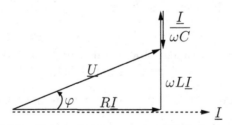

Abbildung 10.5.: Zeigerdiagramm der RLC-Reihenschaltung

Parallel zu $\underline{I}$ verläuft der Zeiger $R\underline{I}$, um 90° vor $\underline{I}$ der Zeiger $\omega L\underline{I}$ und um 90° zurück $\frac{\underline{I}}{\omega C}$. Die geometrische Summe der drei Zeiger ergibt die Spannung $\underline{U}$. Aus dem Diagramm (Abbildung 10.5) liest man ab:

$$ U^2 = (R\,I)^2 + (\omega L - \frac{1}{\omega C})^2\, I^2\,. $$

Daraus ergibt sich der Effektivwert des Stromes als:

$$I = \frac{U}{\sqrt{R^2 + (\omega L - \frac{1}{\omega C})^2}}$$

und der Phasenwinkel:

$$\tan\varphi = \frac{\omega L - \frac{1}{\omega C}}{R}\,.$$

Der gesuchte Strom ist:

$$i = I\sqrt{2}\,\sin(\omega t - \varphi)\quad.$$

Zur Anwendung der Zeigerdarstellung benutzt man im Allgemeinen die folgenden Schritte:

1. Man zeichnet die Zählpfeile für Ströme und Spannungen in das Schaltbild ein. An den einzelnen Schaltelementen sind, nach dem Verbraucherzählpfeilsystem, die Zählpfeile von Strom und Spannung in gleicher Richtung.

2. Man stellt die Knoten- und Maschengleichungen auf.

3. Man legt Maßstäbe A/cm und V/cm für die maßgerechte Zeichnung der Strom- und Spannungszeiger fest.

4. Man wählt das Bezugssystem zweckmäßig so, dass in der Nullachse eine Größe liegt, die mehreren Schaltelementen gemeinsam ist, also im Allgemeinen:
   bei Reihenschaltungen $\underline{I}$ in der Nullachse
   bei Parallelschaltungen $\underline{U}$ in der Nullachse.

5. Man führt mit den Zeigern die von den bei Punkt 2 aufgestellten Gleichungen vorgeschriebenen Operationen durch und konstruiert somit das vollständige Zeigerdiagramm der Schaltung.

6. Man liest die gesuchten Ströme oder Spannungen ab.

Bemerkung: Die Festlegung der Vorzeichenbedeutung des Winkels $\varphi = \varphi_u - \varphi_i$ zwischen Spannung und Strom gilt auch hier und führt zu der Regel: Der Winkel φ wird vom Stromzeiger ausgehend zum Spannungszeiger gezählt. Zeigt φ entgegen dem Uhrzeigersinn, so gilt $\varphi > 0$.

■ **Beispiel 10.1**
Bei einer RLC-Reihenschaltung sind die Effektivwerte von drei Spannungen bekannt, die vierte Spannung soll bestimmt werden.

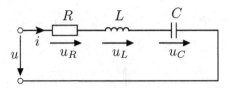

Ermitteln Sie mit Hilfe des Zeigerdiagramms der Spannungen den Effektivwert der unbekannten Spannung und die Phasenverschiebung φ zwischen der Eingangsspannung u und dem Strom i für die Fälle:

a) $U_R = 10\,V$; $\quad U_L = 20\,V$; $\quad U_C = 10\,V$; $\quad U=?$
b) $U_R =?$; $\quad\quad U_L = 110\,V$; $\quad U_C = 150\,V$; $\quad U = 50\,V$.

Lösung:

a) Hier gilt die Maschengleichung: $u = u_R + u_L + u_C$.

In der Nullachse zeichnet man den Strom $\underline{I}$, phasengleich mit ihm die Spannung $\underline{U}_R$, mit einem gewählten Maßstab (z.B.: 1V=0,5 cm). Die Spannung $\underline{U}_L$ liegt um $\frac{\pi}{2}$ vor dem Strom $\underline{I}$, die Spannung $\underline{U}_C$ um $\frac{\pi}{2}$ hinter dem Strom $\underline{I}$.

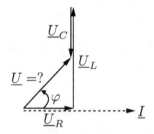

Die unbekannte Gesamtspannung ergibt sich als geometrische Summe der drei Teilspannungen. Man kann die Länge des Zeigers $\underline{U}$ aus dem Diagramm direkt ablesen oder, genauer, schreiben:

$$U = \sqrt{U_R^2 + (U_L - U_C)^2} = \sqrt{10^2 + 10^2}\,V = 10\sqrt{2}\,V \quad .$$

Auch den Winkel φ kann man ablesen. Er ergibt sich auch rechnerisch:

$$\tan\varphi = \frac{U_L - U_C}{U_R} = 1 \quad\Rightarrow\quad \varphi = 45^o$$

$$u = 10\sqrt{2}\,V \cdot \sin(\omega t + 45^o) \quad .$$

b) Hier kennt man U_R nicht. Man zeichnet wieder in der Horizontalen den Strom $\underline{I}$. Irgendwo auf dieser Achse zeichnet man um 90° nach vorne gedreht den Zeiger $\underline{U}_L$ und um 90° zurück den Zeiger $\underline{U}_C$. Der untere Punkt P wird die Spitze des Summen-Zeigers $\underline{U}$ sein. Da die Länge des $\underline{U}$-Zeigers bekannt ist, geht man von P aus bis zu einem Punkt 0 auf der $\underline{I}$-Achse, der dem Effektivwert von $\underline{U}$ entspricht. 0 ist der Anfang der Zeiger $\underline{U}_R$ und $\underline{U}$. Jetzt kann man U_R und φ direkt ablesen.

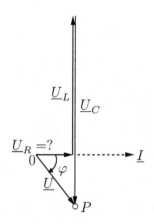

Es ist:

$$U_R = \sqrt{U^2 - (U_C - U_L)^2} = \sqrt{50^2 - 40^2}\,V = 30\,V \quad .$$

Der Winkel φ ist negativ (zeigt im Uhrzeigersinn):

$$\tan\varphi = -\frac{4}{3} \quad \Rightarrow \quad \varphi = -53,1^o \quad .$$

Die Schaltung verhält sich kapazitiv, da der Strom der Spannung voreilt.

∎

■ Aufgabe 10.1

Bei einer Parallelschaltung von drei Elementen: R, L, C sind die Effektivwerte von drei Strömen bekannt, der vierte soll bestimmt werden.

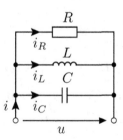

Bestimmen Sie mit Hilfe des Zeigerdiagramms den Effektivwert des vierten Stromes und die Phasenverschiebung zwischen dem Gesamtstrom und der angelegten Spannung für die folgenden Fälle:

a) $I_R = 3\,A;$ $I_L = 5\,A;$ $I_C = 1\,A;$ $I =?$

b) $I_R =?;$ $I_L = 0,4\,A;$ $I_C = 1,2\,A;$ $I = 1\,A$.

∎

■ **Aufgabe 10.2**

In der folgenden Schaltung kann man die Phasenverschiebung zwischen der Ausgangsspannung $\underline{U}_{AB}$ und der Eingangsspannung $\underline{U}$ mit Hilfe des Widerstandes R_1 einstellen.

Wenn $R_2 = 5\,\Omega$ und $X_2 = 15\,\Omega$ ist, wie groß muss R_1 sein, damit die Ausgangsspannung $\underline{U}_{AB}$ der Eingangsspannung um einen Winkel $\varphi_1 = 30^o$ voreilt?

Hinweis: Man geht von einem bekannten Strom $\underline{I}$ aus und zeichnet das Zeigerdiagramm der Spannungen.

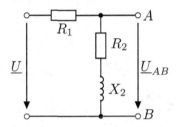

■

10.3. Komplexe Darstellung von Sinusgrößen

Mit der geometrischen Methode der Zeigerdarstellung kann man relativ einfach einen Gesamtüberblick über die Verhältnisse in einem Wechselstromkreis, vor allem über die Phasenverschiebungen verschiedener Größen, gewinnen. Ein graphisches Verfahren ist allerdings immer aufwändig und die quantitative Auswertung ist verständlicherweise ungenau. Liest man die Effektivwerte der Sinusgrößen (die Länge der Zeiger) und ihre Phasenverschiebung aus dem Zeigerdiagramm ab, so können diese Ergebnisse nicht sehr genau sein.

Das graphische Verfahren der Zeigerdarstellung wurde durch ein *analytisches* Verfahren erweitert, in dem die Zeiger in der Gaußschen Zahlenebene als komplexe Größen dargestellt werden.

Die Idee der komplexen Darstellung, die ebenfalls ein symbolisches Verfahren ist, ist die folgende: Zwischen einer Sinusgröße und einem Vektor in der Ebene besteht eine eineindeutige Beziehung; auf der anderen Seite entspricht jeder komplexen Zahl in der Gaußschen Zahlenebene ein Punkt, somit auch ein Zeiger, der diesen Punkt mit dem Koordinatenursprung verbindet (siehe Abbildung 10.6). Dann muss auch eine eineindeutige Beziehung zwischen einer Sinusgröße und einer komplexen Zahl bestehen.

Da die Operationen mit komplexen Zahlen einfacher durchführbar sind als mit den Zeitfunktionen und die Differentialgleichungen der Wechselstromkreise eine leicht zu systematisierende Form bekommen, hat sich die komplexe Darstellung als das meist verwendete Verfahren zur Behandlung von Wechselstromkreisen durchgesetzt. Zusätzlich zu den analytischen, genauen Berechnungen wird

jedoch oft das Zeigerdiagramm herangezogen, um auch einen anschaulichen
Überblick zu gewinnen.

10.3.1. Darstellung einer Sinusgröße als komplexe Zahl

Jeder Punkt P in der Gaußschen Zahlenebene wird durch eine komplexe Zahl
$(a + jb)$ beschrieben, wo a der reelle und b der imaginäre Teil ist.

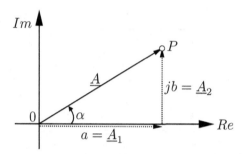

Abbildung 10.6.: Zeiger in der komplexen Ebene

Dem Punkt P entspricht ein Zeiger $(\underline{A})$, der ihn mit dem Nullpunkt verbindet.
Dieser Zeiger ist eindeutig bezeichnet:

$$\underline{A} = a + jb = \underline{A}_1 + \underline{A}_2 \tag{10.1}$$

(komplexe Zeiger werden genau so bezeichnet wie die Zeiger selbst). Der Betrag
des Zeigers ergibt sich nach Abbildung 10.6 als:

$$|\underline{A}| = \sqrt{a^2 + b^2} \tag{10.2}$$

und der Winkel mit der reellen Achse als:

$$\alpha = \arctan \frac{b}{a} \quad . \tag{10.3}$$

Der komplexe Zeiger kann (Abbildung 10.6) in zwei Komponenten zerlegt werden:

$$\begin{aligned} \text{Realteil} \quad &: \quad A_1 = |\underline{A}| \cdot \cos \alpha \\ \text{Imaginärteil} \quad &: \quad A_2 = |\underline{A}| \cdot \sin \alpha \end{aligned}$$

also:

$$\underline{A} = |\underline{A}| (\cos \alpha + j \sin \alpha). \tag{10.4}$$

Setzt man die Eulersche Gleichung:

$$\cos \alpha + j \sin \alpha = e^{j\alpha}$$

ein, so ergibt sich eine besonders anschauliche Form für den Zeiger $\underline{A}$:

$$\underline{A} = |\underline{A}| \cdot e^{j\alpha} = A \cdot e^{j\alpha} \quad . \tag{10.5}$$

Der komplexe Zeiger $\underline{A}$ kann also durch einen reellen Zeiger A beschrieben werden, der durch Multiplikation mit $e^{j\alpha}$ um den Winkel α aus der reellen Achse *verdreht* ist (Abbildung 10.6).
Komplexe Zeiger können also in drei Formen dargestellt werden:

1. Algebraische oder kartesische oder Komponentenform:

$$\boxed{\underline{A} = A_1 + jA_2} \tag{10.6}$$

   mit A_1=Realteil und A_2=Imaginärteil von $\underline{A}$.

2. Trigonometrische oder Polarform:

$$\boxed{\underline{A} = A\,(\cos\alpha + j\,\sin\alpha)} \tag{10.7}$$

   mit A=Betrag und α=Argument (Winkel) von $\underline{A}$.

3. Exponentialform:

$$\boxed{\underline{A} = A\,e^{j\alpha}} \tag{10.8}$$

   mit A=Betrag und α=Argument (Winkel) von $\underline{A}$.

Alle drei Formen werden eingesetzt, denn jede ist für bestimmte Rechenoperationen vorteilhafter als die anderen. Die Umrechnung von einer Form in die andere wird von den meisten Taschenrechnern nach einer bestimmten Vorschrift durchgeführt. Dabei wird wie folgt verfahren:

- Umrechnung Polarform-Komponentenform:

$$A_1 = A\cos\alpha \quad , \quad A_2 = A\sin\alpha \;\Rightarrow\; \underline{A} = A_1 + jA_2 \quad ,$$

- Umrechnung Komponentenform-Polarform:

$$\underline{A} = A_1 + jA_2 \;\; ; \;\; A = \sqrt{A_1^2 + A_2^2} \;\; ; \;\; \tan\alpha = \frac{A_2}{A_1}$$

$$\Rightarrow \underline{A} = A\,(\cos\alpha + j\,\sin\alpha) \quad oder \quad \underline{A} = A \cdot e^{j\alpha} \quad .$$

Bisher wurde der Winkel α ganz allgemein betrachtet, unabhängig davon, ob er eine Funktion der Zeit ist, oder nicht.
In der Wechselstromtechnik treten beide Arten von komplexen Größen auf:

   a) zeitlich konstante Größen, auch Operatoren genannt (meist Scheinwiderstände), denen *stillstehende* Zeiger entsprechen (der Winkel α mit der reellen Achse ist zeitlich konstant);

   b) sinusförmige Wechselgrößen (Spannungen, Ströme), die durch *rotierende* Zeiger symbolisiert werden, wo also: $\alpha = \omega t + \varphi$ ist.

Auch wenn man die Frequenz unberücksichtigt lässt, darf man nicht außer Acht lassen, dass es sich um zeitabhängige Größen handelt.

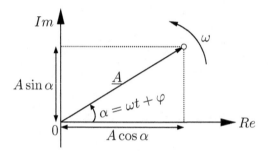

Abbildung 10.7.: Rotierender Zeiger

Die Exponentialform: $\underline{A} = A\,e^{j(\omega t + \varphi)}$ hebt die Rotation mit der Winkelgeschwindigkeit ω hervor.
Jetzt wird deutlich, wie die Rücktransformation von dem komplexen Zeiger zu der Zeitfunktion erfolgt. Wenn man von *Sinusgrößen* ausgeht, so ergeben sich die Augenblickswerte als:

$$\boxed{\,a(t) = \sqrt{2}\,A\,\sin(\omega t + \varphi) = \sqrt{2}\cdot Im(\underline{A})\,}\qquad.\tag{10.9}$$

Bemerkung: Arbeitet man statt mit Sinus- mit *Cosinusfunktionen*, so sind die gesuchten Augenblickswerte:

$$a(t) = \sqrt{2}\,A\,\cos(\omega t + \varphi) = \sqrt{2}\cdot Re(\underline{A})\,.$$

Es soll hier noch ein wichtiger Begriff eingeführt werden:

Konjugiert komplexer Ausdruck
 Ein komplexer Ausdruck $\underline{A}$ und der zu diesem konjugiert komplexe $\underline{A}^*$ unterscheiden sich nur im Vorzeichen ihrer Imaginärkomponenten:

$$\underline{A} = A_1 \pm jA_2\quad,\quad \underline{A}^* = A_1 \mp jA_2\quad.\tag{10.10}$$

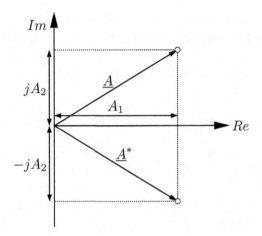

Abbildung 10.8.: Konjugiert komplexer Ausdruck

In der Gaußschen Zahlenebene wird der konjugiert komplexe Ausdruck $\underline{A}^*$ als Spiegelbild von $\underline{A}$ in Bezug auf die reelle Achse dargestellt.
In Polar- und Exponentialform gilt:

$$\begin{aligned}
\underline{A} &= A\left(\cos\alpha + j\sin\alpha\right) = A \cdot e^{j\alpha} \\
\underline{A}^* &= A\left(\cos\alpha - j\sin\alpha\right) = A \cdot e^{-j\alpha} \quad .
\end{aligned} \tag{10.11}$$

10.3.2. Anwendung der komplexen Darstellung in der Wechselstromtechnik

Aus der Betrachtung der Rechenregeln für komplexe Zeiger (siehe Anhang B) ergibt sich die wichtige Schlussfolgerung, dass allen Rechenoperationen mit Sinusgrößen, die in den Gleichungen der Wechselstromkreise auftreten, algebraische Operationen mit den symbolisierenden komplexen Zeigern entsprechen. Somit transformiert die Methode der komplexen Darstellung die **Differential**gleichungen der Wechselstromkreise für Ströme und Spannungen in lineare, **algebraische** Gleichungen 1. Ordnung für die symbolisierenden komplexen Zeiger. Damit kann man alle Methoden der Netzwerkanalyse, die man in der Gleichstromtechnik benutzt und die von linearen algebraischen Gleichungssystemen ausgehen (Maschen- und Knotenanalyse), in die Wechselstromtechnik übernehmen. Die komplexe Behandlung von Wechselstromnetzwerken ist ein **symbolisches** Verfahren, d.h. statt der physikalischen Größen Spannung und Strom

$$u(t) = \sqrt{2}\,U\,\sin(\omega t + \varphi_u) \quad , \quad i(t) = \sqrt{2}\,I\,\sin(\omega t + \varphi_i)$$

benutzt man Symbole, mit denen die bestehenden Aufgaben erheblich leichter zu lösen sind. Zum Schluss kann man die Symbole in die Zeitfunktionen rücktransformieren.

Wie bereits gezeigt, kann man Sinusgrößen symbolisch durch rotierende komplexe Zeiger darstellen:

$$\underline{U}(t) = U\sqrt{2}\,e^{j(\omega t + \varphi_u)} \quad ; \quad \underline{I}(t) = I\sqrt{2}\,e^{j(\omega t + \varphi_i)} \quad .$$

Man hat gemerkt, dass wenn alle in den Gleichungen vorkommenden Sinusgrößen die gleiche Frequenz haben, alle Ströme und Spannungen einen gemeinsamen Faktor: $\sqrt{2}\,e^{j\omega t}$ enthalten, der somit ausgekürzt werden kann. Damit werden alle rotierenden Zeiger formal durch stehende Zeiger beschrieben. Die komplexen Darstellungen der Funktionen $u(t)$ und $i(t)$ werden:

$$\boxed{\underline{U} = U\,e^{j\varphi_u}} \quad ; \quad \boxed{\underline{I} = I\,e^{j\varphi_i}} \quad . \tag{10.12}$$

Die durch die Formeln (10.12) definierte Darstellung von Sinusgrößen durch stehende komplexe Zeiger, deren Beträge die Effektivwerte der Sinusgrößen sind, wird heute allgemein zur rechnerischen Behandlung von Wechselstromaufgaben benutzt.

Die vollständige Bezeichnung der Größen (10.12) ist „komplexer Effektivwert der Spannung" und „komplexer Effektivwert des Stromes". Meistens werden Sie kurz **komplexe Spannung** und **komplexer Strom** genannt.

Bemerkung: In einigen Büchern wird der Faktor $\sqrt{2}$ beibehalten, womit alle komplexen Größen als Betrag die Amplitude der entsprechenden Sinusgrößen haben. Man arbeitet dann mit **komplexen Amplituden**, statt mit komplexen Effektivwerten. Es muss vereinbart werden mit welchen Bezeichnungen man arbeitet: In diesem Buch werden ausschließlich **Effektivwerte** benutzt.

Die Rücktransformation zu den Zeitfunktionen erfolgt nach der Vorschrift:

$$\boxed{u(t) = Im\{\sqrt{2}\,e^{j\omega t}\,\underline{U}\}} \quad ; \quad \boxed{i(t) = Im\{\sqrt{2}\,e^{j\omega t}\,\underline{I}\}} \quad . \tag{10.13}$$

Die symbolische Methode der komplexen Zeigerdarstellung wird folgendermaßen angewendet:

a) Man schreibt die Differentialgleichung der Stromkreise mit den reellen Sinusfunktionen im Zeitbereich.

b) Die reellen Zeitfunktionen werden symbolisch ersetzt durch ruhende komplexe Zeiger, deren Betrag gleich dem Effektivwert ist (nach der Hintransformationsregel (10.12)).

c) Man schreibt die komplexe Darstellung der Differentialgleichungen von Punkt a) und zwar direkt, indem man die Differentiationen durch $j\omega$ und die Integrationen nach der Zeit durch $\frac{1}{j\omega}$ ersetzt.

d) Die resultierenden algebraischen Gleichungen erster Ordnung werden gelöst und die Unbekannten (meistens Ströme) in komplexer Form bestimmt.

e) Mit den Rücktransformationsformeln (10.13) bestimmt man die unbekannten Sinusgrößen.

Bei den praktischen Rechnungen werden meistens die Punkte a) und b) weggelassen und man schreibt die Gleichungen direkt in komplexer Form. Auch Punkt e) ist meistens überflüssig, da die Zeitfunktionen selten gesucht werden.

■ Beispiel 10.2

Als Beispiel für die Anwendung der komplexen Darstellung soll nochmal die Reihenschaltung $R - L - C$, für die im Abschnitt 10.2.3 das Zeigerdiagramm aufgestellt wurde, betrachtet werden.

Die Differentialgleichung wird direkt in die komplexe Form umgeschrieben:

$$u = R\,i + L\,\frac{di}{dt} + \frac{1}{C}\int i\,dt \tag{10.14}$$

$$\underline{U} = R\,\underline{I} + j\omega L\,\underline{I} + \frac{1}{j\omega C}\,\underline{I} \quad . \tag{10.15}$$

Aus: $\underline{U} = (R + j\omega L - \frac{j}{\omega C})\underline{I}$ *ergibt sich der gesuchte Strom:*

$$\underline{I} = \frac{U\,e^{j\varphi_u}}{\sqrt{R^2 + (\omega L - \frac{1}{\omega C})^2}\;e^{j\,\arctan\frac{\omega L - \frac{1}{\omega C}}{R}}} = \frac{U}{\sqrt{R^2 + (\omega L - \frac{1}{\omega C})^2}}\,e^{j(\varphi_u - \varphi)}$$

mit $\tan\varphi = \dfrac{\omega L - \frac{1}{\omega C}}{R}$.

Die Rücktransformation ergibt für den Strom:

$$i(t) = \frac{U\sqrt{2}}{\sqrt{R^2 + (\omega L - \frac{1}{\omega C})^2}}\,\sin(\omega t + \varphi_u - \varphi) \quad .$$

Die analytische Berechnung wird oft vom Zeigerdiagramm begleitet, wobei die graphische Konstruktion die komplexe Gleichung (10.15) in der komplexen Ebene wiedergibt. Dabei bedeutet die Multiplikation mit j eine Drehung im positiven Sinne um $\frac{\pi}{2}$, die mit $(-j)$ im negativen Sinne. Das folgende Bild zeigt das Zeigerdiagramm der Reihenschaltung $R - L - C$.

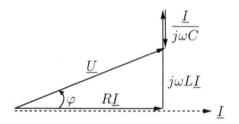

Abbildung 10.9.: Diagramm mit komplexen Zeigern für die *RLC*-
Reihenschaltung ■

10.3.3. Komplexe Impedanzen und Admittanzen

Ein passiver Zweipol, der von der Sinusspannung

$$u = U\sqrt{2}\,\sin(\omega t + \varphi_u) \rightleftharpoons \underline{U} = U\,e^{j\varphi_u}$$

gespeist wird, nimmt den folgenden Strom auf:

$$i = I\sqrt{2}\,\sin(\omega t + \varphi_i) \rightleftharpoons \underline{I} = I\,e^{j\varphi_i}\quad.$$

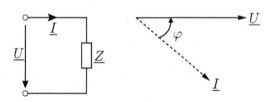

Abbildung 10.10.: Passiver Zweipol und Zeigerdiagramm

Ein Zweipol wird bei Wechselstrom von seinen im Abschnitt 9.9 definierten
Parametern gekennzeichnet: Impedanz, Phasenwinkel, Resistanz, Reaktanz,
Admittanz, Konduktanz und Suszeptanz. Sein energetisches Verhalten wird
von den im Abschnitt 9.10 definierten Leistungen (Wirk-, Blind- und Scheinleistung) beschrieben.

Es soll gezeigt werden, dass man komplexe Operatoren definieren kann (komplexe Impedanz oder komplexer Scheinwiderstand und komplexe Admittanz oder
komplexer Scheinleitwert), wie auch eine komplexe Leistung, die den Wechselstromkreis vollständig bestimmen und aus denen man alle realen Parameter
und Leistungen direkt ableiten kann.

Die **komplexe Impedanz** des Zweipols wird definiert als:

$$\boxed{\underline{Z} = \frac{\underline{U}}{\underline{I}}} = f_z(\omega; R, L, C, \dots)\,. \tag{10.16}$$

Damit folgt:

$$\underline{Z} = \frac{U\,e^{j\varphi_u}}{I\,e^{j\varphi_i}} = \frac{U}{I}\,e^{j(\varphi_u - \varphi_i)} = \frac{U}{I}\cos\varphi + j\frac{U}{I}\sin\varphi \qquad (10.17)$$

und auch, wie für jede komplexe Zahl:

$$\boxed{\underline{Z} = Z\,e^{j\varphi} = R + jX} \qquad (10.18)$$

(hier hat man die Definitionen (9.43) und (9.44) für R und X berücksichtigt.) Das Schaltsymbol einer komplexen Impedanz ist in Abbildung 10.10 dargestellt. $\underline{Z}$ ist eine komplexe Größe, die durch einen stehenden „Zeiger" dargestellt werden kann. Der Winkel φ liegt in der komplexen Ebene von $\underline{Z}$ eindeutig fest; zeichnet man Zeigerdiagramme für Impedanzen, so müssen demzufolge die reelle und imaginäre Achse markiert werden.

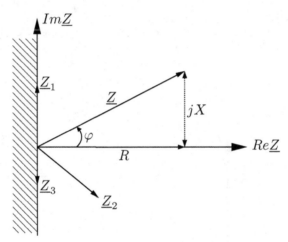

Abbildung 10.11.: Impedanz-Zeigerdiagramm für einen passiven Zweipol

Der Zeiger $\underline{Z}$ befindet sich immer in der rechten Halbebene, da $Re\{\underline{Z}\} = R \geq 0$ ist. In Abbildung 10.11 sind vier $\underline{Z}$-Zeiger abgebildet, die einem induktiven ($\underline{Z}$), rein induktiven ($\underline{Z}_1$), kapazitiven ($\underline{Z}_2$) und rein kapazitiven ($\underline{Z}_3$) Stromkreis entsprechen.

Der Betrag der komplexen Impedanz ist die Impedanz $Z = \frac{U}{I}$ des Kreises, ihr Argument ist gleich der Phasenverschiebung $\varphi = \varphi_u - \varphi_i$, der Realteil ist die Resistanz (oder Wirkwiderstand) und der Imaginärteil die Reaktanz (Blindwiderstand) des Wechselstromkreises:

$$\boxed{Z = |\underline{Z}| \quad ; \quad \varphi = arg\{\underline{Z}\} \quad ; \quad R = Re\{\underline{Z}\} \quad ; \quad X = Im\{\underline{Z}\}} \quad . \quad (10.19)$$

Somit bestimmt $\underline{Z}$ vollständig den Wechselstromkreis, bei einer gegebenen Frequenz. Der Strom $\underline{I}$ kann gleich abgeleitet werden:

$$\underline{I} = \frac{\underline{U}}{\underline{Z}} = \frac{U\,e^{j\varphi_u}}{Z\,e^{j\varphi}} = \frac{U}{Z}\,e^{j(\varphi_u - \varphi)}$$

und die Zeitfunktion ist:

$$i(t) = Im\{\sqrt{2}\,e^{j\omega t}\,\underline{I}\} \quad .$$

Der Operator der **komplexen Admittanz $\underline{Y}$** wird als Kehrwert der Impedanz definiert:

$$\boxed{\underline{Y} = \frac{\underline{I}}{\underline{U}} = \frac{1}{\underline{Z}}} = f_Y(\omega;\,R,L,C,\dots) \qquad (10.20)$$

oder:

$$\underline{Y} = \frac{I\,e^{j\varphi_i}}{U\,e^{j\varphi_u}} = \frac{I}{U}\,e^{-j\varphi} = \frac{I}{U}\,\cos\varphi - j\,\frac{I}{U}\,\sin\varphi \qquad (10.21)$$

$$\boxed{\underline{Y} = Y\,e^{-j\varphi} = G - jB} \quad . \qquad (10.22)$$

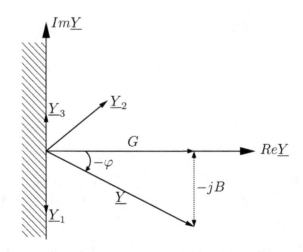

Abbildung 10.12.: Admittanz-Zeigerdiagramm

Der Zeiger $\underline{Y}$ befindet sich ebenfalls in der rechten Halbebene, wegen $G \geq 0$. Der Betrag der komplexen Admittanz ist die Admittanz $Y = \frac{I}{U}$ des Stromkreises, ihr Argument ist die Phasenverschiebung φ mit umgekehrtem Vorzeichen, der Realteil ist die Konduktanz G und ihr Imaginärteil die Suszeptanz B (mit

Minusvorzeichen):

$$Y = |\underline{Y}| \quad ; \quad \varphi = -arg\{\underline{Y}\} \quad ; \quad G = Re\{\underline{Y}\} \quad ; \quad B = -Im\{\underline{Y}\}$$

$$(10.23)$$

Somit kann auch $\underline{Y}$ einen Wechselstromkreis bei gegebener Frequenz vollständig bestimmen.

In die Abbildung 10.12 wurden vier $\underline{Y}$-Zeiger eingezeichnet, die einem induktiven ($\underline{Y}$), rein induktiven ($\underline{Y}_1$), kapazitiven ($\underline{Y}_2$) und einem rein kapazitiven ($\underline{Y}_3$) Wechselstromkreis entsprechen.

Sowohl $\underline{Z}$ als auch $\underline{Y}$ sind also keine zeitabhängigen Größen, wie die Ströme und Spannungen, sondern komplexe Parameter, die den Stromkreis definieren und in Gleichungen wie Operatoren wirken.

10.3.4. Komplexe Leistung

Die Augenblickleistung an einem Zweipol:

$$p = u \cdot i = U I \cos \varphi - U I \cos(2\omega t + \varphi_u + \varphi_i)$$

(9.61) kann *nicht* komplex dargestellt werden, wie dies für Sinusgrößen mit der Transformationsvorschrift (10.12) möglich ist.

Man hat eine andere, komplexe Größe eingeführt, welche ermöglicht, die drei Leistungen: Wirk-, Blind- und Scheinleistung in einem Ausdruck zusammenzufassen.

Man nennt **komplexe Leistung** (oder komplexe Scheinleistung) das Produkt der komplexen Spannung mit dem komplex konjugierten Strom:

$$\underline{S} = \underline{U} \cdot \underline{I}^* \qquad (10.24)$$

Es ist:

$$\underline{S} = U\,e^{j\varphi_u} \cdot I\,e^{-j\varphi_i} = U I\,e^{j(\varphi_u - \varphi_i)} = UI\cos\varphi + jUI\sin\varphi \qquad (10.25)$$

$$\underline{S} = S\,e^{j\varphi} = P + jQ \qquad (10.26)$$

Es ergeben sich die folgenden Beziehungen:

$$S = |\underline{S}| = U I \;;\; \varphi = arg\{\underline{S}\} \;;\; P = UI\cos\varphi = Re\{\underline{S}\} \;;\; Q = UI\sin\varphi = Im\{\underline{S}\}$$

$$(10.27)$$

Für einen passiven Zweipol gilt noch:

$$\underline{S} = \underline{Z} \cdot I^2 = \underline{Y}^* \cdot U^2 = (R + jX)I^2 = (G + jB)U^2 \qquad (10.28)$$

Bemerkung: Würde man versuchen, eine komplexe Größe als Produkt der komplexen Spannung mit dem komplexen Strom (nicht konjugiert):

$$\underline{U} \cdot \underline{I} = U\, e^{j\varphi_u} \cdot I\, e^{j\varphi_i} = UI \cos(\varphi_u + \varphi_i) + j\, UI \sin(\varphi_u + \varphi_i)$$

zu definieren, so hätte eine solche Größe keine physikalische Bedeutung, denn sie hängt (über die Summe der Nullphasenwinkel) von der Wahl des Zeitursprungs ab, der jedoch beliebig sein soll. Dagegen kann man mit der konjugiert komplexen Spannung:

$$\underline{S}^* = \underline{U}^* \cdot \underline{I} = P - jQ$$

genauso gut arbeiten, wie mit $\underline{S}$. Dann würde jedoch die Blindleistung an einer Induktivität negativ, die an einer Kapazität positiv, sein. Das würde nicht der allgemein angenommenen Vereinbarung ($Q > 0$ bei induktiven und $Q < 0$ bei kapazitiven Schaltungen) entsprechen.

Wie jede komplexe Zahl kann auch die komplexe Leistung in einer komplexen Ebene (eine andere, als die der Ströme und Spannungen), als Zeiger dargestellt werden.

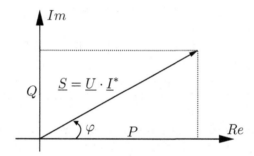

Abbildung 10.13.: Komplexer Leistungszeiger

10.3.5. Die Grundschaltelemente in komplexer Darstellung

Bei Sinusstrom sind im Gegensatz zum Gleichstrom, wo alle passiven Zweipole als Widerstände R betrachtet werden können, die drei passiven Zweipole: Widerstand R, Induktivität L und Kapazität C, zu beachten.

Sie sollen im Folgenden wieder, wie in den Abschnitten 9.2, 9.4, 9.5 und 10.2.2 als idealisierte Zweipole betrachtet werden, die diesmal an einer Sinusspannung mit der komplexen Darstellung $\underline{U} = U\, e^{j\varphi_u}$ liegen. Der Strom $\underline{I}$, die Parameter $\underline{Z}$ und $\underline{Y}$ des Stromkreises und die Leistungen (Wirk-, Blind- und Scheinleistung) in komplexer Darstellung sollen bestimmt werden.

a) Idealer Widerstand R

$$u = R \cdot i \quad \rightleftharpoons \quad \boxed{\underline{U} = R \cdot \underline{I}} \quad . \tag{10.29}$$

Aus (10.29) ergibt sich:

- die komplexe Impedanz:

$$\frac{\underline{U}}{\underline{I}} = \boxed{\underline{Z} = R} \tag{10.30}$$

mit: $Z = R$, $\varphi = 0$, $Re\{\underline{Z}\} = R$, $Im\{\underline{Z}\} = X = 0$,

- die komplexe Admittanz:

$$\frac{\underline{I}}{\underline{U}} = \boxed{\underline{Y} = \frac{1}{R}} \tag{10.31}$$

mit: $Y = \frac{1}{R}$, $Re\{\underline{Y}\} = G = \frac{1}{R}$, $Im\{\underline{Y}\} = B = 0$.

Die komplexe Leistung des idealen Widerstandes ist:

$$\underline{U} \cdot \underline{I}^* = \boxed{\underline{S} = R\,I^2 = \frac{U^2}{R}} \tag{10.32}$$

mit: $P = Re\{\underline{S}\} = R\,I^2 = \frac{U^2}{R} > 0$, $Q = Im\{\underline{S}\} = X\,I^2 = 0$, $\cos\varphi = 1$.

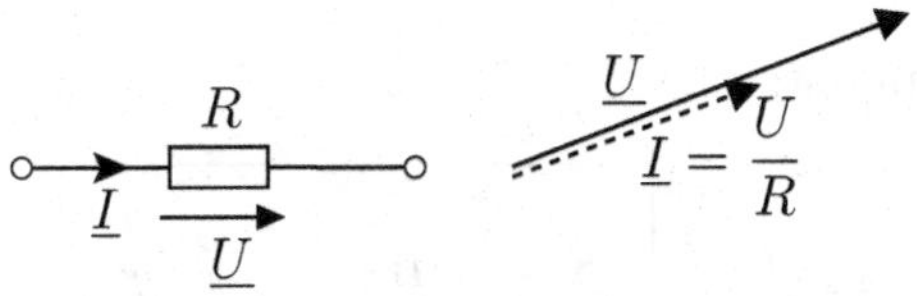

Abbildung 10.14.: Strom und Spannung am Widerstand R (links) und Zeiger-diagramm der komplexen Zeiger (rechts)

Die komplexen Zeiger $\underline{I}$ und $\underline{U}$ haben dieselbe Richtung (Abbildung 10.14), was die Gleichphasigkeit der Zeitfunktionen i und u zum Ausdruck bringt.

b) Ideale Induktivität

Die Spannungsgleichung ist:

$$u = L \frac{di}{dt} \quad \rightleftharpoons \quad \boxed{\underline{U} = j\omega L \cdot \underline{I}} \quad .$$ (10.33)

Die Parameter des Stromkreises sind:

- komplexe Impedanz:

$$\frac{\underline{U}}{\underline{I}} = \boxed{\underline{Z} = j\omega L}$$ (10.34)

    mit: $Z = \omega L$, $\varphi = \frac{\pi}{2}$, $R = 0$, $X = \omega L > 0$,

- komplexe Admittanz:

$$\frac{\underline{I}}{\underline{U}} = \boxed{\underline{Y} = \frac{1}{j\omega L}}$$ (10.35)

    mit: $Y = \frac{1}{\omega L}$, $G = 0$, $B = \frac{1}{\omega L} > 0$.

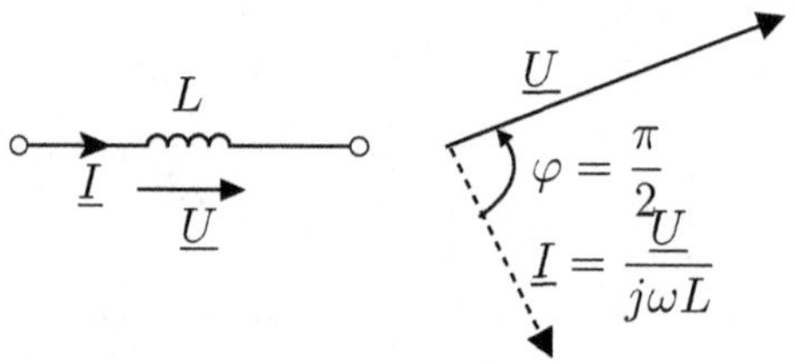

Abbildung 10.15.: Strom und Spannung an einer Induktivität L (links) und Zeigerdiagramm für $\underline{U}$ und $\underline{I}$ (rechts)

Die komplexe Leistung ist:

$$\underline{U} \cdot \underline{I}^* = \boxed{\underline{S} = j\omega L \cdot I^2 = j\frac{U^2}{\omega L}}$$ (10.36)

mit: $P = R\,I^2 = 0$, $Q = X\,I^2 = \omega L\,I^2 = \frac{U^2}{\omega L} > 0$, $\cos\varphi = 0$.

c) Ideale Kapazität

Die Spannungsgleichung ist:

$$u = \frac{1}{C} \int i\,dt \quad \rightleftharpoons \quad \boxed{\underline{U} = \frac{\underline{I}}{j\omega C}} \quad .$$ (10.37)

Daraus folgt:

- komplexe Impedanz:

$$\frac{U}{I} = \boxed{Z = \frac{1}{j\omega C}}$$ (10.38)

mit: $Z = \frac{1}{\omega C}$, $\varphi = -\frac{\pi}{2}$, $R = 0$, $X = -\frac{1}{\omega C}$,

- komplexe Admittanz:

$$\frac{I}{U} = \boxed{Y = j\omega C}$$ (10.39)

mit: $Y = \omega C$, $G = 0$, $B = -\omega C < 0$.

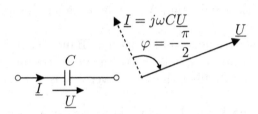

Abbildung 10.16.: Strom und Spannung am Kondensator C (links) und Zeigerdiagramm von $\underline{U}$ und $\underline{I}$ (rechts)

Die Leistungen sind:

$$\underline{U} \cdot \underline{I}^* = \boxed{S = \frac{I^2}{j\omega C} = -j\omega C \cdot U^2}$$ (10.40)

mit: $P = R\,I^2 = 0$, $Q = X\,I^2 = -\frac{I^2}{\omega C} = -\omega C\,U^2 < 0$, $\cos\varphi = 0$.

11. Sinusstromnetzwerke

11.1. Allgemeines, Kirchhoffsche Gleichungen

In diesem Abschnitt werden Netzwerke behandelt, die mit rein *sinusförmigen* Spannungen oder Strömen gespeist werden und sich im *eingeschwungenen* Zustand befinden (Einschalt- und Ausschaltvorgänge werden nicht berücksichtigt).

Die Netzwerke bestehen aus *konzentrierten* Bauelementen, deren räumliche Ausdehnung keine Bedeutung hat. (Eine lange Übertragungsleitung, deren Kapazität und Induktivität über die Länge verteilt ist, muss eine spezielle Behandlung erfahren.)

Außerdem soll hier noch eine Einschränkung vereinbart werden: Zwischen den induktiven Elementen bestehen *keine magnetischen Kopplungen*. Somit weisen alle Spulen eine Selbstinduktivität L auf, mögliche Gegeninduktivitäten M zwischen den Spulen werden dagegen nicht berücksichtigt.

Unter diesen Bedingungen lassen sich Sinusstromnetzwerke mit den von den Gleichstromnetzen bekannten Methoden berechnen, wenn man statt mit den Gleichgrößen I und U und den reellen Größen R und G mit den komplexen Größen $\underline{I}$ und $\underline{U}$ und mit den komplexen Operatoren $\underline{Z}$ und $\underline{Y}$ arbeitet.

Die so genannte komplexe Form des **Ohmschen Gesetzes** lautet, bei sinusförmigen Spannungen und Strömen gleicher Frequenz:

$$\boxed{\underline{U} = \underline{Z} \cdot \underline{I}} \tag{11.1}$$

wobei $\underline{Z}$ ein zeitunabhängiger, komplexer Operator ist.

Auch die von den Gleichstromschaltungen bekannten **Kirchhoffschen Gleichungen** sind für Sinusstromnetzwerke anwendbar. Sie liefern, genau wie bei Gleichstrom, ein Gleichungssystem mit so vielen Gleichungen, wie unbekannte Ströme auftreten.

Die **Knotengleichung** lautet in komplexer Darstellung:

$$\boxed{\sum_{\mu=1}^{n} \underline{I}_\mu = 0} \,. \tag{11.2}$$

Die Summe der komplexen Darstellungen aller n Ströme in einem Knoten ist in jedem Augenblick gleich Null. Der Index μ variiert zwischen 1 und n. Hier müssen die Ströme, wie bei Gleichstrom, mit ihren Vorzeichen eingesetzt werden, d.h. die hineinfließenden Ströme als negativ, die herausfließenden als positiv, oder umgekehrt.

Man darf diese Beziehung *nicht* für die Beträge der komplexen Ströme schreiben:

$$\sum_{\mu=1}^{n} I_\mu \neq 0 \; ,$$

da der Betrag einer Summe nicht gleich der Summe der Beträge ist ! (Die einzige Ausnahme ist ein Stromkreis der nur aus Widerständen besteht.)

Die Knotengleichung darf nur in *(k-1)* Knoten angewendet werden, wenn *k* die Anzahl der Knoten ist (Euler-Theorem).

Die **Maschengleichung** lautet in komplexer Darstellung:

$$\boxed{\sum_{\mu=1}^{n} \underline{U}_\mu = 0} \qquad . \tag{11.3}$$

Die Summe der (vorzeichenbehafteten) komplexen Teilspannungen in einem geschlossenen Umlauf ist gleich Null.

Auch hier darf man *nicht* die Beziehung (11.3) für die Beträge der Teilspannungen schreiben:

$$\sum_{\mu=0}^{n} U_\mu \neq 0.$$

Diesen wesentlichen Unterschied zu den Gleichstromkreisen muss man stets vor Augen behalten: Bei Wechselstrom darf man *nicht* Beträge von Strömen und Spannungen zusammenaddieren, denn es handelt sich um komplexe Größen, die gegeneinander phasenverschoben sind.

Die Maschengleichung darf nur *(z-k+1)mal* angewendet werden (Euler-Theorem).

Zusammen mit den $(k-1)$ Knotengleichungen ergeben sich dadurch z Gleichungen für z unbekannte Zweigströme in komplexer Darstellung.

Für jeden komplexen Strom muss man zwei Größen bestimmen: seine Amplitude und seinen Phasenwinkel, sodass man bei Wechselstrom $2z$ unbekannte Größen hat.

Diese $2z$ Unbekannten ergeben sich aus den z Gleichungen mit komplexen Größen, wenn man berücksichtigt, dass zwei komplexe Zahlen dann gleich sind, wenn sowohl ihre Realteile als **auch** ihre Imaginärteile gleich sind. Jede Gleichung mit komplexen Ausdrücken liefert zwei reelle Gleichungen.

Eine Netzwerkanalyse mit den Kirchhoffschen Gleichungen benötigt so viele unabhängige Gleichungen, wie Zweige im Netzwerk enthalten sind. Dies kann zu einem erheblichen Rechenaufwand führen. Aus diesem Grund wurden andere

Verfahren entwickelt, die zu kleineren Gleichungssystemen führen (Maschen-analyse, Knotenpotentialverfahren), oder den Rechenaufwand auf anderen Wegen reduzieren (Ersatz-Zweipole, Überlagerungssatz). Diese Verfahren wurden im Teil II des Buches ausführlich erläutert und sollen im Folgenden auf Wechselstromkreise übertragen werden.

11.2. Reihen- und Parallelschaltung

11.2.1. Reihenschaltung, Spannungsteiler

Sind n passive Zweipole (ohne induktive Kopplung untereinander oder nach außen) mit den komplexen Impedanzen $\underline{Z}_1$, $\underline{Z}_2$, ... $\underline{Z}_n$ in Reihe geschaltet, so liefert die Kirchhoffsche Maschengleichung:

$$\underline{U}_g = \underline{U}_1 + \underline{U}_2 + \ldots + \underline{U}_n \tag{11.4}$$

wo $\underline{U}_1$, $\underline{U}_2$, ... $\underline{U}_n$ die Teilspannungen an den n Zweipolen sind und $\underline{U}_g$ die Gesamtspannung ist. Man sucht die Gesamtimpedanz $\underline{Z}_g$ der Schaltung.

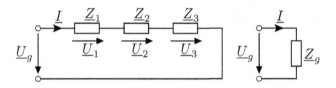

Abbildung 11.1.: Reihenschaltung von drei Impedanzen und die Gesamtimpedanz $\underline{Z}_g$ der Schaltung

Weil die einzelnen Zweipole nicht miteinander gekoppelt und passiv sind, gilt für jeden von ihnen $\underline{U} = \underline{Z} \cdot \underline{I}$, also:

$$\underline{Z}_g \cdot \underline{I} = \underline{Z}_1 \cdot \underline{I} + \underline{Z}_2 \cdot \underline{I} + \ldots + \underline{Z}_n \cdot \underline{I} \quad . \tag{11.5}$$

Der Strom $\underline{I}$ ist entlang eines unverzweigten Stromkreises überall derselbe, so dass man durch $\underline{I}$ dividieren kann:

$$\underline{Z}_g = \underline{Z}_1 + \underline{Z}_2 + \ldots + \underline{Z}_n = \sum_{\mu=1}^{n} \underline{Z}_\mu \quad . \tag{11.6}$$

Durch Trennung der Real- und Imaginärteile ergibt sich weiter:

$$R_g = \sum_{\mu=1}^{n} R_\mu \quad ; \quad X_g = \sum_{\mu=1}^{n} X_\mu \quad . \tag{11.7}$$

Die gesamte komplexe Impedanz $\underline{Z}_g$ (komplexer Scheinwiderstand) einer Reihenschaltung aus passiven, induktiv nicht gekoppelten Zweipolen ist gleich der Summe der einzelnen komplexen Impedanzen, die Gesamtresistanz R_g ist gleich der Summe der Resistanzen (Wirkwiderstände) und die Gesamtreaktanz X_g gleich der Summe der einzelnen Reaktanzen (Blindwiderstände).

Bemerkungen:

- Im Allgemeinen gilt:

$$|\underline{Z}_g| = Z_g \neq \sum_{\mu=1}^{n} Z_\mu$$

  mit der Ausnahme, dass alle in Reihe geschalteten Zweipole phasengleich sind.

- Für die **Gesamtadmittanz** $\underline{Y}_g$ der Reihenschaltung ergibt sich nach (11.6):

$$\boxed{\frac{1}{\underline{Y}_g} = \sum_{\mu=1}^{n} \frac{1}{\underline{Y}_\mu}} \quad . \tag{11.8}$$

- Sind nur zwei Impedanzen in Reihe geschaltet, so gilt:

$$\underline{Z}_g = \underline{Z}_1 + \underline{Z}_2 \quad ; \quad \underline{Y}_g = \frac{\underline{Y}_1 \cdot \underline{Y}_2}{\underline{Y}_1 + \underline{Y}_2} \quad . \tag{11.9}$$

Spannungsteilerregel

In einer Reihenschaltung wird die Gesamtspannung $\underline{U}_g$ in die Teilspannungen $\underline{U}_\mu$ aufgeteilt. Für jede Spannung gilt:

$$\underline{U}_\mu = \underline{Z}_\mu \cdot \underline{I} \quad \text{und} \quad \underline{U}_g = \underline{Z}_g \cdot \underline{I}$$

Da der Strom derselbe ist, ergibt sich:

$$\boxed{\frac{\underline{U}_\mu}{\underline{U}_g} = \frac{\underline{Z}_\mu}{\underline{Z}_g}} = \frac{\underline{Z}_\mu}{\sum_{\mu=1}^{n} \underline{Z}_\mu} \quad . \tag{11.10}$$

Gleichung (11.10) wird *Spannungsteilerregel* für Sinusnetzwerke genannt: Die komplexen Spannungen verhalten sich zueinander wie die Impedanzen, an denen sie abfallen.

Sind nur zwei Impedanzen in Reihe geschaltet (Abbildung 11.2), so gilt:

$$\underline{U}_1 = \frac{\underline{Z}_1}{\underline{Z}_1 + \underline{Z}_2} \underline{U} \quad ; \quad \underline{U}_2 = \frac{\underline{Z}_2}{\underline{Z}_1 + \underline{Z}_2} \underline{U} \quad .$$

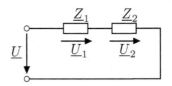

Abbildung 11.2.: Spannungsteiler

Man sieht, dass wenn ein Zweipol induktiv, aber der zweite kapazitiv ist, $|\underline{Z}_1 + \underline{Z}_2| < |\underline{Z}_1|$ sein kann, sodass man Teilspannungen erreichen kann, die größer als die Gesamtspannung sind.

■ **Beispiel 11.1**

Eine Messmethode zur Bestimmung der Induktivität L und des Wirkwiderstandes R einer Spule besteht darin, die Effektivwerte des Stromes I durch die Spule und der Spannung U an der Spule bei zwei unterschiedlichen Frequenzen zu messen:

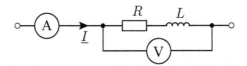

Die Messungen mit $f_1 = 50\,Hz$ und $f_2 = 100\,Hz$ ergeben:

$U_1 \quad = \quad 60\,V \quad , \quad I_1 \quad = \quad 10\,A$

$U_2 \quad = \quad 60\,V \quad , \quad I_2 \quad = \quad 6\,A$

Wie groß sind L und R ?

Lösung:

Man kann zweimal schreiben:

$$\frac{U_1}{I_1} = \sqrt{R^2 + \omega_1^2 L^2} \quad ; \quad \frac{U_2}{I_2} = \sqrt{R^2 + \omega_2^2 L^2}$$

mit $\omega_1 = 2\pi f_1$, $\omega_2 = 2\pi f_2$. Daraus folgt:

$$R^2 + (2\pi f_1)^2 L^2 = 36\,\Omega^2 \quad ; \quad R^2 + (2\pi f_2)^2 L^2 = 100\,\Omega^2 \quad .$$

Durch Subtraktion ergibt sich:

$$L^2 \cdot 4\pi^2 (f_2^2 - f_1^2) = 64\,\Omega^2 \quad \Rightarrow \quad L = 14,7\,mH\,.$$

Der Widerstand R ergibt sich aus einer der zwei Gleichungen als: $R = 3,83\,\Omega$. Bemerkung: Eine Messung mit Gleichstrom würde direkt R liefern, sodass anschließend eine einzige Wechselstrommessung ausreicht.

■

■ **Beispiel 11.2**

Eine Reihenschaltung weist folgende komplexe Impedanz auf:

$$\underline{Z} = \left(\frac{5}{4+3j} + j2 \right) \Omega$$

bei einer angelegten Spannung $U = 100\,V$.

1. Geben Sie das entsprechende Ersatzschaltbild für die Frequenz $f = 100\,Hz$ an.

2. Berechnen Sie den komplexen Strom $\underline{I}$ durch die Schaltung.

3. Ermitteln Sie den komplexen Widerstand $\underline{Z}_1$, der in Reihe mit den vorherigen Elementen geschaltet, bewirkt, dass der Strom phasengleich mit der Eingangsspannung wird.

Lösung:

1. Der Realteil wird R, der Imaginärteil X sein.

$$\underline{Z} = \frac{5 + j2(4+3j)}{4+3j}\,\Omega = \frac{-1+8j}{4+3j}\,\Omega = (0,8+1,4j)\,\Omega \quad .$$

Das Ersatzschaltbild ist:

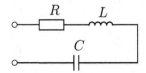

$$1,4\,\Omega = \omega L = 2\pi \cdot 100\,\frac{1}{s} \cdot L \;\Rightarrow\; L = \frac{1,4}{200\,\pi}H = 2,23\,mH \;\; ; \;\; R = 0,8\,\Omega$$

2.

$$\underline{I} = \frac{U}{\underline{Z}} = \frac{100\,V}{1,61\,e^{j60°}} = \underline{I} = 62\,A\,e^{-j60°} \quad .$$

3. Um den Strom phasengleich mit der Spannung zu machen, muss eine kapazitive Impedanz $\underline{Z}_1$ in Reihe geschaltet werden:

$$\underline{Z}_1 = -1,4j\,\Omega = 1,4\,\Omega\,e^{-j90°}$$

$$\frac{1}{\omega C} = 1,4\,\Omega \;\Rightarrow\; C = \frac{1}{2\,\pi \cdot 100\,1/s \cdot 1,4\,\Omega} = C = 1,136\,mF \quad .$$

Bemerkung: $\underline{Z}_1$ *kann auch einen beliebigen Widerstand* R_1 *enthalten:*

$$\underline{Z}_1 = (R_1 - j1,4)\,\Omega\,.$$

■

■ Aufgabe 11.1

Die folgende Schaltung besteht aus zwei identischen Spulen (R, L) *und einem Kondensator* C, *in Reihe geschaltet. In der Schaltung wurden gemessen:*

$$I = 8\,A \quad , \quad U = 110\,V \quad , \quad P = 530\,W \quad .$$

Die Reaktanz des Kondensators ist gleich der Reaktanz einer Spule (in Betrag).

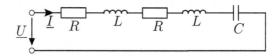

Berechnen Sie:

1. *Die komplexe Impedanz* $\underline{Z}_L$ *einer Spule*

2. *Die Impedanz* $\underline{Z}_C$ *des Kondensators*

3. *Die komplexe Scheinleistung* $\underline{S}$.

■

■ Beispiel 11.3

Zwei in Reihe geschaltete Lampen (sie können als reine Widerstände betrachtet werden) wurden für jeweils eine Spannung $U_{La} = 29\,V$ *und eine Leistung* $P = 290\,W$ *ausgelegt. Sie werden von einer Spannungsquelle mit* $U = 110\,V$ *und* $f = 50\,Hz$ *gespeist. Um die Spannung an den Lampen auf* $29\,V$ *zu begrenzen, wird in Reihe mit ihnen eine Spule mit den Parametern* R, L *geschaltet.*

1. *Wie groß sind* R *und* L, *wenn der Leistungsfaktor* $\cos\varphi$ *der gesamten Schaltung nicht kleiner als* $0,8$ *sein soll?*

2. *Berechnen Sie in diesem Fall den Wirkungsgrad der Anordnung.*

3. *Wie verändert sich der Wirkungsgrad, wenn statt der Zusatzspule ein reiner Widerstand* R' *geschaltet wird ?*

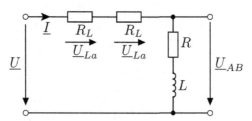

Hinweis: Benutzen Sie das Zeigerdiagramm der Spannungen.

Lösung:

1. Aus den Daten der zwei Lampen ergibt sich:

$$P = U_{La} \cdot I \;\Rightarrow\; I = \frac{P}{U_{La}} = \frac{290\,W}{29\,V} = 10\,A$$

und: $U_{La} = R_L \cdot I \;\Rightarrow\; R_L = \dfrac{U_{La}}{I} = 2,9\,\Omega$.

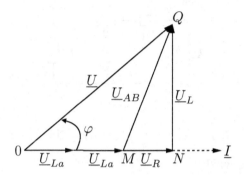

Für R und L braucht man zwei Gleichungen, die sich aus dem Zeigerdiagramm ergeben. Die komplexe Impedanz $\underline{Z}$ der Schaltung (Dreieck ONQ) ist:

$$\underline{Z} = 2R_L + R + j\omega L \quad;\quad Z = \frac{U}{I} = \frac{110\,V}{10\,A} = 11\,\Omega$$

$$\sqrt{(2R_L + R)^2 + \omega^2 L^2} = 11\,\Omega\,.$$

Die erste Beziehung in R, L ist:

$$(5,8 + R)^2 + 100^2 \pi^2 L^2 = 121\,.$$

Da diese Gleichung in R und L quadratisch ist, sucht man in dem Zeigerdiagramm nach einfacheren Beziehungen zur Bestimmung der Unbekannten R, L. In der Tat, ergibt das Bild:

$$U \cdot \cos\varphi = 2U_{La} + U_R \;\Longrightarrow\; U_R = 110\,V \cdot 0,8 - 2 \cdot 29\,V = 30\,V$$

und gleich:

$$R = \frac{U_R}{I} = \frac{30\,V}{10\,A} = 3\,\Omega\,.$$

Ebenfalls aus dem Zeigerdiagramm liest man ab:

$$U \cdot \sin\varphi = U_L = \omega L I$$

$$110\,V \cdot 0,6 = 66\,V = \omega L I$$

$$L = \frac{66\,V}{2\pi \cdot 50s^{-1} \cdot 10\,A}$$

$$L = 21\,mH\,.$$

2. *Der Wirkungsgrad ist:*

$$\eta = \frac{2\,P_L}{2\,P_L + P_R} = \frac{2 \cdot 290\,W}{580\,W + 3\,\Omega \cdot 10^2\,A^2} = \frac{580\,W}{880\,W} = 0,66\,.$$

3. *Das neue Ersatzschaltbild ist:*

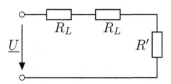

$$U = (2\,R_L + R')I \;\Rightarrow\; R' = \frac{U}{I} - 2\,R_L = 11\,\Omega - 5,8\,\Omega = 5,2\,\Omega\,.$$

Die Gesamtleistung wird:

$$P_g = 2\,P_L + P_{R'} = 580\,W + 520\,W = 1100\,W$$

und der Wirkungsgrad:

$$\eta' = \frac{580\,W}{1100\,W} = 0,527\,.$$

Die Lösung mit der Spule ist der Lösung mit dem Widerstand zu bevorzugen.
Allerdings wäre bei der Schaltung ohne Spule $\cos\varphi = 1$.   ∎

11.2.2. Parallelschaltung, Stromteiler

Sind n passive Zweipole (ohne induktive Kopplung) mit den komplexen Admittanzen $\underline{Y}_1 = \dfrac{1}{\underline{Z}_1}$, $\underline{Y}_2 = \dfrac{1}{\underline{Z}_2}$, ... , $\underline{Y}_n = \dfrac{1}{\underline{Z}_n}$ jetzt parallel geschaltet, so ergibt die 1. Kirchhoffsche Gleichung (der Knotensatz) die folgende Gleichung für die Ströme:

$$\underline{I}_g = \underline{I}_1 + \underline{I}_2 + \ldots + \underline{I}_n \qquad\qquad (11.11)$$

wo $\underline{I}_g$ der Gesamtstrom ist. Man sucht die gesamte Admittanz $\underline{Y}_g$ der Schaltung.
Sind die Zweipole passiv und besteht zwischen ihnen keine induktive Kopplung, so gilt für jeden einzelnen $\underline{I} = \underline{Y} \cdot \underline{U}$ und somit:

$$\underline{U} \cdot \underline{Y}_g = \underline{U} \cdot \underline{Y}_1 + \underline{U} \cdot \underline{Y}_2 + \underline{U} \cdot \underline{Y}_3 + \ldots \qquad\qquad (11.12)$$

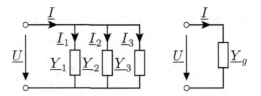

Abbildung 11.3.: Parallelschaltung von drei Admittanzen und die Gesamtadmittanz $\underline{Y}_g$ der Schaltung

da die Spannung $\underline{U}$ an allen Zweipolen dieselbe ist. Man kann durch $\underline{U}$ dividieren:

$$\underline{Y}_g = \underline{Y}_1 + \underline{Y}_2 + \ldots + \underline{Y}_n = \sum_{\mu=1}^{n} \underline{Y}_\mu \qquad . \tag{11.13}$$

Durch Trennung der Real- und Imaginärteile ergeben sich zwei weitere Beziehungen:

$$G_g = \sum_{\mu=1}^{n} G_\mu \quad ; \quad B_g = \sum_{\mu=1}^{n} B_\mu \qquad . \tag{11.14}$$

Bei parallel geschalteten passiven Zweipolen ohne induktive Kopplungen untereinander oder nach außen ergibt sich die gesamte komplexe Admittanz $\underline{Y}_g$
(komplexer Scheinleitwert) als Summe der komplexen Admittanzen der einzelnen Zweipole, die Gesamtkonduktanz G_g als Summe der Konduktanzen (Wirk-
leitwerte) und die Gesamtsuszeptanz B_g als Summe der einzelnen Suszeptanzen
(Blindleitwerte) der Zweipole.

Bemerkungen:

- Allgemein gilt: $|\underline{Y}_g| = Y_g \neq \sum_{\mu=1}^{n} Y_\mu$

  d.h.: Der Betrag der Gesamtadmittanz ist *nicht* gleich der Summe der
  Beträge der einzelnen Admittanzen (mit der Ausnahme, dass alle parallel
  geschalteten Zweipole phasengleich sind).

- Für die gesamte Impedanz parallel geschalteter Zweipole ergibt sich aus
  (11.13) und mit $\underline{Z} = \frac{1}{\underline{Y}}$:

$$\frac{1}{\underline{Z}_g} = \sum_{\mu=1}^{n} \frac{1}{\underline{Z}_\mu} \qquad . \tag{11.15}$$

- Für nur zwei parallel geschaltete Zweige ergibt sich:

$$\underline{Y}_g = \underline{Y}_1 + \underline{Y}_2 \quad ; \quad \boxed{\underline{Z}_g = \frac{\underline{Z}_1 \cdot \underline{Z}_2}{\underline{Z}_1 + \underline{Z}_2}} \quad . \tag{11.16}$$

Die letzte Formel wird sehr oft angewendet.

Stromteilerregel

Bei einer Parallelschaltung zweigt sich der Gesamtstrom $\underline{I}$ in die Teilströme $\underline{I}_\mu$ (siehe Abbildung 11.3) auf. Es soll bestimmt werden, wieviel von dem Gesamtstrom durch jede Teiladmittanz fließt.
Für jeden Strom gilt:

$$\underline{I}_\mu = \underline{Y}_\mu \cdot \underline{U} \quad \text{und} \quad \underline{I} = \underline{Y}_g \cdot \underline{U}$$

und da die Spannung dieselbe ist ergibt sich:

$$\boxed{\frac{\underline{I}_\mu}{\underline{I}} = \frac{\underline{Y}_\mu}{\underline{Y}_g}} = \frac{\underline{Y}_\mu}{\sum\limits_{\mu=1}^{n} \underline{Y}_\mu} \quad . \tag{11.17}$$

Die *Stromteilerregel* für Sinusstromnetzwerke besagt, dass die komplexen Ströme sich so zueinander verhalten, wie die Admittanzen, die von ihnen durchflossen werden. Wie bei Gleichstrom ist auch hier der Fall besonders interessant, wenn nur zwei Impedanzen $\underline{Z}_1$ und $\underline{Z}_2$ parallel geschaltet sind (Abbildung 11.4).

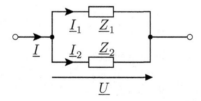

Abbildung 11.4.: Stromteiler

In diesem Falle ergeben sich für die zwei Teilströme die folgenden oft angewendeten Formeln:

$$\underline{I}_1 = \frac{\underline{Y}_1}{\underline{Y}_1 + \underline{Y}_2}\underline{I} = \frac{\underline{Z}_2}{\underline{Z}_1 + \underline{Z}_2}\underline{I}$$

$$\underline{I}_2 = \frac{\underline{Y}_2}{\underline{Y}_1 + \underline{Y}_2}\underline{I} = \frac{\underline{Z}_1}{\underline{Z}_1 + \underline{Z}_2}\underline{I} \quad .$$

Jeder Teilstrom ist also der Impedanz des gegenüberliegenden Zweiges (nicht der eigenen Impedanz) proportional.

■ Beispiel 11.4

Eine Reihenschaltung aus einem Widerstand R_r und einer (idealen) Induktivität L_r wird von einer Wechselspannung mit dem Effektivwert U und der Frequenz f gespeist (Bild links).
Es gilt: $R_r = 10\,\Omega$, $L_r = 100\,mH$, $f = 50\,Hz$.

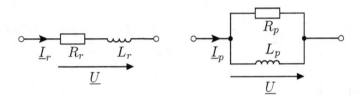

Eine Parallelschaltung aus einem Widerstand R_p und einer Induktivität L_p (Bild rechts) soll bei derselben Spannung $\underline{U}$ denselben Strom $\underline{I}$ (Größe und Phasenverschiebung) wie die Reihenschaltung R_r, L_r verbrauchen.
Berechnen Sie R_p und L_p.

Lösung:

Die Gleichheit der Ströme: $\underline{I}_r = \underline{I}_p$ bedeutet:

$$\frac{U}{\underline{Z}_r} = \frac{U}{\underline{Z}_p} \;\Rightarrow\; \underline{Z}_r = \underline{Z}_p \quad (oder: \; \underline{Y}_r = \underline{Y}_p).$$

$$R_r + j\omega L_r = \frac{R_p \cdot j\omega L_p}{R_p + j\omega L_p} = \frac{R_p \cdot j\omega L_p(R_p - j\omega L_p)}{R_p^2 + \omega^2 L_p^2} \quad .$$

Es scheint günstiger mit den Admittanzen zu arbeiten, weil dann die Unbekannten R_p und L_p getrennt erscheinen. (Bevor man komplizierte Berechnungen mit komplexen Zahlen durchführt, sollte man nach einem einfacheren Weg Ausschau halten. Hier gibt es ihn).

$$\frac{1}{R_r + j\omega L_r} = \frac{1}{R_p} + \frac{1}{j\omega L_p}$$

$$\frac{R_r - j\omega L_r}{R_r^2 + \omega^2 L_r^2} = \frac{1}{R_p} - j\frac{1}{\omega L_p} \quad .$$

Realteile gleich:

$$\frac{1}{R_p} = \frac{R_r}{R_r^2 + \omega^2 L_r^2} \;\Rightarrow\; R_p = \frac{R_r^2 + \omega^2 L_r^2}{R_r} \quad .$$

Mit Zahlen:

$$R_p = \frac{(10\,\Omega)^2 + (2\pi \cdot 50 \cdot 0,1)^2\Omega^2}{10\,\Omega} = 10\,\Omega + 10\pi^2\,\Omega = 108,7\,\Omega\,.$$

Imaginärteile gleich:

$$\frac{\omega L_r}{R_r^2 + \omega^2 L_r^2} = \frac{1}{\omega L_p} \quad \Rightarrow \quad L_p = \frac{R_r^2 + \omega^2 L_r^2}{\omega^2 L_r} = L_r + \frac{R_r^2}{\omega^2 L_r}\,.$$

Mit Zahlen:

$$L_p = 0,1\,H + \frac{100\,\Omega}{(2\pi\,50)^2\frac{1}{s^2} \cdot 0,1\,H} = 0,1\,H + \frac{1}{10\pi^2}H = 0,11\,H\,.$$

■

■ Beispiel 11.5

Ein Verbraucher, der aus der Reihenschaltung eines Widerstandes mit einem Kondensator besteht, weist einen $\cos\varphi = 0,85$ *auf.*
Wie groß wird $\cos\varphi'$, *wenn R und C parallel geschaltet werden ?*

$$\cos\varphi = 0,85 \qquad\qquad \cos\varphi' = ?$$

Lösung:

Aus dem bekannten $\cos\varphi$ *kann man den Winkel* φ *ermitteln und weiter, über die Impedanz* $\underline{Z}$:

$$\varphi = \arctan\frac{X}{R}\quad;\quad \underline{Z} = R - \frac{j}{\omega C}\quad;\quad \tan\varphi = -\frac{1}{\omega CR}\quad\Rightarrow\quad \omega CR = 1,613\,.$$

Im 2. Fall wird:

$$\underline{Z}' = \frac{R\dfrac{1}{j\omega C}}{R + \dfrac{1}{j\omega C}} = \frac{R}{j\omega RC + 1} = \frac{R(1 - j\omega RC)}{1 + \omega^2 R^2 C^2}\quad;\quad \tan\varphi' = -\omega CR\,,$$

wo $\tan\varphi'$ *als Verhältnis des Imaginär- und des Realteils von* $\underline{Z}'$ *bestimmt wurde. Somit wird:*

$$\tan\varphi' = -1,613 \quad\Rightarrow\quad \cos\varphi' = 0,527\,.$$

■

11.2.3. Kombinierte Schaltungen

Da für Sinusstromnetzwerke mit konzentrierten Bauelementen, ohne magnetische Kopplung, die Kirchhoffschen Gleichungen in ähnlicher Form wie für Gleichstromnetzwerke gelten, sind auch für die Berechnung von Strömen und Spannungen sowie von Gesamtwiderständen und -leitwerten die gleichen Regeln anzuwenden.

Um alle aus der Gleichstromtechnik bekannten Berechnungsverfahren übernehmen zu können, müssen lediglich die im folgenden aufgeführten Gleichstromgrößen durch die entsprechenden komplexen Größen ersetzt werden:

Gleichstrom		Sinusstrom	
Gleichspannung	U	komplexe Spannung	$\underline{U}$
Gleichstrom	I	komplexer Strom	$\underline{I}$
Gleichstromwiderstand	R	komplexe Impedanz	$\underline{Z}$
Gleichstromleitwert	G	komplexe Admittanz	$\underline{Y}$

Diese formale Analogie kann, wie man leicht sieht, *nicht* ohne weiteres auf die *Leistung* ausgedehnt werden: Der Ausdruck $P = U \cdot I$ für die Gleichstromleistung führt bei einem Austausch der Größen nach der obigen Tabelle nicht auf die komplexe Leistung $\underline{S}$, die ja $\underline{S} = \underline{U} \cdot \underline{I}^*$ ist.

Beschränkt man sich jedoch auf die Berechnung von Strömen und Spannungen, so kann man alle von der Gleichstromtechnik bekannten Rechenverfahren auf die Sinusstromnetzwerke übertragen.

Wie von den Gleichstromnetzwerken bekannt, behalten auch für Sinusstromnetzwerken die für Reihen- und Parallelschaltungen hergeleiteten Regeln ihre Gültigkeit, wenn die beteiligten Zweipole ihrerseits wieder aus Reihen- bzw. Parallelschaltungen bestehen.

Die folgenden Beispiele zeigen, wie man kombinierte Wechselstromschaltungen rechnerisch behandelt.

■ **Beispiel 11.6**

Dimensionierung eines Leuchtkörpers für die Bahnfrequenz $16\frac{2}{3}Hz$.

Eine einzelne Glühlampe gibt ein stark flimmerndes Licht, wenn sie an das Netz der Bundesbahn ($220V$, $16\frac{2}{3}Hz$) angeschlossen wird. Der Grund dafür ist, dass die von der Lampe aufgenommene Wirkleistung p (siehe folgende Abbildung), die mit doppelter Frequenz pulsiert, 33 mal pro Sekunde durch Null geht. Die Wärmekapazität des Glühfadens ist relativ gering, so dass die Helligkeit der Lampe der von ihr aufgenommenen Wirkleistung p sehr angenähert folgt. Das Auge nimmt die Änderungen der Helligkeit wahr, das Licht flimmert. (Aus diesem Grund wurde die industrielle Frequenz $50Hz$ festgelegt, da 100 Änderun-

gen pro Sekunde vom Auge nicht mehr wahrgenommen werden). Eine Lösung gegen diesen unangenehmen Effekt besteht darin, zwei gleiche Glühlampen in einem Leuchtkörper dicht nebeneinander unterzubringen und diese so zu schalten, dass in jedem Augenblick die Helligkeit des Körpers praktisch dieselbe ist, d.h.: die gesamte aufgenommene Wirkleistung bleibt konstant.

Abgesehen davon, dass es auch andere technische Lösungen für das Problem gibt, soll hier die Schaltung mit zwei Lampen dimensioniert werden. Zur optimalen Auslegung der Leuchteinheit stellen sich die Fragen:

- a) *Wie müssen die beiden Lampen prinzipiell geschaltet werden?*
- b) *Wenn die gesamte Wirkleistung der Lichteinheit 100W betragen soll und die Betriebsspannung der Lampen frei wählbar ist, wie groß soll diese Spannung sein und welche Schaltelemente werden benötigt?*

Lösung

- a) *Damit die gesamte aufgenommene Wirkleistung p zeitlich konstant bleibt, müssen die von den beiden gleichen Lampen aufgenommenen Leistungen p_1 und p_2 phasenverschoben sein (siehe folgende Abbildung):*

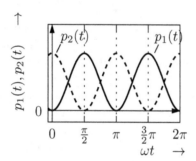 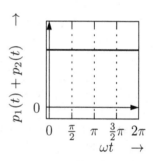

Um eine konstante Gesamtwirkleistung zu erzeugen, müssen die Spannungen an den beiden Lampen gleichgroß und um 90° gegeneinander verschoben sein.

In der Tat sind dann die beiden Leistungen, da die Lampen näherungsweise als Widerstände betrachtet werden können, gleich:

$$p_1 = u_1 \cdot i_1 = U\sqrt{2}\sin\omega t \cdot I\sqrt{2}\sin\omega t = 2UI\sin^2\omega t$$

$$p_2 = u_2 \cdot i_2 = U\sqrt{2}\cos\omega t \cdot I\sqrt{2}\cos\omega t = 2UI\cos^2\omega t$$

und folglich:

$$p = p_1 + p_2 = 2UI = const.$$

- b) *Die beiden Lampenspannungen $\underline{U}_1$ und $\underline{U}_2$ sollen sinnvollerweise symmetrisch gegenüber der Versorgungsspannung verlaufen, also eine um 45° voreilend, die andere um 45° nacheilend. Diese Forderung wird mit der folgenden Schaltung realisiert.*

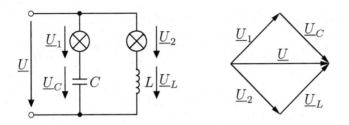

Das Zeigerdiagramm der Spannungen ergibt die Verhältnisse:

$$U_1 = U_2 = U_C = U_L = \frac{U}{\sqrt{2}}$$

wo $U = 220V$ die Versorgungsspannung ist. Es stellt sich die Frage, ob diese Betriebsspannung für die Lampen die optimale ist. Denkbar wäre auch eine kleinere Spannung (siehe nächstes Bild), doch dann müsste in Reihe mit den Lampen noch jeweils ein Widerstand geschaltet werden (U_C, bzw. U_L müssen gleich $\frac{U}{\sqrt{2}}$ sein).

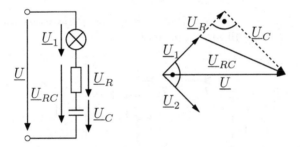

Diese zusätzlichen Widerstände würden ständig Leistung in Wärme umsetzen, ohne zur Beleuchtung beizutragen. Die Betriebsspannung der Lampen soll also im optimalen Fall:

$$U_1 = U_2 = \frac{U}{\sqrt{2}} = \frac{220\,V}{\sqrt{2}} = 155\,V$$

sein. Da die Lampen jeweils $P = 50\,W$ aufnehmen sollen, ist ihr Widerstand:

$$R_L = \frac{U_1^2}{P} = 480\,\Omega$$

und die benötigten Schaltelemente X_C und X_L müssen gleich groß sein. Daraus ergibt sich für die Kapazität C:

$$|X_C| = \frac{1}{\omega C} = 480\,\Omega \quad \Rightarrow \quad C = \frac{1 \cdot s}{480\,\Omega \cdot 2\pi \cdot 16\frac{2}{3}} = 19,9\,\mu F$$

und für die Induktivität L:

$$X_L = \omega L = 480\,\Omega \quad \Rightarrow \quad L = \frac{480\,\Omega \cdot s}{2\pi \cdot 16\frac{2}{3}} = 4,35\,H.$$

■

■ **Beispiel 11.7**

In der folgenden gemischten Schaltung sind bekannt:

$$R = 3\,\Omega \quad, \quad \omega L = 2\,\Omega \quad, \quad \frac{1}{\omega C} = 6\,\Omega \quad, \quad U = 120\,V \quad.$$

Es sollen berechnet werden:

1. Die komplexe Gesamtimpedanz der Schaltung an den Klemmen $A - B$.
2. Der komplexe Strom $\underline{I}$, wenn der Nullphasenwinkel der angelegten Spannung $\varphi_u = 0°$ ist und die Zeitfunktion $i(t)$.
3. Die zwei Ströme $\underline{I}_1$ und $\underline{I}_2$ in den parallel geschalteten Zweipolen. (Überprüfung mit der Knotengleichung).
4. Wie verändert sich die komplexe Gesamtimpedanz, wenn die Frequenz der angelegten Spannung verdoppelt wird ?

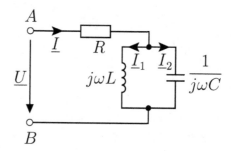

Lösung:

1. Die komplexen Impedanzen der Parallelschaltung sind:

$$\underline{Z}_1 = j\omega L = 2j\,\Omega \; ; \; \underline{Z}_2 = \frac{1}{j\omega C} = -6j\,\Omega \; ; \; \underline{Z}_p = \frac{\underline{Z}_1 \cdot \underline{Z}_2}{\underline{Z}_1 + \underline{Z}_2}$$

$$\underline{Z}_p = \frac{-2j \cdot 6j}{2j - 6j}\,\Omega = \frac{12}{-4j}\,\Omega = 3j\,\Omega \quad.$$

Die Gesamtimpedanz resultiert als:

$$\underline{Z}_{AB} = R + \underline{Z}_p = 3\,\Omega + 3j\,\Omega = 3\sqrt{2}\,e^{j45°}\,\Omega$$

$$Z_{AB} = 3\sqrt{2}\,\Omega \; ; \; \varphi = 45° > 0 \quad.$$

Die Schaltung verhält sich induktiv.

2. Der Strom ist:
$$\underline{I} = \frac{\underline{U}}{\underline{Z}_{AB}} = \frac{120\,V\,e^{j0^o}}{3\sqrt{2}\,\Omega\,e^{j45^o}} = 20\sqrt{2}\,A\,e^{-j45^o}$$
$$i(t) = 20\sqrt{2} \cdot \sqrt{2}\,A\,\sin(\omega t - 45^o) = 40\,A\,\sin(\omega t - 45^0) \quad.$$

3. Mit der Stromteilerregel:
$$\underline{I}_1 = \underline{I}\,\frac{\frac{1}{j\omega C}}{j\omega L + \frac{1}{j\omega C}} = \underline{I}\,\frac{-6j}{2j - 6j} = \underline{I}\,\frac{3}{2} = 60\frac{1}{\sqrt{2}}\,e^{-j45^o}\,A$$
$$\underline{I}_2 = \underline{I}\,\frac{j\omega L}{j\omega L + \frac{1}{j\omega C}} = \underline{I}\,\frac{2j}{-4j} = -\underline{I}\,\frac{1}{2} = -10\sqrt{2}\,e^{-j45^o}\,A$$
$$i_1(t) = 60\,A\,\sin(\omega t - 45^o) \quad;\quad i_2(t) = 20\,A\,\sin(\omega t + 135^o) \quad.$$
Die Summe ergibt: $\underline{I}_1 + \underline{I}_2 = \underline{I}$.

4. Bei $\omega' = 2\omega$ wird:
$$\underline{Z}_1 = 4j\,\Omega\;;\; \underline{Z}_2 = -3j\,\Omega\;;\; \underline{Z}_p = \frac{-4j \cdot 3j}{4j - 3j}\,\Omega = -12j\,\Omega$$
$$\underline{Z}'_{AB} = 3\,\Omega - 12j\,\Omega = 12,37\,\Omega\,e^{-j76^o}$$
$$Z'_{AB} = 12,37\,\Omega\;;\; \varphi' = -76^o < 0 \quad.$$
Die Schaltung verhält sich bei 2ω kapazitiv.

■

■ Aufgabe 11.2
Die folgende Schaltung ist gespeist mit der Spannung:
$$u = \sqrt{2} \cdot 100\,V\,\sin(\omega t + 225^o) \quad,\quad f = 50\,Hz \quad.$$

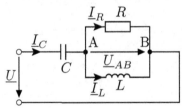

Bekannt sind: $R = 10\,\Omega$; $L = \dfrac{0,1}{\pi}\,H$; $C = \dfrac{1}{\pi}\,mF$.

Berechnen Sie:

1. Die komplexe Gesamtimpedanz $\underline{Z}_g$, R_g und X_g.
2. Die komplexe Gesamtadmittanz $\underline{Y}_g$, G_g und B_g.
3. Die Zeitfunktionen der Ströme i_C, i_R, i_L und der Spannung u_{AB}.
4. Stellen Sie die Leistungsbilanz auf.
5. Skizzieren Sie die Zeigerdiagramme der Spannungen und Ströme mit $\underline{I}_R$ in der horizontalen Achse.

■

11.3. Netzumwandlung bei Wechselstrom

11.3.1. Bedingung für Umwandlungen

Bei einer Netzumwandlung ersetzt man einen Teil einer Schaltung durch einen anderen, von einfacherer Struktur, wobei durch die Umwandlung die Verteilung der Ströme und Spannungen in der restlichen Schaltung unverändert bleiben muss.

Der Sinn der Umwandlung ist die sukzessive Vereinfachung der Schaltung, die dazu führen soll, dass man zur Bestimmung von Strömen und Spannungen nicht mehr große Gleichungssysteme mit vielen Unbekannten lösen muss, wie das bei der Anwendung der Kirchhoffschen Gleichungen der Fall ist.

In den vorherigen Abschnitten wurden bereits Netzumwandlungen durchgeführt, indem man in Reihe und parallel geschaltete Zweipole durch einen äquivalenten Zweipol ersetzt hat.

In manchen Schaltungen kann man jedoch die Impedanzen nicht mehr in Reihe oder parallel schalten, wie das Beispiel der unabgeglichenen Wechselstrombrücke in Abbildung 11.5 zeigt.

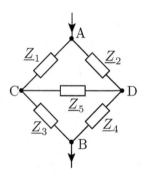

Abbildung 11.5.: Unabgeglichene Wechselstrombrücke

In der Tat, kann man jetzt die Gesamtimpedanz $\underline{Z}_{AB}$ nicht mehr direkt schreiben, wie man bei der „abgeglichenen" Brücke (ohne $\underline{Z}_5$) konnte.

In solchen Fällen kann man Umwandlungen von Dreiecken in Sterne (oder von Sternen in Dreiecke) vornehmen, wie von den Gleichstromschaltungen bekannt ist. Die Bedingung für die Umwandlung ist:

„Bei gleichen angelegten Klemmenspannungen müssen die aufgenommenen Ströme gleich bleiben".

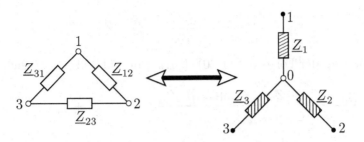

Abbildung 11.6.: Umwandlung Dreieck-Stern

11.3.2. Die Umwandlung Dreieck-Stern

Jedem Impedanz-Dreieck mit den Impedanzen $\underline{Z}_{12}$, $\underline{Z}_{23}$ und $\underline{Z}_{31}$ entspricht ein äquivalenter Impedanz-Stern mit den drei Impedanzen:

$$\boxed{\underline{Z}_1 = \frac{\underline{Z}_{12} \cdot \underline{Z}_{31}}{\underline{Z}_{12} + \underline{Z}_{23} + \underline{Z}_{31}}} \tag{11.18}$$

$$\underline{Z}_2 = \frac{\underline{Z}_{23} \cdot \underline{Z}_{12}}{\underline{Z}_{12} + \underline{Z}_{23} + \underline{Z}_{31}}$$

$$\underline{Z}_3 = \frac{\underline{Z}_{31} \cdot \underline{Z}_{23}}{\underline{Z}_{12} + \underline{Z}_{23} + \underline{Z}_{31}} \quad .$$

Für die Admittanzen des Sterns kann man schreiben:

$$\underline{Y}_1 = \frac{\underline{Y}_{12} \cdot \underline{Y}_{23} + \underline{Y}_{23} \cdot \underline{Y}_{31} + \underline{Y}_{31} \cdot \underline{Y}_{12}}{\underline{Y}_{23}} \; ; \; \underline{Y}_2 = \ldots \; ; \; \underline{Y}_3 = \ldots \tag{11.19}$$

Die Formelgruppen (11.18) bzw. (11.19) können jeweils aus einer Formel hergeleitet werden, wenn man die Indizes 1, 2, 3 *zyklisch* vertauscht.

Die Formeln (11.18) ergeben sich aus der Bedingung, dass die Gesamtimpedanz der beiden Schaltungen (Dreieck und Stern) dieselbe sein muss. Wenn z.B. die Klemme 1 nicht angeschlossen ist, müssen die verbliebenen Zweipole mit den Klemmen 2 und 3 dieselbe Impedanz aufweisen:

$$\frac{\underline{Z}_{23} \, (\underline{Z}_{12} + \underline{Z}_{31})}{\underline{Z}_{12} + \underline{Z}_{23} + \underline{Z}_{31}} = \underline{Z}_2 + \underline{Z}_3 \; . \tag{11.20}$$

Dasselbe muss auftreten wenn die Klemme 2, bzw. die Klemme 3 nicht angeschlossen ist:

$$\frac{\underline{Z}_{31} \, (\underline{Z}_{23} + \underline{Z}_{12})}{\underline{Z}_{12} + \underline{Z}_{23} + \underline{Z}_{31}} = \underline{Z}_3 + \underline{Z}_1 \tag{11.21}$$

$$\frac{\underline{Z}_{12}\,(\underline{Z}_{31}+\underline{Z}_{23})}{\underline{Z}_{12}+\underline{Z}_{23}+\underline{Z}_{31}}=\underline{Z}_1+\underline{Z}_2\,. \tag{11.22}$$

Durch Addition der Formeln (11.20), (11.21) und (11.22) ergibt sich:

$$\frac{\underline{Z}_{12}\cdot\underline{Z}_{23}+\underline{Z}_{23}\cdot\underline{Z}_{31}+\underline{Z}_{31}\cdot\underline{Z}_{12}}{\underline{Z}_{12}+\underline{Z}_{23}+\underline{Z}_{31}}=\underline{Z}_1+\underline{Z}_2+\underline{Z}_3\,. \tag{11.23}$$

Wenn man jetzt nacheinander die Formeln (11.20), (11.21) und (11.22) aus der Formel (11.23) subtrahiert, erreicht man die Umwandlungsformeln (11.18).

■ **Beispiel 11.8**

Es soll die Gesamtimpedanz $\underline{Z}_{AB}$ der unabgeglichenen Brücke (Abbildung 11.5) bestimmt werden.

Dazu wandelt man eines der zwei Dreiecke, z.B. ACD, in einen Stern um:

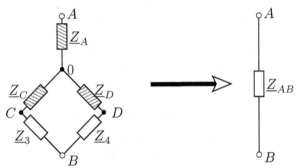

Abbildung 11.7.: Umwandlung Dreieck-Stern zur Bestimmung der Brückenimpedanz $\underline{Z}_{AB}$

Kennt man die umgewandelten Sternimpedanzen $\underline{Z}_A$, $\underline{Z}_C$, $\underline{Z}_D$, so kann die gesuchte Impedanz direkt geschrieben werden:

$$\underline{Z}_{AB}=\underline{Z}_A+\frac{(\underline{Z}_C+\underline{Z}_3)(\underline{Z}_D+\underline{Z}_4)}{\underline{Z}_C+\underline{Z}_3+\underline{Z}_D+\underline{Z}_4}\quad.$$

Die drei Sternimpedanzen ergeben sich nach den Formeln (11.18):

$$\underline{Z}_A=\frac{\underline{Z}_1\cdot\underline{Z}_2}{\underline{Z}_1+\underline{Z}_2+\underline{Z}_5}\;;\;\underline{Z}_C=\frac{\underline{Z}_1\cdot\underline{Z}_5}{\underline{Z}_1+\underline{Z}_2+\underline{Z}_5}$$

$$\underline{Z}_D=\frac{\underline{Z}_2\cdot\underline{Z}_5}{\underline{Z}_1+\underline{Z}_2+\underline{Z}_5}\quad.$$

■

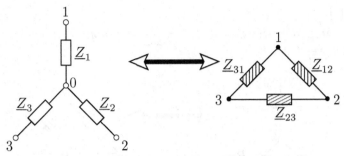

Abbildung 11.8.: Umwandlung Stern-Dreieck

11.3.3. Die Umwandlung Stern-Dreieck

Jedem Admittanz-Stern mit den Admittanzen $\underline{Y}_1 = \frac{1}{\underline{Z}_1}, \underline{Y}_2 = \frac{1}{\underline{Z}_2}, \underline{Y}_3 = \frac{1}{\underline{Z}_3}$
entspricht ein äquivalentes Admittanz-Dreieck mit den Admittanzen:

$$\boxed{\underline{Y}_{12} = \frac{\underline{Y}_1 \cdot \underline{Y}_2}{\underline{Y}_1 + \underline{Y}_2 + \underline{Y}_3}} \qquad (11.24)$$

$$\underline{Y}_{23} = \frac{\underline{Y}_2 \cdot \underline{Y}_3}{\underline{Y}_1 + \underline{Y}_2 + \underline{Y}_3}$$

$$\underline{Y}_{31} = \frac{\underline{Y}_3 \cdot \underline{Y}_1}{\underline{Y}_1 + \underline{Y}_2 + \underline{Y}_3}$$

bzw. mit den Impedanzen:

$$\underline{Z}_{12} = \frac{1}{\underline{Y}_{12}} = \frac{\underline{Z}_1 \cdot \underline{Z}_2 + \underline{Z}_2 \cdot \underline{Z}_3 + \underline{Z}_3 \cdot \underline{Z}_1}{\underline{Z}_3} \; ; \; \underline{Z}_{23} = \dots \; ; \; \underline{Z}_{31} = \dots \quad (11.25)$$

Auch diese Formeln können durch *zyklisches* Vertauschen der Indizes hergeleitet werden.

Die Formeln (11.24) erreicht man wieder, wenn man schreibt, dass die Admittanzen des Sterns und des äquivalenten Dreiecks gleich sein müssen. Das muss z.B. auch für den Fall gelten, dass die Klemmen 2 und 3 kurzgeschlossen werden. Für die verbleibenden Zweipole gilt:

$$\underline{Y}_{12} + \underline{Y}_{31} = \frac{\underline{Y}_1 \left(\underline{Y}_2 + \underline{Y}_3\right)}{\underline{Y}_1 + \underline{Y}_2 + \underline{Y}_3} \quad .$$

Ähnliche Beziehungen (mit zyklisch vertauschten Indizes) ergeben sich, wenn die Klemmen 3 und 1 bzw. 1 und 2 zusammengeschlossen werden. Addiert man die drei erhaltenen Beziehungen und subtrahiert anschließend nacheinander jede von ihnen aus der Summe, so ergeben sich die Formeln (11.24).

■ **Beispiel 11.9**

Der folgende Impedanz-Stern, mit $\omega L = \frac{1}{\omega C} = R$ soll in ein Impedanz-Dreieck umgewandelt werden.

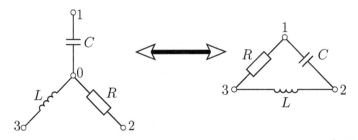

Mit den Formeln (11.24) berechnet man die umgewandelten Admittanzen:

$$\underline{Y}_{12} = \frac{\frac{1}{R} \cdot j\omega C}{\frac{1}{R} + \frac{1}{j\omega L} + j\omega C} = j\omega C$$

$$\underline{Y}_{23} = \frac{\frac{1}{R} \cdot \frac{1}{j\omega L}}{\frac{1}{R}} = \frac{1}{j\omega L}$$

$$\underline{Y}_{31} = \frac{\frac{1}{j\omega L} \cdot j\omega C}{\frac{1}{R}} = \frac{\omega^2 C^2}{\frac{1}{R}} = \frac{1}{R} \quad .$$

Das äquivalente Dreieck ist auf dem Bild rechts gezeigt.

■

11.4. Besondere Wechselstromschaltungen

In der Wechselstromtechnik besteht die Möglichkeit, mit Hilfe von Induktivitäten oder/und Kapazitäten die Phasenverschiebung zwischen Spannung und Strom zu verändern, wodurch Schaltungskombinationen entstehen können, die besondere Effekte bewirken, die bei den Gleichstromschaltungen ausgeschlossen sind. Viele solche spezielle Schaltungen werden in der Messtechnik angewendet. In bestimmten Anwendungsfällen, wie z.B. zur Messung von Blindleistungen, ist es erwünscht, dass zwischen einem bestimmten Strom und einer bestimmten Spannung eine Phasenverschiebung von 90° vorliegt.

Wenn man die Schaltelemente, mit denen diese Phasenverschiebung erzeugt werden kann, bestimmen möchte, muss man die folgende Überlegung anstellen: Wir gehen von der Problemstellung aus, dass ein Strom $\underline{I}$ einer Spannung $\underline{U}$ um genau 90° nacheilen soll. Man schreibt die Beziehung zwischen $\underline{U}$ und $\underline{I}$, die allgemein die Form $\underline{U} = (A + jB)\underline{I}$ hat (A und B sind hier reelle, positive Zahlen). Die erstrebte Phasenverschiebung wird dann erzielt, wenn $A = 0$ ist. Dann gilt: $\underline{U} = jB\underline{I}$, was bedeutet, dass der Zeiger der Spannung $\underline{U}$ durch Drehung des Stromzeigers $\underline{I}$ um 90° im positiven Sinne entsteht. Damit eilt der Strom der Spannung um 90° nach.

■ Beispiel 11.10

Bei einem Elektrizitätszähler soll mit Hilfe der folgenden Schaltung eine Phasenverschiebung von 90° zwischen dem Strom $\underline{I}_2$ und der Netzspannung $\underline{U}$ realisiert werden (siehe Abbildung).
Bestimmen Sie den dazu benötigten Widerstand R_1, wenn es gilt:

$$\underline{Z} = (100 + j500)\,\Omega$$

$$\underline{Z}_2 = (400 + j1000)\,\Omega \quad .$$

Lösung:

Damit $\underline{I}_2$ der Spannung $\underline{U} = U\,e^{j0°}$ um 90° nacheilt, muss dieser komplexe Strom nur einen Imaginärteil haben, der Realteil soll Null sein.
Man schreibt den Strom $\underline{I}_2$ mit der Stromteilerregel:

$$\underline{I}_2 = \underline{I}\,\frac{R_1}{R_1 + \underline{Z}_2} \quad mit: \quad \underline{I} = \frac{\underline{U}}{\underline{Z} + \frac{R_1\underline{Z}_2}{R_1 + \underline{Z}_2}}$$

$$\underline{I}_2 = \frac{\underline{U}\,R_1}{\underline{Z}(R_1 + \underline{Z}_2) + R_1\,\underline{Z}_2} \quad .$$

Das ist eine komplexe Zahl der Form:

$$\frac{a}{b + jc} = \frac{a(b - jc)}{b^2 + c^2} = \frac{ab}{b^2 + c^2} - \frac{jac}{b^2 + c^2} = A + jB \quad .$$

Die Bedingung, dass der Realteil Null ist, lautet:
$$a\,b = 0 \text{ und da } a \neq 0 \text{ ist } (a = UR_1), \Rightarrow \quad b = 0.$$
Man muss also den Realteil des Nenners von $\underline{I}_2$ gleich Null setzen.

$$Re\{(100 + j500)(R_1 + 400 + j1000) + R_1(400 + j1000)\} = 0$$

$$R_1 = \frac{46 \cdot 10^4}{500}\,\Omega = 920\,\Omega.$$

■

11.5. Schwing- (oder Resonanz-) Kreise

Die Blindwiderstände (bzw. -leitwerte) von Induktivitäten L und Kapazitäten C sind frequenzabhängig, so dass ihre Zusammenschaltung untereinander bzw. mit Wirkwiderständen R typische, durch entsprechende Dimensionierung genau festlegbare *Frequenzverläufe* ergeben können. Solche Schaltungen werden in der Nachrichtentechnik sehr häufig benötigt (Schwingungserzeuger, Filter, u.v.a).

Im Folgenden soll das Zusammenwirken von Induktivität L und Kapazität C näher betrachtet werden, zunächst in Schaltungen ohne Wirkwiderstände (verlustlos) und anschließend in verlustbehafteten Schaltungen. Dabei sollen hier nur die Grundbegriffe der Schwingkreise erläutert werden.

11.5.1. Verlustlose Schwingkreise

Tabelle 11.1 stellt die Parallel- und Reihenschaltung einer idealen Induktivität L und eines idealen Kondensators C dar. Die beiden Schaltungen verhalten sich *dual* zueinander.

Für den Blindleitwert $B = 0$, also $\underline{Y} = 0$ verschwindet in der Parallelschaltung der Strom, da $\underline{I} = \underline{Y} \cdot \underline{U}$ ist. Der Schaltung wird keine Leistung zugeführt: man kann die Eingangsklemmen von der Quelle lösen. Trotzdem fließt ein Strom, und es wird ständig elektrische Energie in magnetische umgewandelt. Die Energie pendelt zwischen Kapazität C und Induktivität L, daher die Bezeichnung **Schwingkreis**.

Bei der betrachteten, verlustfreien Schaltung ist der Energieaustausch vollständig, ohne jede Beteiligung einer Energiequelle. Man nennt diesen Zustand **Resonanz**.

Analog kann man bei der Reihenschaltung bei $X = 0$, also $\underline{Z} = 0$ die Eingangsklemmen kurzschließen, da: $\underline{U} = \underline{Z}\,\underline{I} = 0$ ist.

Die beiden Schaltungen sind im Resonanzfall völlig identisch. Die Resonanz tritt bei derselben

$$\text{Kennkreisfrequenz:} \quad \boxed{\omega_0 = \frac{1}{\sqrt{LC}}} \quad (aus \quad \omega_0 C = \frac{1}{\omega_0 L})$$

auf. Die **Kennfrequenz** ist:

$$\boxed{f_0 = \frac{1}{2\pi\sqrt{LC}}} \quad \cdot$$

Man führt noch einige Bezeichnungen ein:

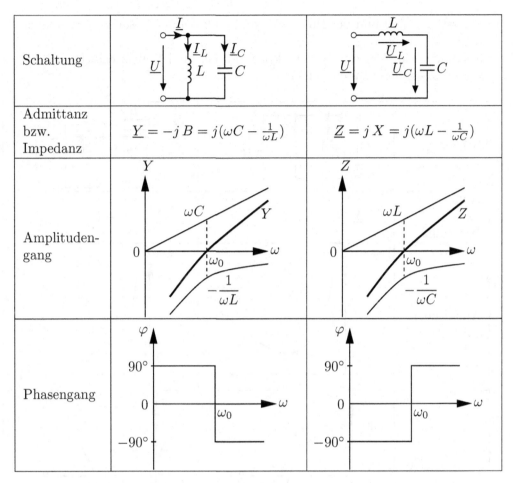

Schaltung		
Admittanz bzw. Impedanz	$\underline{Y} = -j\,B = j(\omega C - \frac{1}{\omega L})$	$\underline{Z} = j\,X = j(\omega L - \frac{1}{\omega C})$
Amplitudengang		
Phasengang		

Tabelle 11.1.: Verlustlose Schwingkreise mit L und C

Kennleitwert: $\qquad Y_0 = \sqrt{\frac{C}{L}} = \frac{1}{Z_0} = \omega_0 C = \frac{1}{\omega_0 L}$

Kennwiderstand: $\qquad Z_0 = \sqrt{\frac{L}{C}} = \frac{1}{Y_0} = \omega_0 L = \frac{1}{\omega_0 L}$

Relative Frequenz: $\qquad\qquad \Omega = \frac{\omega}{\omega_0} = \frac{f}{f_0}$

Verstimmung: $\qquad\qquad v = \frac{\omega}{\omega_0} - \frac{\omega_0}{\omega} = \Omega - \frac{1}{\Omega}\ .$

11.5.2. Verlustbehaftete Schwingkreise

In der Praxis enthalten Schaltungen stets Wirkwiderstände R und es treten Verluste auf.

Als **Resonanz** wird wieder der Fall angesehen, dass Blindwiderstand $X = 0$ bzw. Blindleitwert $B = 0$ werden, also: $Z_r = R$ bzw. $Y_r = G$ rein *reelle*

Widerstände sind und der Phasenwinkel $\varphi = 0$ bei der Resonanzkreisfrequenz ω_r ist.

Es soll hier nur der einfachste Fall der Parallel- und Reihenschaltung R, L, C betrachtet werden (Tabelle 11.2).

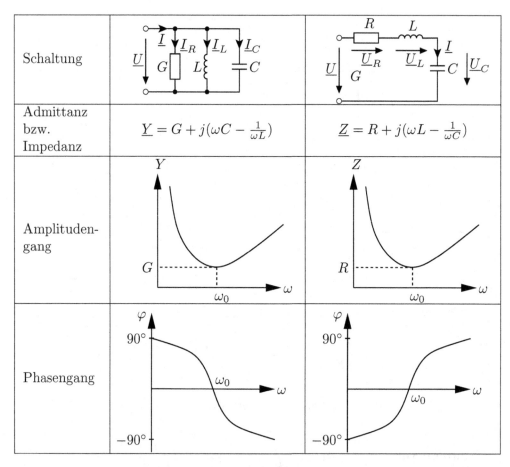

Schaltung		
Admittanz bzw. Impedanz	$\underline{Y} = G + j(\omega C - \frac{1}{\omega L})$	$\underline{Z} = R + j(\omega L - \frac{1}{\omega C})$
Amplituden- gang		
Phasengang		

Tabelle 11.2.: Verlustbehaftete Schwingkreise mit L und C

Parallelresonanz tritt für $B = 0$ und Reihenresonanz für $X = 0$ auf, was für die einfachen Schwingkreise aus der Tabelle 11.2 bei der Kennkreisfrequenz $\omega_0 = \frac{1}{\sqrt{LC}}$ geschieht (im Allgemeinen stimmt die Kennkreisfrequenz ω_0 mit der Resonanzkreisfrequenz ω_r *nicht* überein). Man führt noch einige Begriffe ein:

- **Güte** (von einfachem, verlustbehaftetem Parallel- oder Reihenschwing-kreis):

$$Q = \frac{\omega_0 C}{G} = \frac{Y_0}{G} = \frac{\omega_0 L}{R} = \frac{Z_0}{R} \quad .$$

Die Güte (oder Resonanzschärfe) ist umso größer, je kleiner die Wirkkomponente (G bzw. R) ist, d.h., je weniger Wirkleistung der Kreis aufnimmt.

- **Dämpfung**

$$d = \frac{1}{Q} = \frac{G}{Y_0} = \frac{R}{Z_0} \quad .$$

■ **Beispiel 11.11**

Für die Parallelschaltung eines verlustbehafteten Kondensators und einer verlustbehafteten Induktivität (s. folgende Abbildung) soll die Resonanzkreisfrequenz ω_r bestimmt werden.

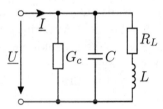

Lösung:

Der Kondensator wird als eine Parallelschaltung von Kapazität C mit einem Wirkleitwert G_C und die Spule als Reihenschaltung einer Induktivität L mit einem Wirkwiderstand R_L aufgefasst.
Es gilt:

$$\underline{Y} = G_C + j\omega C + \frac{1}{R_L + j\omega L} = G - jB$$

$$\underline{Y} = G_C + j\omega C + \frac{R_L - j\omega L}{R_L^2 + \omega^2 L^2} \quad \Rightarrow \quad B = \frac{\omega L}{R_L^2 + \omega^2 L^2} - \omega C \quad .$$

Die Resonanzbedingung $B = 0$ ergibt hier:

$$\omega_r C = \frac{\omega_r L}{R_L^2 + \omega_r^2 L^2} \qquad R_L^2 + \omega_r^2 L^2 = \frac{L}{C}$$

$$\omega_r^2 = \frac{1}{LC} - \frac{R_L^2}{L^2}$$

$$\boxed{\omega_r = \sqrt{\frac{L - R_L^2 C}{L^2 C}}}$$

und mit:

$$\omega_0 = \frac{1}{\sqrt{LC}} \quad und \quad Z_0 = \sqrt{\frac{L}{C}}$$

$$\omega_r = \omega_0 \sqrt{1 - (\frac{R_L}{Z_0})^2} \qquad .$$

Nur für $R_L \ll Z_0$ wird $\omega_r \approx \omega_0$.

■

11.6. Aktive Ersatz-Zweipole

11.6.1. Die Sätze von den Ersatzquellen (Thévenin, Norton)

Aus der Theorie der Gleichstromschaltungen ist bekannt, dass ganze Schaltungen oder Teile von Schaltungen, die zwei Ausgangsklemmen A,B aufweisen, durch eine Ersatzspannungs- oder Ersatzstromquelle ersetzt werden können. Auch bei Wechselstrom gelten dieselben Theoreme (Thévenin, Norton), wenn die Schaltung nur lineare Schaltelemente enthält und keine induktive Kopplungen nach außen bestehen.

Eine solche Schaltung kann durch eine **Ersatzspannungsquelle** ersetzt werden, deren Quellenspannung gleich der Leerlaufspannung $\underline{U}_{AB0}$ der Schaltung an den Klemmen A-B und deren Innenimpedanz $\underline{Z}_i$ gleich der Impedanz der passiven Schaltung (ohne Quellen) $\underline{Z}_{AB0}$ ist (siehe Abbildung 11.9).

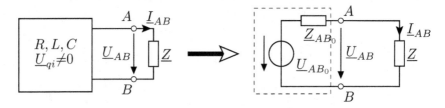

Abbildung 11.9.: Aktiver Zweipol und Ersatzspannungsquelle

Daraus ergibt sich der als Thévenin-Theorem oder Theorem der Ersatzspannungsquelle bekannte Satz, mit dem die Stromstärke $\underline{I}_{AB}$ in einem beliebigen passiven Zweig eines Netzwerkes mit der Impedanz $\underline{Z}$ berechnet werden kann:

$$\underline{I}_{AB} = \frac{\underline{U}_{AB0}}{\underline{Z} + \underline{Z}_{AB0}} \qquad . \tag{11.26}$$

Thévenin-Theorem: In einem linearen Netzwerk ohne induktive Kopplungen nach außen kann die Stromstärke $\underline{I}_{AB}$ in einem beliebigen passiven Zweig so berechnet werden, dass der Zweig aus dem Netzwerk *herausgezogen* wird und das somit entstehende Restnetzwerk durch eine Ersatzspannungsquelle ersetzt wird. Die Quellenspannung der Ersatzquelle ist gleich der Leerlaufspannung $\underline{U}_{AB0}$ des Restnetzwerks nach Entfernen des herausgezogenen Zweiges. Die Innenimpedanz der Quelle $\underline{Z}_{AB0}$ kann als Eingangsimpedanz des Restnetzwerkes errechnet werden, wenn alle Quellen des Restnetzwerkes unwirksam gemacht werden (die Spannungsquellen kurzgeschlossen und die Stromquellen unterbrochen, wobei die Innenimpedanzen in der Schaltung bleiben).

Bemerkungen:

- Die Ersatzquellen werden vorteilhaft eingesetzt, wenn nur ein einzelner Zweigstrom oder eine einzelne Zweigspannung berechnet werden soll. Das kommt z.B. vor, wenn an den Klemmen A-B einer Schaltung veränderbare Impedanzen angeschlossen werden und ihre Wirkungen untersucht werden sollen. Auch wenn zum Zweck der Leistungsanpassung (s. nächsten Abschnitt) die äußere Impedanz $\underline{Z}_a$ bestimmt werden soll, muss die Schaltung durch eine Ersatzquelle ersetzt werden.

- Bei der Anwendung des Thévenin-Theorems wird eine Schaltung behandelt, die einen Zweig weniger als die ursprüngliche Schaltung aufweist. Das kann, vor allem bei Wechselstrom, zu einer erheblichen Reduzierung des Rechenaufwandes führen.

- Zur Bestimmung der Leerlaufspannung des Restnetzwerkes müssen andere Methoden der Netzwerkanalyse herangezogen werden. Zu beachten ist, dass alle Ströme, die zu diesem Zweck berechnet werden, fiktiv sind; sie fließen nur im Restnetzwerk, das ein Denkmodell darstellt, und nicht in dem tatsächlichen Netzwerk, das einen Zweig mehr hat und somit eine vollkommen verschiedene Stromverteilung aufweist.

■ **Beispiel 11.12**

In der folgenden Schaltung sind bekannt:

$$\underline{Z}_1 = j2\,\Omega, \underline{Z}_2 = j5\,\Omega, \underline{Z}_3 = -j5\,\Omega, \underline{Z}_4 = -j5\,\Omega, \underline{Z}_5 = 3\,\Omega, \underline{Z}_6 = (3+j5)\,\Omega.$$

$$\underline{U}_1 = (5-j9)\,V\,, \quad \underline{U}_2 = (3+j13)\,V\,, \quad \underline{U}_3 = (9+j16)\,V\,.$$

Der Strom $\underline{I}_2$ durch die Impedanz $\underline{Z}_2$ soll mit dem Thévenin-Theorem der Ersatzspannungsquelle bestimmt werden.

Lösung:

$$\underline{I}_2 = \frac{\underline{U}_{AB0}}{\underline{Z}_2 + \underline{Z}_i}$$

Man sucht die Impedanz $\underline{Z}_i$ der passiven Schaltung an den Klemmen A-B, ohne den Zweig $\underline{Z}_2$, bei kurzgeschlossenen Quellen $\underline{U}_1$, $\underline{U}_2$, $\underline{U}_3$ (nächstes Bild links).

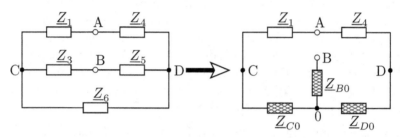

Durch die Umwandlung des Dreiecks CBD in einen Stern erreicht man eine Impedanzanordnung, die direkt zu der gesuchten Impedanz $\underline{Z}_i$ führt:

$$\underline{Z}_i = \underline{Z}_{B0} + (\underline{Z}_1 + \underline{Z}_{C0}) \parallel (\underline{Z}_4 + \underline{Z}_{D0}) = \underline{Z}_{B0} + \underline{Z}_{AC0} \parallel \underline{Z}_{AD0}\,.$$

Mit den Umwandlungsformeln (11.18) für die neuen Sternimpedanzen erreicht man:

$$\underline{Z}_{C0} = \frac{-5j(3+5j)}{6}\,\Omega = \left(\frac{25}{6} - j\frac{5}{2}\right)\Omega$$

$$\underline{Z}_{D0} = \frac{3(3+5j)}{6}\,\Omega = \left(\frac{3}{2} + j\frac{5}{2}\right)\Omega$$

$$\underline{Z}_{B0} = \frac{-15j}{6}\,\Omega = \left(-j\frac{5}{2}\right)\Omega$$

$$\underline{Z}_{AC0} = \left(2j + \frac{25}{6} - j\frac{5}{2}\right)\Omega = \left(\frac{25}{6} - j\frac{1}{2}\right)\Omega$$

$$\underline{Z}_{AD0} = \left(-j5 + \frac{3}{2} + j\frac{5}{2}\right)\Omega = \left(\frac{3}{2} - j\frac{5}{2}\right)\Omega$$

$$\underline{Z}_i = -j\frac{5}{2}\,\Omega + \frac{5 - j11,1\tilde{6}}{5,\tilde{6} - j3}\,\Omega = (1,5 - 3,674j)\,\Omega\,.$$

Zur Berechnung der Leerlaufspannung $\underline{U}_{AB0}$ der Schaltung ohne den Zweig $\underline{Z}_2$ muss man die Ströme $\underline{I}'_1$ durch die Impedanzen $\underline{Z}_1$ und $\underline{Z}_4$ und $\underline{I}'_3$ durch die Impedanzen $\underline{Z}_3$ und $\underline{Z}_5$ bestimmen (siehe nächstes Bild). Die gesuchte Spannung ergibt sich als:

$$\underline{U}_{AB0} = \underline{Z}_1 \cdot \underline{I}'_1 + \underline{Z}_3 \cdot \underline{I}'_3 - \underline{U}_1\,.$$

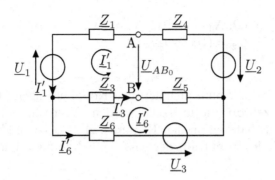

Die Schaltung hat 2 Knoten und 3 Zweige. Die Kirchhoff'schen Gleichungen ergeben das folgende komplexe Gleichungssystem:

$$\underline{I}_1' = \underline{I}_3' + \underline{I}_6'$$

$$\underline{I}_1'(\underline{Z}_1 + \underline{Z}_4) + \underline{I}_3'(\underline{Z}_3 + \underline{Z}_5) = \underline{U}_1 + \underline{U}_2$$

$$\underline{I}_3'(\underline{Z}_3 + \underline{Z}_5) - \underline{I}_6'\underline{Z}_6 = \underline{U}_3$$

Setzt man $\underline{I}_1'$ aus der ersten Gleichung in die anderen beiden ein, so ergibt sich für die Ströme $\underline{I}_3'$ und $\underline{I}_6'$:

$$\underline{I}_3' = (0,89 + j1,205)\,A$$

$$\underline{I}_6' = (2,5 + j1,44)\,A$$

und schließlich:

$$\underline{I}_1' = (-1,61 - j0,235)\,A \quad.$$

Für die Leerlaufspannung $\underline{U}_{AB0}$ ergibt sich damit:

$$\underline{U}_{AB0} = j \cdot 2\underline{I}_1' - j \cdot 5\underline{I}_3' - (5 - j9) = (1,495 + j1,33)\,V \quad.$$

Der gesuchte Strom durch die Impedanz $\underline{Z}_2$ wird:

$$\underline{I}_2 = \frac{1,495 + j1,33}{1,5 - j3,674 + 5j} = 1\,A \quad.$$

■

■ **Aufgabe 11.3**

In der folgenden Schaltung soll der Strom $\underline{I}_3$ mit dem Theorem der Ersatz-spannungsquelle (Thévenin) ermittelt werden.

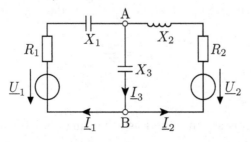

Bekannt sind: $R_1 = 5\,\Omega$, $X_1 = -20\,\Omega$, $X_2 = 5\,\Omega$, $R_2 = 10\,\Omega$, $X_3 = -20\,\Omega$,
$\underline{U}_1 = (200 - j50)\,V$, $\underline{U}_2 = (100 - j175)\,V$.

■

Eine linerare Schaltung ohne magnetische Kopplung nach außen kann auch
durch eine **Ersatzstromquelle** ersetzt werden, deren Quellenstrom der Kurzschlussstrom der Schaltung an den Klemmen A-B: $\underline{I}_{ABk}$ und deren Innenadmittanz $\underline{Y}_i$ gleich der Admittanz der passiven Schaltung (ohne Quellen) $\underline{Y}_{AB0}$
ist.

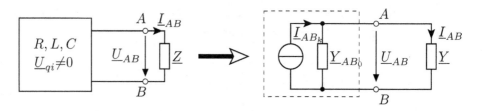

Abbildung 11.10.: Aktiver Zweipol und Ersatzstromquelle

Daraus ergibt sich:

Theorem der Ersatzstromquelle (Norton):

$$\underline{U}_{AB} = \frac{\underline{I}_{ABk}}{\underline{Y} + \underline{Y}_{AB0}} \,. \tag{11.27}$$

In einem linearen Netz ohne induktive Kopplungen nach außen kann die Spannung $\underline{U}_{AB}$ an einem beliebigen passiven Zweig A-B so berechnet werden, dass
der Zweig aus dem Netzwerk herausgezogen wird und das somit entstehende
Restnetzwerk durch eine Ersatzstromquelle ersetzt wird. Der Quellenstrom der
Ersatzquelle ist gleich dem Kurzschlussstrom, der bei Kurzschließen der Klemmen A-B fließt. Die Innenadmittanz der Quelle $\underline{Y}_{AB0}$ kann als Eingangsadmit-
tanz des Restnetzwerkes errechnet werden, wenn alle Quellen des Restnetzwerkes unwirksam gemacht werden (die Spannungsquellen kurzgeschlossen und die
Stromquellen unterbrochen, wobei die Innenimpedanzen wirksam bleiben).
Damit ist:

$$\underline{Y}_{AB0} = \frac{1}{\underline{Z}_{AB0}} \,.$$

Bemerkungen:

- Der Kurzschlussstrom der Restschaltung kann mit dem Thévenin-

Theorem bestimmt werden, wenn $\underline{Z} = 0$ eingesetzt wird:

$$\boxed{\underline{I}_{ABk} = \frac{\underline{U}_{AB0}}{\underline{Z}_{AB0}} = \underline{U}_{AB0} \cdot \underline{Y}_{AB0}} \qquad . \qquad (11.28)$$

Diese Beziehung zwischen den 3 Parametern der Ersatzquellen zeigt, dass lediglich zwei von ihnen ausreichen, um die Ersatzschaltungen aufzustellen.

- Das Norton-Theorem wird vorzugsweise dann angewendet, wenn $Y_{AB0} \ll Y$ ist (z.B. bei elektronischen Schaltungen).

- Ersatzstrom- und Ersatzspannungsquelle verhalten sich *dual*, d.h. alle Gleichungen der zweiten ergeben sich aus den ersten, wenn man $\underline{U}$ und $\underline{I}$ sowie $\underline{Z}$ und $\underline{Y}$ gegeneinander vertauscht.

■ Beispiel 11.13

In der folgenden Schaltung soll die Spannung $\underline{U}_5$ an der Impedanz $\underline{Z}_5$ mit dem Theorem der Ersatzstromquelle bestimmt werden.

Hinweis: Zunächst soll die Spannungsquelle in eine Stromquelle umgewandelt werden.

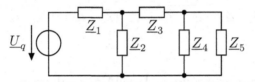

Lösung:

Durch Umwandlung der Spannungsquelle ergibt sich eine Stromquelle mit
$\underline{I}_q = \dfrac{\underline{U}_q}{\underline{Z}_1}$ *und die folgende Schaltung:*

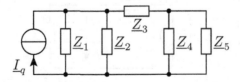

Der Kurzschlussstrom kann mit sehr geringem Rechenaufwand bestimmt werden (s. nächstes Bild, links):

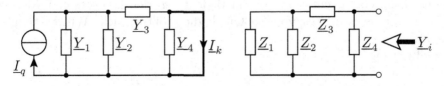

Da die Admittanz $\underline{Y}_4$ kurzgeschlossen ist, bleiben drei parallel geschaltete Admittanzen $\underline{Y}_1$, $\underline{Y}_2$ und $\underline{Y}_3$ wirksam und der gesuchte Kurzschlussstrom ergibt sich direkt mit der Stromteilerregel:

$$\underline{I}_k = \underline{I}_q \frac{\underline{Y}_3}{\underline{Y}_1 + \underline{Y}_2 + \underline{Y}_3} = \frac{\underline{U}_q \cdot \underline{Z}_2}{\underline{Z}_1 \cdot \underline{Z}_2 + \underline{Z}_2 \cdot \underline{Z}_3 + \underline{Z}_3 \cdot \underline{Z}_1}.$$

Die Innenadmittanz $\underline{Y}_i$ der Ersatzstromquelle ist (s. voriges Bild, rechts):

$$\underline{Y}_i = \frac{1}{\underline{Z}_4} + \frac{1}{\underline{Z}_3 + \frac{\underline{Z}_1 \cdot \underline{Z}_2}{\underline{Z}_1 + \underline{Z}_2}} = \frac{1}{\underline{Z}_4} + \frac{\underline{Z}_1 + \underline{Z}_2}{\underline{Z}_1 \cdot \underline{Z}_2 + \underline{Z}_2 \cdot \underline{Z}_3 + \underline{Z}_3 \cdot \underline{Z}_1}$$

$$\underline{Y}_i = \frac{\underline{Z}_1 \cdot \underline{Z}_2 + \underline{Z}_2 \cdot \underline{Z}_3 + \underline{Z}_3 \cdot \underline{Z}_1 + \underline{Z}_4(\underline{Z}_1 + \underline{Z}_2)}{\underline{Z}_4(\underline{Z}_1 \cdot \underline{Z}_2 + \underline{Z}_2 \cdot \underline{Z}_3 + \underline{Z}_3 \cdot \underline{Z}_1)}$$

Nach dem Norton-Theorem ist:

$$\underline{U}_5 = \frac{\underline{I}_k}{\underline{Y}_i + \underline{Y}_5},$$

also:

$$\underline{U}_5 = \frac{\underline{Z}_2 \cdot \underline{Z}_4 \cdot \underline{Z}_5}{(\underline{Z}_4 + \underline{Z}_5)(\underline{Z}_1 \cdot \underline{Z}_2 + \underline{Z}_2 \cdot \underline{Z}_3 + \underline{Z}_3 \cdot \underline{Z}_1) + \underline{Z}_4 \cdot \underline{Z}_5(\underline{Z}_1 + \underline{Z}_2)} \underline{U}_q.$$

                                                                 ■

11.6.2. Leistungsanpassung bei Wechselstrom

Sei es eine Zweipolquelle der Quellenspannung $\underline{U}_q$ mit der Innenimpedanz $\underline{Z}_i = R_i + jX_i = Z_i \cdot e^{j\varphi_i}$ und $\underline{Z}_a = R_a + jX_a = Z_a \cdot e^{j\varphi_a}$ ein angeschlossener Verbraucher.

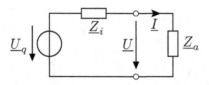

Abbildung 11.11.: Zweipolquelle und Verbraucherimpedanz $\underline{Z}_a$

In der Nachrichtentechnik ist es von Bedeutung, den komplexen Widerstand $\underline{Z}_a$ so anzupassen, dass er von der Quelle die größtmögliche Wirkleistung aufnimmt.
Diese Leistung ist

$$P = R_a I^2$$

mit

$$I = \frac{U_q}{\underline{Z}_a + \underline{Z}_i} = \frac{U_q}{(R_i + R_a) + j(X_i + X_a)} \tag{11.29}$$

Da $I^2 = \underline{I} \cdot \underline{I}^*$ ist, und:

$$\underline{I}^* = \frac{U_q^*}{(R_i + R_a) - j(X_i + X_a)} \ ,$$

ergibt sich für die Wirkleistung P:

$$P = U_q^2 \frac{R_a}{(R_a + R_i)^2 + (X_a + X_i)^2} \ . \tag{11.30}$$

Hier sind die Parameter U_q, R_i und X_i der Quelle meistens vorgegeben und man sucht die Parameter R_a und X_a des Verbrauchers, für die die Wirkleistung P ein Maximum hat. Dazu müsste man die partiellen Ableitungen der Funktion $P = f(R_a, X_a)$ nach R_a und X_a bilden und gleich Null setzen.

Noch einfacher führen zu dem Ergebnis die folgenden Überlegungen: Hält man den Widerstand R_a konstant und lässt man den Blindwiderstand X_a variieren, so erreicht die Funktion (11.30) ihr Maximum, wenn der Nenner sein Minimum hat, also für:

$$\boxed{X_a = -X_i} \ . \tag{11.31}$$

Unter dieser Bedingung wird dem Verbraucher die folgende Wirkleistung übertragen:

$$P\big|_{X_a = -X_i} = U_q^2 \frac{R_a}{(R_a + R_i)^2} \ . \tag{11.32}$$

Die maximal übertragbare Wirkleistung ergibt sich aus der Bedingung:

$$\frac{dP}{dR_a} = U_q^2 \frac{(R_a + R_i)^2 - 2R_a(R_a + R_i)}{(R_a + R_i)^4} = 0$$

also für

$$\boxed{R_a = R_i} \ . \tag{11.33}$$

Die zwei erzielten Bedingungen für die „Leistungsanpassung" kann man zusammen als:

$$\boxed{\underline{Z}_a = \underline{Z}_i^*} \tag{11.34}$$

oder:

$$Z_a = Z_i \quad \text{und} \quad \varphi_a = -\varphi_i \tag{11.35}$$

schreiben. Bei Leistungsanpassung wird dem Verbraucher $\underline{Z}_a$ die maximale Wirkleistung

$$P_{max} = \frac{U_q^2}{4R_i} \tag{11.36}$$

übertragen (aus Gl. (11.30)), während die Quelle die Leistung:

$$P_g\big|_{P_{max}} = (R_i + R_a)I^2 = 2P_{max} = \frac{U_q^2}{2R_i} \tag{11.37}$$

erzeugt. Daraus ergibt sich für den Wirkungsgrad der Leistungsübertragung:

$$\eta = \frac{P}{P_g} = \frac{R_a}{R_a + R_i}$$

und bei der Leistungsanpassung:

$$\eta\big|_{R_a=R_i} = 0,5\,. \tag{11.38}$$

In der Energietechnik wäre ein solcher Wirkungsgrad der Energieübertragung nicht vertretbar, da es hier im Gegensatz zu der Nachrichtentechnik darauf ankommt, die Energieverluste möglichst klein zu halten. Während in der Nachrichtentechnik im Allgemeinen kleine Leistungen auftreten und dem Verbraucher die größtmögliche Leistung von der Quelle übertragen werden sollte, soll in der Energietechnik dem Verbraucher eine bestimmte, von ihm verlangte Leistung bei vorgegebener Spannung geliefert werden. Dafür muss der Innenwiderstand der Quelle viel kleiner als der des Verbrauchers sein ($R_i \ll R_a$).

11.7. Analyse von Sinusstromnetzwerken

11.7.1. Unmittelbare Anwendung der Kirchhoffschen Sätze

Elektrische Netzwerke bestehen aus Zweigen (z), die an den Knotenpunkten (k) zusammenhängen und so Maschen bilden.
Einige Begriffe, die bereits bei Gleichstromkreisen (Teil II) erläutert wurden, sollen hier nochmals betrachtet werden.
In einem **Knoten** treffen mindestens drei Verbindungsleitungen zusammen. Sind Knoten miteinander verbunden, ohne dass zwischen ihnen ein Zweipol zwischengeschaltet ist, so werden sie als *ein* Knotenpunkt bewertet, mit einer Ausnahme: dass gerade der Strom in dieser Verbindungsleitung gesucht wird; dann wird dieser Verbindung eine Impedanz $Z = 0$ zugeordnet und sie wird als Zweig bewertet.

Ein **Zweig** verbindet zwei Knoten miteinander durch beliebige Schaltelemente, die alle von demselben Strom durchflossen werden.

Unter **Masche** versteht man in der Netzwerkanalyse einen in sich geschlossenen Kettenzug von Zweigen und Knoten.

Die Hauptaufgabe der Netzwerkanalyse ist die Bestimmung aller Spannungen und Ströme in einer Schaltung, wobei auch andere Aufgaben auftreten können, z.B. die Bestimmung einzelner Ströme oder Spannungen, der Verbraucher-Impedanz bei der Leistungsanpassung u.v.a.

Hat das Netzwerk z Zweige, so sind $2z$ Unbekannte zu bestimmen. Berücksichtigt man jedoch das Ohmsche Gesetz: $\underline{U} = \underline{Z} \cdot \underline{I}$, bleiben lediglich z Ströme oder z Spannungen zu bestimmen.

Die z Unbekannten können grundsätzlich in jedem Sinusstromnetzwerk durch Anwendung der zwei Kirchhoffschen Sätze bestimmt werden, wie im Abschnitt 11.1 gezeigt wurde. Hier sollen kurz einige **Regeln** angegeben werden, die bei der Vermeidung von Fehlern helfen sollen:

1. Zunächst soll für die Schaltung ein übersichtliches *Ersatzschaltbild* mit allen Schaltelementen *skizziert* werden.

2. Alle Spannungs- (oder Strom-)quellen werden durchnummeriert und mit *Zählpfeilen* versehen.

3. In alle Zweige werden *Zählpfeile für die Ströme* eingezeichnet. Selbstverständlich sind alle Spannungen und Ströme Sinusgrößen, die ihre Richtung und Größe periodisch ändern. Trotzdem muss festgelegt werden, in welcher Richtung Strom i und Spannung u in einem bestimmten Augenblick *positiv gezählt* werden, sonst kann man die Gesetze nicht anwenden.

4. Jetzt kann man in *(k-1) Knoten* die Summe der komplexen Ströme gleich Null setzen. Ein Knoten muss ohne Gleichung bleiben! Man zählt dabei entweder *alle* hineinfließenden oder *alle* herausfließenden Ströme als positiv.

5. Der 2. Satz von Kirchhoff wird in $m = z - k + 1$ *Maschen* angewendet. In jeder Masche wird ein *Umlaufsinn* gewählt, der innerhalb der Masche beibehalten wird. Quellenspannungen $\underline{U}_{q\mu}$ und Spannungsabfälle $\underline{U}_\mu = \underline{Z}_\mu \cdot \underline{I}_\mu$, deren Zählpfeile dem als positiv gewählten Umlaufsinn folgen, werden mit positivem Vorzeichen behaftet, die anderen mit negativem.

6. Das aufgestellte lineare Gleichungssystem mit z *komplexen* Gleichungen muss aufgelöst werden. Jede komplexe Gleichung liefert zwei reelle Gleichungen, da sowohl die Real- als auch die Imaginärteile gleich sind. Somit bestimmt man die z komplexen Ströme mit ihren Effektivwerten und Nullphasenwinkeln.

Obwohl die Kirchhoffschen Sätze, zusammen mit dem Ohmschen Gesetz, immer zu den unbekannten Strömen und Spannungen führen, werden bei Sinusstromnetzwerken, wie bei Gleichstrom, meist andere Verfahren zur Netzwerkanalyse angewendet, die die Anzahl der zu lösenden Gleichungen entscheidend verringern. Diese Berechnungsverfahren werden in den folgenden Abschnitten beschrieben, wobei es sich um eine Übertragung vom Gleichstrom auf Sinusstrom handelt.

11.7.2. Überlagerungssatz (Superpositionsprinzip)

In *linearen* Schaltungen kann man für *lineare* Größen das Überlagerungsgesetz (Superpositionsprinzip) zur Berechnung der Ströme und Spannungen anwenden, was auch bei Wechselstrom oft vorteilhaft ist.

Eine Schaltung ist linear, wenn alle darin enthaltenen Zweipole: Wirkwiderstände R, Induktivitäten L und Kapazitäten C unabhängig von Strom I und Spannung U sind und die Quellen unabhängig von der Last konstante Quellenspannungen U_q oder konstante Quellenströme I_q liefern.

In solchen Schaltungen verhalten sich linear die Spannung $\underline{U}$ und der Strom $\underline{I}$, die nach dem Ohmschen Gesetz in linearen Zweipolen linear voneinander abhängen. Sie können somit überlagert werden; demgegenüber dürfen die Wirkleistungen, die quadratisch (und nicht linear) von I oder U abhängen, *nicht* überlagert werden.

In einem linearen Netzwerk mit mehreren Quellen kann man gemäß dem Überlagerungssatz die Wirkung einzelner Quellen *nacheinander* getrennt betrachten und die resultierende Wirkung durch Überlagerung der Einzelwirkungen finden.

Die Strategie zur Anwendung des Überlagerungssatzes enthält die folgenden Schritte:

1. Alle Quellen bis auf *eine* werden als energiemäßig nicht vorhanden angesehen, d.h.: die Spannungsquellen werden als spannungslos (kurzgeschlossen) und die Stromquellen als stromlos (unterbrochen) betrachtet, während ihre inneren Scheinwiderstände (in Reihe zu den Spannungsquellen) und Scheinleitwerte (parallel zu den Stromquellen) wirksam bleiben.

2. Mit der einzig wirksamen Quelle berechnet man die *komplexen Teilströme* in den Zweigen der Schaltung.

3. Man lässt alle n Quellen *nacheinander* wirken und berechnet jedes Mal die Verteilung der Teilströme (also n unterschiedliche Stromverteilungen).

4. Die tatsächlichen Zweigströme werden durch *Überlagerung* der Teilströme, unter Beachtung ihrer Phasenlage, bestimmt.

Der Überlagerungssatz eignet sich zur Berechnung von Schaltungen mit mehreren Quellen, wenn deren Wirkungen - einzeln betrachtet - leicht zu bestimmen sind und auch wenn die Quellen Ströme mit verschiedenen Frequenzen liefern (z.B. Überlagerungen von Gleich- und Wechselstrom oder von Wechselströmen verschiedener Frequenz).

Bei der Anwendung des Überlagerungsverfahrens hat man nur Netzwerke mit einem einzigen aktiven Zweig zu berechnen, d.h.: man muss Gesamtimpedanzen bestimmen und die Stromteilerregel (oder auch andere Strategien zur Bestimmung der Stromverteilungen) benutzen.

■ Beispiel 11.14

In der folgenden Schaltung soll der Strom $\underline{I}_3$ mit Hilfe des Überlagerungssatzes bestimmt werden.

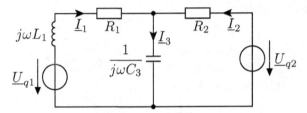

Lösung:

Man lässt zunächst die Quelle 1 allein wirken (s. Bild unten, a).

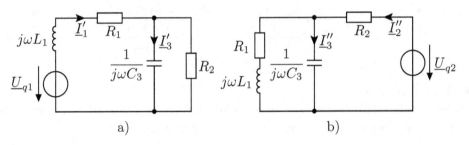

a)   b)

Wenn:

$$\underline{Z}_1 = R_1 + j\omega L_1 \quad , \quad \underline{Z}_2 = R_2 \quad , \quad \underline{Z}_3 = \frac{1}{j\omega C_3}$$

ist, dann gilt für den Teilstrom $\underline{I}'_3$:

$$\underline{I}'_3 = \underline{I}'_1 \frac{\underline{Z}_2}{\underline{Z}_2 + \underline{Z}_3}$$

mit:

$$\underline{I}'_1 = \frac{\underline{U}_{q1}}{\underline{Z}_1 + \frac{\underline{Z}_2 \underline{Z}_3}{\underline{Z}_2 + \underline{Z}_3}} = \frac{\underline{U}_{q1}(\underline{Z}_2 + \underline{Z}_3)}{\underline{Z}_1 \underline{Z}_2 + \underline{Z}_2 \underline{Z}_3 + \underline{Z}_3 \underline{Z}_1}$$

$$\underline{I}'_3 = \frac{\underline{U}_{q1}\,\underline{Z}_2}{\underline{Z}_1\underline{Z}_2 + \underline{Z}_2\underline{Z}_3 + \underline{Z}_3\underline{Z}_1}\,.$$

Jetzt soll die zweite Quelle allein wirken (s. Bild b):

$$\underline{I}''_3 = \underline{I}''_2\,\frac{\underline{Z}_1}{\underline{Z}_1 + \underline{Z}_3}$$

$$\underline{I}''_2 = \frac{\underline{U}_{q2}}{\underline{Z}_2 + \frac{\underline{Z}_1\underline{Z}_3}{\underline{Z}_1+\underline{Z}_3}} = \frac{\underline{U}_{q2}(\underline{Z}_1 + \underline{Z}_3)}{\underline{Z}_1\underline{Z}_2 + \underline{Z}_2\underline{Z}_3 + \underline{Z}_3\underline{Z}_1}\,.$$

Der zweite Teilstrom ist somit:

$$\underline{I}''_3 = \frac{\underline{U}_{q2}\,\underline{Z}_1}{\underline{Z}_1\underline{Z}_2 + \underline{Z}_2\underline{Z}_3 + \underline{Z}_3\underline{Z}_1}\,.$$

Die Überlagerung ergibt:

$$\underline{I}_3 = \underline{I}'_3 + \underline{I}''_3 = \frac{\underline{U}_{q1}\,\underline{Z}_2 + \underline{U}_{q2}\,\underline{Z}_1}{\underline{Z}_1\underline{Z}_2 + \underline{Z}_2\underline{Z}_3 + \underline{Z}_3\underline{Z}_1}$$

oder, mit den entsprechenden Admittanzen:

$$\underline{I}_3 = \underline{Y}_3\,\frac{\underline{U}_{q1}\,\underline{Y}_1 + \underline{U}_{q2}\,\underline{Y}_2}{\underline{Y}_1 + \underline{Y}_2 + \underline{Y}_3}\,.$$

Wenn man die Ausdrücke für die drei Impedanzen einsetzt ergibt sich:

$$\underline{I}_3 = \frac{\underline{U}_{q1}\,R_2 + \underline{U}_{q2}(R_1 + j\omega L_1)}{R_1 R_2 + \dfrac{L_1}{C_3} + j(\omega L_1 R_2 - \dfrac{R_1 + R_2}{\omega C_3})}\,.$$

■

■ Aufgabe 11.4

In der bereits in Aufgabe 11.3 behandelten Schaltung (s. Bild) soll der Strom
$\underline{I}_3$ *jetzt mit dem Überlagerungssatz bestimmt werden.*

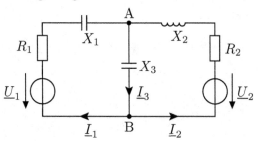

Es gilt: $R_1 = 5\,\Omega$, $X_1 = -20\,\Omega$, $X_2 = 5\,\Omega$, $R_2 = 10\,\Omega$, $X_3 = -20\,\Omega$, $\underline{U}_1 = (200 - j50)\,V$, $\underline{U}_2 = (100 - j175)\,V$.

■

11.7.3. Maschenstromverfahren

Zur Anwendung der zwei meist eingesetzten Rechenmethoden der Netzwerkanalyse: Maschenstrom- und Knotenpotentialverfahren (Abschnitt 11.7.4) werden einige Begriffe der **Topologie** der Netzwerke benötigt, die kurz wiederholt werden sollen.

- Die rein geometrische Anordnung einer Schaltung, die durch eine Skizze der Knoten und der sie verbindenden Zweige (ohne Schaltelemente und Quellen) dargestellt wird, nennt man *Graph*. Die Zweige des Graphs sollen sinnvollerweise durchnummeriert werden. Werden auch die Zählpfeile für die Ströme in den Graph eingetragen, so erhält man einen *gerichteten* Graph, wie auf Abbildung 11.12 c) dargestellt.

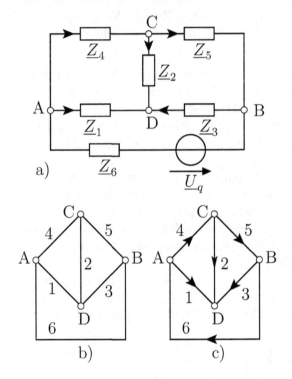

Abbildung 11.12.: Brückenschaltung a), Graph b), und gerichteter Graph c).

- Ein System von Zweigen, das *alle* Knoten miteinander verbindet, *ohne* dass geschlossene Maschen entstehen, nennt man *vollständigen Baum*. Alle 16 möglichen Bäume für die Brückenschaltung von Abbildung 11.12 wurden bereits im Abschnitt 7.3 (Abbildung 7.5) gezeigt.

- Die Zweige des vollständigen Baumes nennt man *Baumzweige*. Ihre Zahl ist $(k-1)$, was leicht ersichtlich ist: nimmt man den k-ten Zweig dazu,

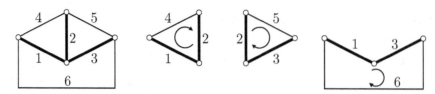

Abbildung 11.13.: Möglicher Baum und unabhängige Maschen für die Brückenschaltung aus Abbildung 11.12 a)

so entsteht eine geschlossene Masche. Jeder Baum der Brückenschaltung
muss 3 Zweige ($k - 1 = 4 - 1 = 3$) haben.

- Die restlichen ($z - k + 1$) Zweige nennt man *Verbindungszweige*. Sie bilden ein System *unabhängiger* Zweige. Mit ihnen kann man m unabhängige Maschen bilden, wie man weiter sehen wird. Bei der untersuchten
  Brückenschaltung ist $z - k + 1 = 6 - 4 + 1 = 3$.

Die Idee des Maschenstromverfahrens besteht darin, nur die m unabhängigen
Ströme, die in den Verbindungszweigen fließen, die so genannten *Maschen-
ströme*, zu bestimmen. Die restlichen $k - 1$ abhängigen Ströme, die in den
Baumzweigen fließen, ergeben sich anschließend durch Überlagerung der
Maschenströme. Weitere Details findet der Leser in Abschnitt 7.4.

Als Beispiel ist in Abbildung 11.13 ein vollständiger Baum für die Brückenschaltung (Abbildung 11.12 a)) dargestellt; daneben sind die 3 unabhängigen
Maschen, die diesem Baum entsprechen, gezeichnet worden. In jeder Masche ist
nur *ein* Verbindungszweig vorhanden. Das Maschenstromverfahren geht davon
aus, dass in jeder Masche ein „Maschenstrom" fließt und zwar derjenige, der in
dem Verbindungszweig fließt.

Das Gleichungssystem für die Maschenströme kann sofort in Matrizenform
geschrieben werden und sieht für die Schaltung auf Abbildung 11.12 a), mit
der Baumwahl von Abbildung 11.13, folgendermaßen aus:

$\underline{I}_4$	$\underline{I}_5$	$\underline{I}_6$	
$\underline{Z}_1 + \underline{Z}_2 + \underline{Z}_4$	$-\underline{Z}_2$	$-\underline{Z}_1$	0
$-\underline{Z}_2$	$\underline{Z}_2 + \underline{Z}_3 + \underline{Z}_5$	$-\underline{Z}_3$	0
$-\underline{Z}_1$	$-\underline{Z}_3$	$\underline{Z}_1 + \underline{Z}_3 + \underline{Z}_6$	$\underline{U}_q$

Die **Impedanzmatrix** (Koeffizientenmatrix) wird nach denselben Regeln wie
bei Gleichstrom aufgestellt, nur dass hier komplexe Ströme, Spannungen und
Impedanzen auftreten.

- Die Elemente der *Hauptdiagonalen* enthalten jeweils die Summe sämtlicher Impedanzen in der betreffenden Masche (*Umlaufimpedanz*). Sie erhalten immer *positive* Vorzeichen.

- Die übrigen Elemente (*Kopplungsimpedanzen*) liegen *symmetrisch* zur Hauptdiagonalen. Sie erhalten das positive Vorzeichen, wenn die Zählpfeile für die zwei Maschenströme die sie durchfließen gleichsinnig sind, andernfalls das negative Vorzeichen. Sie können auch gleich Null sein, wenn die zwei betreffenden Maschen nicht „gekoppelt" sind, d.h. keinen gemeinsamen Zweig haben.

- Auf der rechten Seite steht jeweils die *Summe* der komplexen Quellenspannungen in der Masche, mit positivem Vorzeichen, wenn ihr Zählpfeil dem Zählpfeil des Maschenstroms *entgegengerichtet* ist, andernfalls mit negativem Vorzeichen.

Ganz allgemein können die Spannungsgleichungen für das Maschenstromverfahren als die folgende Matrizengleichung geschrieben werden:

$$
\begin{vmatrix}
\underline{Z}_{11} & \underline{Z}_{12} & \cdots & \underline{Z}_{1m} \\
\underline{Z}_{21} & \underline{Z}_{22} & \cdots & \underline{Z}_{2m} \\
\vdots & \vdots & & \vdots \\
\underline{Z}_{m1} & \underline{Z}_{m2} & \cdots & \underline{Z}_{mm}
\end{vmatrix}
\cdot
\begin{vmatrix}
\underline{I}'_1 \\
\underline{I}'_2 \\
\vdots \\
\underline{I}'_m
\end{vmatrix}
=
\begin{vmatrix}
\underline{U}'_{q1} \\
\underline{U}'_{q2} \\
\vdots \\
\underline{U}'_{qm}
\end{vmatrix}
\tag{11.39}
$$

Hier bedeuten:

- $\underline{I}'_i$ die unbekannten Maschenströme

- $\underline{Z}_{ii}$ die Umlaufimpedanzen, deren Vorzeichen immer positiv genommen wird

- $\underline{Z}_{ij} = \underline{Z}_{ji}$ die Kopplungsimpedanzen, mit positivem oder negativem Vorzeichen

- $\underline{U}'_{qi}$ die Summe der komplexen Quellenspannungen in der Masche i.

Die **Regeln** zur Anwendung des Maschenstromverfahrens sind dieselben wie bei Gleichstrom und können von Abschnitt 7.4 direkt übernommen werden.

Die **Vorteile** der Maschenstromanalyse gegenüber der unmittelbaren Anwendung der Kichhoffschen Gleichungen sind die Reduzierung der Anzahl der Gleichungen von z auf $(z-k+1)$ und die Schematisierung der Lösungsstrategie, die auch komplizierte Netzwerkaufgaben der Lösung mit Digitalrechnern zugänglich macht.

Einige Beispiele sollen die Anwendung dieser Methode ausführlich erläutern.

■ Beispiel 11.15

In der folgenden („Poleckschen") Schaltung soll zwischen dem Strom $\underline{I}_2$ und der angelegten Spannung $\underline{U}$ eine Phasenverschiebung von 90° bestehen.

Die dazu von den Schaltelementen L und C zu erfüllende Beziehung ist mit Hilfe des Maschenstromverfahrens zu bestimmen.

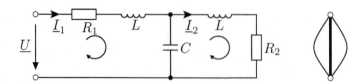

Lösung

Man wählt $\underline{I}_2$ als Maschenstrom. Mit:

$$\underline{Z}_1 = R_1 + j\omega L$$
$$\underline{Z}_2 = R_2 + j\omega L$$
$$\underline{Z}_3 = \frac{1}{j\omega C}$$

ergibt sich das folgende Gleichungssystem für die zwei Maschenströme:

$\underline{I}_1$	$\underline{I}_2$	
$\underline{Z}_1 + \underline{Z}_3$	$-\underline{Z}_3$	$\underline{U}$
$-\underline{Z}_3$	$\underline{Z}_2 + \underline{Z}_3$	0

Den Strom $\underline{I}_1$ kann man aus der 2. Gleichung eliminieren:

$$\underline{I}_1 = \underline{I}_2 \frac{\underline{Z}_2 + \underline{Z}_3}{\underline{Z}_3} \ .$$

Aus der 1. Gleichung wird:

$$\underline{I}_2 \frac{(\underline{Z}_2 + \underline{Z}_3)(\underline{Z}_1 + \underline{Z}_3)}{\underline{Z}_3} - \underline{Z}_3 \underline{I}_2 = \underline{U}$$

$$\underline{I}_2 \frac{\underline{Z}_1 \cdot \underline{Z}_2 + \underline{Z}_2 \cdot \underline{Z}_3 + \underline{Z}_3 \cdot \underline{Z}_1}{\underline{Z}_3} = \underline{U}$$

$$\underline{I}_2 (\underline{Z}_1 \cdot \underline{Z}_2 \cdot \underline{Y}_3 + \underline{Z}_1 + \underline{Z}_2) = \underline{U} \ .$$

Mit den Schaltelementen ergibt sich:

$$\underline{I}_2 \left[(R_1 + j\omega L)(R_2 + j\omega L)j\omega C + R_1 + j\omega L + R_2 + j\omega L \right] = \underline{U}$$

$$\underline{I}_2 \left[(R_1 + R_2) - \omega^2 LC(R_1 + R_2) + j(R_1 R_2 \omega C - \omega^2 L^2 \omega C + 2\omega L) \right] = \underline{U} \ .$$

Damit die Phasenverschiebung zwischen $\underline{I}_2$ und $\underline{U}$ gleich 90° wird, muss der Realteil Null sein:

$$(R_1 + R_2) - \omega^2 LC(R_1 + R_2) = (R_1 + R_2)(1 - \omega^2 LC) = 0 \ .$$

$$\omega^2 LC = 1 \ , \quad \omega L = \frac{1}{\omega C} \ ,$$

da $(R_1 + R_2) \neq 0$ ist. Die geforderte Bedingung wird damit:

$$\underline{U} = j\underline{I}_2 \left(\frac{R_1 R_2}{\omega L} + \omega L \right) .$$

■

■ **Beispiel 11.16**

Die drei Zweigströme $\underline{I}_1$, $\underline{I}_2$ und $\underline{I}_3$ in der folgenden Schaltung sollen mit dem Maschenstromverfahren bestimmt werden. Unabhängig sollen dabei die Ströme $\underline{I}_1$ und $\underline{I}_3$ sein.

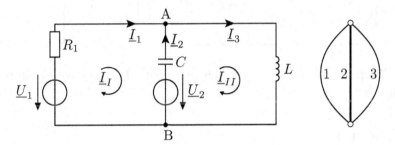

Bekannt sind: $R_1 = 1\,\Omega$, $X_L = 1\,\Omega$, $X_C = -1\,\Omega$, $\underline{U}_1 = 10\,V$, $\underline{U}_2 = 15\,V$.

Lösung

Man schreibt das Gleichungssystem für die zwei Maschenströme $\underline{I}_I$ und $\underline{I}_{II}$ (s. Bild) in Matrixform:

$\underline{I}_I$	$\underline{I}_{II}$	
$R_1 + jX_C$	$-jX_C$	$\underline{U}_1 - \underline{U}_2$
$-jX_C$	$jX_L + jX_C$	$\underline{U}_2$

mit Zahlen:

$\underline{I}_I$	$\underline{I}_{II}$	
$(1-j)\,\Omega$	$j\,\Omega$	$-5\,V$
$j\,\Omega$	0	$15\,V$

Die unbekannten Maschenströme ergeben sich als:

$$\underline{I}_I = -j15\,A , \quad \underline{I}_{II} = (15 - j10)\,A .$$

Die gesuchten Zweigströme sind:

$$\underline{I}_1 = \underline{I}_I = -j15\,A ; \quad \underline{I}_2 = \underline{I}_{II} - \underline{I}_I = (15 + j5)\,A ; \quad \underline{I}_3 = \underline{I}_{II} = (15 - j10)\,A .$$

■

■ **Aufgabe 11.5**
In der folgenden Schaltung sind bekannt:

$$R_1 = 5\,\Omega; \quad X_1 = -20\,\Omega; \quad X_2 = 5\,\Omega; \quad R_2 = 10\,\Omega; \quad X_3 = -20\,\Omega.$$

$$\underline{U}_1 = (200 - j50)\,V; \quad \underline{U}_2 = (100 - j175)\,V.$$

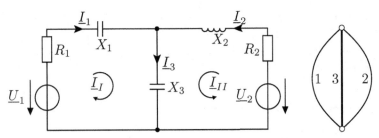

Die drei Zweigströme $\underline{I}_1$, $\underline{I}_2$, $\underline{I}_3$ sollen mit dem Maschenstromverfahren bestimmt werden.   ■

■ **Aufgabe 11.6**
In der folgenden Schaltung mit 4 Knoten und 6 Zweigen sollen alle 6 unbekannten Zweigströme mit dem Maschenstromverfahren bestimmt werden.

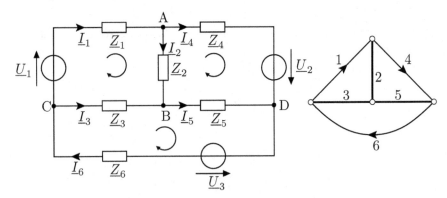

Gegeben sind: $\underline{Z}_1 = j2\,\Omega,\ \underline{Z}_2 = j5\,\Omega,\ \underline{Z}_3 = -j5\,\Omega,$
$\underline{Z}_4 = -j5\,\Omega,\ \underline{Z}_5 = 3\,\Omega,\ \underline{Z}_6 = (3 + j5)\,\Omega,$
$\underline{U}_1 = (5 - j9)\,V,\ \underline{U}_2 = (3 + j13)\,V,\ \underline{U}_3 = (9 + j16)\,V.$ ■

11.7.4. Knotenpotentialverfahren

Eine weitere Methode der Netzwerkanalyse ist das Knotenpotentialverfahren, das ausführlich in Abschnitt 7.5 behandelt wurde. Es geht von der Feststellung aus, dass man auch die Zweigspannungen in „unabhängige" und „abhängige" aufteilen kann. Die unabhängigen Spannungen bestimmen eindeutig die gesamte Verteilung der Spannungen - und somit auch der Ströme - in dem Netzwerk. Welche und wie viele Spannungen sind unabhängig?

Man kann die Frage leicht beantworten, wenn man wieder das Beispiel der Brückenschaltung (Abbildung 11.12, a) und einen möglichen vollständigen Baum für die Brücke (Abbildung 11.12, c) betrachtet.

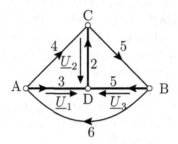

Abbildung 11.14.: Vollständiger Baum für die Brückenschaltung Abbildung 11.12, a) und unabhängige Spannungen

Für diesen vollständigen Baum sind die Baumspannungen: $\underline{U}_1$, $\underline{U}_2$ und $\underline{U}_3$. Man ersieht leicht, dass die Baumzweigspannungen unabhängig sind und dass sie alle anderen Spannungen (in den Verbindungszweigen) eindeutig bestimmen. In der Tat verbindet der vollständige Baum alle Knoten miteinander, ohne eine geschlossene Masche zu bilden. Nimmt man irgendeinen Verbindungszweig hinzu, so entsteht eine Masche, in der die Summe der Spannungen gleich Null *sein muss*! Somit ist die hinzugekommene Spannung des Verbindungszweiges nicht mehr frei wählbar, sondern wird von den Baumzweigspannungen bestimmt.

In der Abbildung 11.14 ergeben sich die drei abhängigen Spannungen: $\underline{U}_4$, $\underline{U}_5$ und $\underline{U}_6$ als:

$$U_1 - U_2 = U_4$$

$$U_2 - U_3 = U_5$$

$$U_3 - U_1 = U_6.$$

Die Spannungen der Verbindungszweige sind nicht frei wählbar, dagegen bilden die $(k-1)$ Spannungen der Baumzweige ein System von linear unabhängigen Spannungen.

Dass die Baumzweigspannungen die gesamte Spannungsverteilung bestimmen, kann man auch mit Hilfe des folgenden Gedankenexperimentes erkennen: Wenn alle Spannungen längs der Baumzweige gleich Null gemacht werden, indem man die Baumzweige kurzschließt, ist das *gesamte* Netzwerk spannungsfrei. In der Tat, werden somit alle Knoten des Netzwerkes miteinander verbunden, denn der vollständige Baum enthält alle Knoten. Somit kann keine Spannung im Netzwerk vorhanden sein, die unabhängig von den Baumzweigspannungen ist.

Zur Analyse eines Netzwerkes reicht somit aus, die *(k - 1)* Baumzweigspannungen zu berechnen. Diese sind bekannt, wenn die Potentiale der k Knoten bekannt sind.

Die Zahl $(k-1)$ ist meistens kleiner als $m = (z-k+1)$, so dass das Gleichungssystem zur Bestimmung der unabhängigen Spannungen oft die kleinste Anzahl der Gleichungen aufweist, die man zur vollständigen Analyse eines Netzwerkes schreiben kann. Für Schaltungen mit wenigen Knoten ist das Knotenpotentialverfahren somit meist das günstigste Verfahren.

Das Knotenpotentialverfahren operiert, wie der Name sagt, mit den elektrischen Potentialen der Knoten. Da das Potential nur bis auf eine Konstante definiert ist, kann man irgendeinem *beliebigen* Knoten das Potential Null zuordnen. In der Praxis kann dieser Knoten durch das Gehäuse (Chassis) der Schaltung gebildet werden, das dann auf Erdpotential ($\varphi = 0$) gelegt wird. Doch auch jeder andere Knoten kann gedanklich das Potential Null erhalten und als *Bezugsknoten* gewählt werden.

Es bleiben somit $(k - 1)$ Knotenpotentiale zu bestimmen.

Mit der Wahl des Bezugsknotens hat man auch den vollständigen Baum festgelegt. Dieser verbindet *strahlenförmig* alle übrigen Knoten mit dem Bezugsknoten. Die unabhängigen Spannungen der Baumzweige haben jetzt eine bestimmte Richtung: Sie sind zu dem Bezugsknoten gerichtet, denn dieser hat das Potential Null.

Für die bereits betrachtete Brückenschaltung (Abbildung 11.12, a) ergibt sich der folgende Graph, wenn der Knoten D als Bezugsknoten gewählt wird:

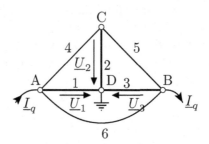

Abbildung 11.15.: Graph zur Bestimmung der Potentiale der Knoten A, B und C

Die Knotenanalyse liefert die drei Spannungen $\underline{U}_1$, $\underline{U}_2$ und $\underline{U}_3$, mit den oben eingezeichneten Richtungen, wobei die ursprünglich als positiv gezählten Richtungen der Ströme in den Zweigen 1, 2, 3 hier nicht bestimmend sind.

Um Spannungen leicht zu bestimmen, ist es sinnvoll, das Ohmsche Gesetz in der Form: $\underline{I} = \underline{Y} \cdot \underline{U}$ anzuwenden. Dazu müssen *alle Spannungsquellen in Stromquellen* umgewandelt und *alle Impedanzen $\underline{Z}$ in Admittanzen $\underline{Y}$* umgerechnet werden. Die Richtungen der Quellenströme sollen in den betreffenden Knoten skizziert werden, wie auf Abbildung 11.15 gezeigt.

Die komplexe Matrizengleichung für die unabhängigen Spannungen kann für jede Schaltung direkt aufgestellt werden, wenn man die folgenden **Regeln** befolgt:

1. Zunächst muss die vorgegebene Schaltung, in die bereits willkürliche Zählpfeile für die Ströme eingetragen wurden, umgeformt werden, indem man alle eventuell vorhandenen *Spannungsquellen* in *Stromquellen* mit den komplexen Strömen $\underline{I}_{qi}$ umwandelt und alle *Impedanzen* in *Admittanzen* umrechnet. Parallel geschaltete Stromquellen und Admittanzen können zusammengefasst werden.

2. Man wählt einen beliebigen *Bezugsknoten*, dem man das Potential Null zuordnet. Der Knoten mit den meisten Zweiganschlüssen ergibt das einfachste Gleichungssystem.
   Die Spannungen zwischen den übrigen Knoten und dem Bezugsknoten sind die $(k-1)$ unabhängigen Spannungen, die bestimmt werden sollen.

3. Der Bezugsknoten legt den vollständigen Baum fest: Dieser verbindet *strahlenförmig* den Bezugsknoten mit den restlichen $(k-1)$ Knoten. Die *Zählpfeile* der Knotenspannungen sind *zu dem Bezugsknoten* gerichtet.

4. Das *Gleichungssystem* in Matrizenform kann direkt gebildet werden und hat die allgemeine Form:

$$
\begin{vmatrix}
\underline{Y}_{11} & \underline{Y}_{12} & \cdots & \underline{Y}_{1\,(k-1)} \\
\underline{Y}_{21} & \underline{Y}_{22} & \cdots & \underline{Y}_{2\,(k-1)} \\
\vdots & \vdots & & \vdots \\
\underline{Y}_{(k-1)\,1} & \underline{Y}_{(k-1)\,2} & \cdots & \underline{Y}_{(k-1)\,(k-1)}
\end{vmatrix}
\cdot
\begin{vmatrix}
\underline{U}'_1 \\
\underline{U}'_2 \\
\vdots \\
\underline{U}'_{(k-1)}
\end{vmatrix}
=
\begin{vmatrix}
\underline{I}'_{q1} \\
\underline{I}'_{q2} \\
\vdots \\
\underline{I}'_{q\,(k-1)}
\end{vmatrix}
$$

$$(11.40)$$

Jede Gleichung entspricht einem von den $(k-1)$ unabhängigen Knoten. *Der Bezugsknoten erhält keine Gleichung!*
In der Gleichung (11.40) bedeuten:

- $\underline{Y}_{ii}$ die Summe aller Admittanzen der Zweige, die in dem betreffenden Knoten verbunden sind; alle werden mit *positivem* Vorzeichen behaftet.

- $\underline{Y}_{ij} = \underline{Y}_{ji}$ die *Kopplungsadmittanzen*, die den betreffenden Knoten mit den übrigen unabhängigen Knoten (*nicht* mit dem Bezugsknoten) verbinden. Sie werden stets mit einem *negativen* Vorzeichen behaftet. Befindet sich zwischen zwei Knoten unmittelbar keine Admittanz, so wird an die entsprechende Stelle der Admittanzmatrix eine Null gesetzt.

- $\underline{U}'_i$ die unabhängigen Spannungen

- $\underline{I}'_{qi}$ die Summe aller *Quellenströme*, die in den betreffenden Knoten fließen. Sie werden *positiv* gezählt, wenn sie auf den Knoten weisen, andernfalls negativ. Diese Richtungen sind keine willkürlichen Zählrichtungen!

5. Das komplexe Gleichungssystem mit $(k-1)$ Gleichungen wird mit irgendeiner Methode gelöst.

6. Die übrigen $m = z - k + 1$ abhängigen Spannungen werden aus einfachen *Maschengleichungen* bestimmt. Dazu kehrt man am besten zu der ursprünglichen Schaltung zurück, trägt die bei Pkt.5 bestimmten $(k - 1)$ Spannungen ein und bildet Maschen, in denen jeweils ein Verbindungszweig vorhanden ist, so dass man seine Spannung direkt berechnen kann. Allerdings können die gesuchten Ströme auch mit der 1. Kirchhoffschen Gleichung (Knotengleichung) bestimmt werden.

7. Sinnvollerweise sollen die Ergebnisse durch Anwendung der Kirchhoffschen Sätze *überprüft* werden.

Für die Schaltung auf Abbildung 11.15 lautet das komplexe Gleichungssystem:

$$
\begin{vmatrix}
\underline{Y}_1 + \underline{Y}_4 + \underline{Y}_6 & -\underline{Y}_4 & -\underline{Y}_6 \\
-\underline{Y}_4 & \underline{Y}_2 + \underline{Y}_4 + \underline{Y}_5 & -\underline{Y}_5 \\
-\underline{Y}_6 & -\underline{Y}_5 & \underline{Y}_3 + \underline{Y}_5 + \underline{Y}_6
\end{vmatrix}
\cdot
\begin{vmatrix}
\underline{U}_1 \\
\underline{U}_2 \\
\underline{U}_3
\end{vmatrix}
=
\begin{vmatrix}
\underline{I}_q \\
0 \\
-\underline{I}_q
\end{vmatrix}.
$$

■ Beispiel 11.17

Für die unten links abgebildeten Schaltung (s. auch Aufgabe 11.3 und Aufgabe 11.4) soll der Strom in dem passiven, mittleren Zweig (diesmal mit dem Knotenpotentialverfahren) bestimmt werden. Es gilt:

$$\underline{Z}_1 = (5 - j20)\,\Omega,\ \underline{Z}_2 = (10 + j5)\,\Omega,\ \underline{Z}_3 = -j20\,\Omega,$$
$$\underline{U}_1 = (200 - j50)\,V,\ \underline{U}_2 = (100 - j175)\,V.$$

Lösung:

Auf dem Bild rechts ist die zur Anwendung des Knotenpotentialverfahrens umgewandelte Schaltung dargestellt. Als Bezugsknoten wurde B gewählt und geerdet. Die darin enthaltenen Schaltelemente müssen bestimmt werden.

$$\underline{I}_{q1} = \frac{\underline{U}_1}{\underline{Z}_1} = \frac{200 - j50}{5 - j20}\,A = (4,706 + j8,82)\,A$$

$$\underline{I}_{q2} = \frac{\underline{U}_2}{\underline{Z}_2} = \frac{100 - j175}{10 + j5}\,A = (1 - j18)\,A\,.$$

Die gesamte Admittanz $\underline{Y}$ zwischen den Knoten A und B besteht aus drei parallel geschalteten Admittanzen (s. Abbildung, rechts):

$$\underline{Y} = \left(\frac{1}{5 - j20} - \frac{1}{j20} + \frac{1}{10 + j5}\right)S = (0,0917 + j0,057)\,S\,.$$

Die Spannung zwischen dem unabhängigen Knoten A und dem Bezugsknoten B ergibt sich aus der Gleichung:

$$\underline{Y} \cdot \underline{U}_{AB} = \underline{I}_{q1} + \underline{I}_{q2}$$

$$\underline{U}_{AB} = \frac{5,706 - j9,18}{0,0917 + j0,057}\,V = -j100\,V\,.$$

Der gesuchte Strom $\underline{I}_3$ ist somit wieder:

$$\underline{I}_3 = \frac{\underline{U}_{AB}}{\underline{Z}_3} = \frac{-j100}{-j20}\,A = 5\,A\,.$$

Sieht man davon ab, dass man bei dem Knotenpotentialverfahren die Schaltung umwandeln und die neuen Schaltelemente festlegen muss, erscheint dieser Lösungsweg in dem vorliegenden Fall einer Schaltung mit zwei Knoten als der einfachste, da man eine einzige komplexe Gleichung lösen muss.

∎

■ **Beispiel 11.18**
In der folgenden Schaltung sind bekannt:

$$R_1 = 4\,\Omega\,,\ R_3 = R_5 = 2\,\Omega\,,\ \omega L_4 = \frac{1}{\omega C_2} = 1\,\Omega$$

$$u_{q2} = 20V \cdot \sin(\omega t + 45°)\,,\quad u_{q5} = 20\sqrt{2}V \cdot \sin\omega t\,.$$

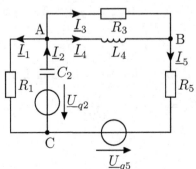

Es sollen alle 5 Zweigströme mit dem Knotenpotentialverfahren bestimmt werden (in komplexer Darstellung und als Zeitfunktionen). Als Bezugsknoten gelte der Knoten C.

Lösung:

Die Schaltung wird umgeformt, indem die zwei Spannungsquellen in Stromquellen und die Impedanzen in Admittanzen umgewandelt werden.

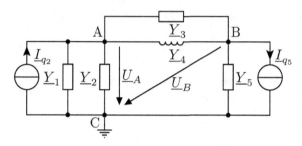

Die Admittanzen sind:

$$\begin{aligned}
\underline{Y}_1 &= \frac{1}{R_1} &&= 0,25\,S \\
\underline{Y}_2 &= j\omega C_2 &&= 1j\,S \\
\underline{Y}_3 &= \frac{1}{R_3} &&= 0,5\,S \\
\underline{Y}_4 &= \frac{1}{j\omega L_4} &&= -1j\,S \\
\underline{Y}_5 &= \underline{Y}_3 &&= 0,5\,S.
\end{aligned}$$

Die Gleichungen für die Spannungen $\underline{U}_A$ und $\underline{U}_B$ sind:

$\underline{U}_A$	$\underline{U}_B$	
$\underline{Y}_1 + \underline{Y}_2 + \underline{Y}_3 + \underline{Y}_4$	$-(\underline{Y}_3 + \underline{Y}_4)$	$\underline{I}_{q2}$
$-(\underline{Y}_3 + \underline{Y}_4)$	$\underline{Y}_3 + \underline{Y}_4 + \underline{Y}_5$	$-\underline{I}_{q5}$

Die drei benötigten Koeffizienten der Admittanz-Matrix ergeben sich als:

$$\begin{aligned}
\underline{Y}_1 + \underline{Y}_2 + \underline{Y}_3 + \underline{Y}_4 &= (0,25 + j + 0,5 - j)\,S = 0,75\,S \\
\underline{Y}_3 + \underline{Y}_4 &= (0,5 - j)\,S \\
\underline{Y}_3 + \underline{Y}_4 + \underline{Y}_5 &= (0,5 - j + 0,5)\,S = (1 - j)\,S.
\end{aligned}$$

Die zwei Quellenströme, die die rechte Seite des Gleichungssystems bilden, sind:

$$\begin{aligned}
\underline{I}_{q2} &= \underline{U}_{q2} \cdot j\omega C_2 = j\underline{U}_{q2} = j\frac{20}{\sqrt{2}}A \cdot e^{j135°} = 10(-1 + j)\,A \\
\underline{I}_{q5} &= \frac{\underline{U}_{q5}}{R_5} = 10\,A.
\end{aligned}$$

Damit wird:

$$
\begin{array}{cc|c}
\dfrac{U_A}{0,75\,S} & \dfrac{U_B}{-(0,5-j)\,S} & -10(1-j)A \\
-(0,5-j)\,S & (1-j)\,S & 10\,A
\end{array}
$$

Es ergibt sich für die zwei unbekannten Spannungen, in komplexer Darstellung:

$$\underline{U}_A = 20j\,V$$

$$\underline{U}_B = 10j\,V\,.$$

Diese Spannungen bestimmen alle 5 Zweigströme, die über Maschengleichungen berechnet werden können. Man kehrt zurück zu der ursprünglichen Schaltung, in der auch die Zählrichtungen der Ströme eingetragen wurden.
Der Strom $\underline{I}_1$ ergibt sich direkt aus $\underline{U}_A$:

$$\underline{I}_1 = \frac{\underline{U}_A}{R_1} = 5j\,A = 5\cdot e^{j90°}\,A$$

$$i_1 = 5\sqrt{2}\,A\sin(\omega t + 90°)\,.$$

Um den Strom $\underline{I}_2$ zu berechnen, schreibt man die Spannung $\underline{U}_A$ als

$$\underline{U}_A = \underline{U}_{q2} - \frac{\underline{I}_2}{j\omega C_2} \quad \text{mit } \omega C_2 = 1\,S\,.$$

$$j\underline{I}_2 = \underline{U}_A - \underline{U}_{q2} \quad \Longrightarrow \quad j\underline{I}_2 = j20 - 10(1+j) = j10 - 10$$

$$\underline{I}_2 = 10(1+j)\,A = 14,14\,A\cdot e^{j45°}$$

$$i_2 = 20\,A\sin(\omega t + 45°)\,.$$

Der Strom durch R_3 ergibt sich aus der Maschengleichung:

$$R_3\underline{I}_3 + \underline{U}_B - \underline{U}_A = 0 \quad \Longrightarrow \quad \underline{I}_3 = \frac{j10}{2}A = 5j\,A$$

$$i_3 = 5\sqrt{2}\,A\sin(\omega t + 90°)\,.$$

Die letzten zwei Ströme ergeben sich aus Knotengleichungen in A bzw. B:

$$\underline{I}_4 = \underline{I}_2 - \underline{I}_1 - \underline{I}_3 = [10(1+j) - 5j - 5j]\,A = 10\,A$$

$$i_4 = 10\sqrt{2}\,A\sin\omega t$$

$$\underline{I}_5 = \underline{I}_3 + \underline{I}_4 = (5j + 10)\,A = 11,18\,A\cdot e^{j26,6°}$$

$$i_5 = 15,8\,A\sin(\omega t + 26,6°)\,.$$

∎

12. Drehstromsysteme

12.1. Allgemeines, Vorteile des Drehstroms

Das "Einphasen-Wechselstromsystem" besteht aus einem Wechselstromgenerator und aus zwei Leitern, die ihn mit dem Verbraucher Z verbinden (12.1a). Welche maximale Wirkleistung kann man mit einem solchen System übertragen? Wenn für die Leitung ein maximaler Strom I_N (dessen Überschreitung zu unannehmbaren Verlusten RI^2 führen würde) und eine maximale Spannung U_N (deren Überschreitung die elektrische Isolation der Leitung gefährden würde) definiert werden, so kann die Leitung die maximale Wirkleistung

$$P_{max} = U_N I_N \tag{12.1}$$

(bei $\cos\varphi = 1$) übertragen.

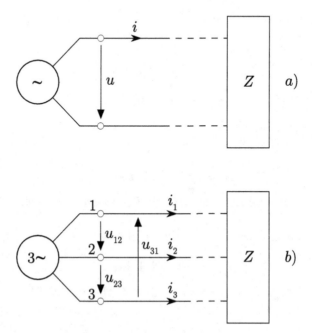

Abbildung 12.1.: Einphasiges (a) und dreiphasiges System (b).

Pro Leiter (hier zwei) kann man übertragen:

$$P_{Leiter} = \frac{U_N I_N}{2}.$$ (12.2)

Sehr schnell erkannte man die Möglichkeit, die Leistung pro Leiter bei sonst unveränderten Bedingungen zu erhöhen, wenn man statt Einphasen-Wechselstrom "Dreiphasen-Wechselstrom" oder "Drehstrom" benutzt. Der Name "Drehstrom" stammt von dem Erfinder, dem Chefelektriker der AEG Berlin, Michael von Dolivo-Dobrowolsky, und ist jetzt über 100 Jahre alt (1891). Diese Erfindung zeigte sich als allen bekannten Systemen so überlegen, dass sie sich sehr schnell überall durchsetzte. Nur die Bahn benutzt noch Gleichstrom oder Einphasen-Wechselstrom (allerdings mit $16\frac{2}{3}$ Hz).

Drehstrom wird erzeugt mit "Drehstrom-Generatoren", das sind elektrische Maschinen die ein System von drei Spannungen erzeugen, die gleiche Frequenz und gleiche Effektivwerte haben, aber gegenseitig um 120° phasenverschoben sind. Man kann also ein Drehstrom-System als Kombination von drei Wechselstromsystemen betrachten, die gemeinsam in einem Generator erzeugt werden.

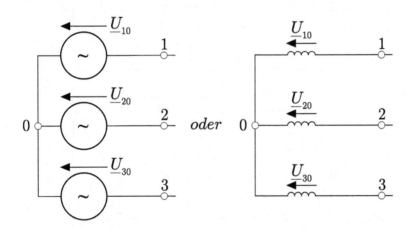

Abbildung 12.2.: Darstellungen von Generatorwicklungen

Bemerkung: Auf Abbildung 12.2 rechts sind Generatorwicklungen, wie allgemein üblich, nicht durch das Schaltsymbol für eine Spannungsquelle (Abbildung 12.2 links), sondern durch das Symbol für eine Induktivität dargestellt. Obwohl keine Quellen dargestellt werden, sind die Spannungen $\underline{U}_{10}$, $\underline{U}_{20}$ und $\underline{U}_{30}$ Quellenspannungen. Die Darstellung Abb. 12.2 rechts wird hier überall eingesetzt, wie in den meisten Büchern.

Schließt man die drei Wechselspannungsquellen an drei getrennte Verbraucher Z an, wie auf Abb. 12.3, so sind zur Übertragung der Energie 6 Leiter erforderlich. Die maximal übertragbare Leistung P_{max} (bei $\cos\varphi = 1$) ist:

$$P_{max} = 3U_N I_N \qquad (12.3)$$

und pro Leiter kann man wieder, wie bei dem Einphasensystem (Gl.2):

$$P_{Leiter} = \frac{P_{max}}{6} = \frac{U_N I_N}{2} \qquad (12.4)$$

übertragen.

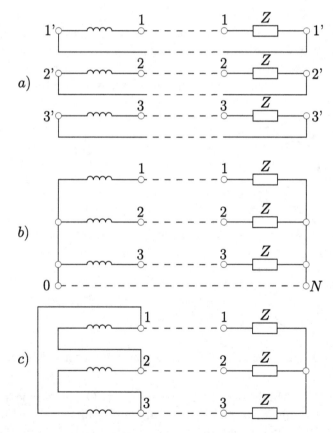

Abbildung 12.3.: Drehstromsystem, Generatorstränge mit Verbraucherwiderständen
(a) unverkettet, (b) Sternschaltung, (c) Dreieckschaltung

Verkettet man aber die drei Generator-Wicklungen (Stränge) miteinander, wie z.B. auf Abb. 12.3b, indem man ihre Anschlussklemmen $1'$, $2'$, $3'$ miteinander verbindet (Punkt 0) und verbindet man auch die Klemmen $1'$, $2'$, $3'$ der drei Verbraucherwiderstände miteinander (Punkt N), so sind zur Energieübertragung lediglich *vier Leiter* erforderlich, bei gleichgroßen Widerständen Z sogar nur drei (siehe Abschn.12.4).

Man nennt die Schaltung Abb. 12.3b "Sternschaltung", und zwar liegt hier sowohl beim Generator als auch bei dem Verbraucher eine solche Schaltung vor, bei der alle Anfänge (oder Enden) zusammengeschaltet werden.

Die Generatorstränge können außerdem wie auf Abb. 12.3c geschaltet werden, indem der Anfang des Stranges 1 mit dem Ende des Stranges 2, usw. zusammengeschaltet werden. Diese ist die "Dreieckschaltung", bei der ebenfalls nur drei Leiter erforderlich sind. Auf Abb. 12.3c sind die Verbraucherwiderstände weiter in Stern geschaltet; man kann jedoch auch beim Verbraucher die Dreieckschaltung benutzen.

Dreiphasige Systeme übertragen die Leistung (Gl. 12.3) mit nur 3 Leitern, womit die pro Leiter übertragene Leistung P_{Leiter} scheinbar 2mal größer als bei einphasigen Systemen wird. (In Wirklichkeit ist die Einsparung nicht ganz so groß, da bei dem Drehstrom-System - wie man weiter sehen wird - die Spannung zwischen den Leitern um den Faktor $\sqrt{3}$ größer ist. Die Isolation muss dementsprechend ausgelegt werden, oder, wenn man dieselbe Isolation wie bei den einphasigen Systemen beibehalten möchte, muss die Spannung um den Faktor $\sqrt{3}$ reduziert werden. Dann ist die maximal übertragbare Leistung:

$$P_{max}^{(3)} = 3 \left(\frac{U_N}{\sqrt{3}} \right) I_N = \sqrt{3} U_N I_N$$

und pro Leiter kann man:

$$P_{max}^{(3)} = \frac{\sqrt{3} U_N I_N}{3} = \frac{U_N I_N}{\sqrt{3}} \,,$$

übertragen, also um den Faktor $2/\sqrt{3}$ mehr als mit dem einphasigen System).

Das Drehstromsystem hat gegenüber dem Einphasensystem wesentliche *Vorteile*:

- Da statt 6 nur 4 (bei symmetrischen Verbrauchern sogar nur 3) *Leiter* zur Energieübertragung erforderlich sind, spart man erheblich an Leitungsmaterial, die Spannungsabfälle und Wärmeverluste im Netz sind geringer.

- Man verfügt über *zwei verschiedene Spannungen* für einphasige Verbraucher, die sich betragsmäßig um den Faktor $\sqrt{3}$ unterscheiden (in Europa

z.B. 400 V und 230 V). Man kann an ein Netz sowohl drei- als auch einphasige Verbraucher anschließen.

- Die elektrische Generatorgesamtleistung in einem Drehstromsystem ist
  zeitlich konstant (Abschn. 12.5) (wärend in einem Einphasenwechsel-
  stromsystem alle Leistungen zeitabhängig sind - siehe Abschnitt 9.10).
  Das ist für die Energietechnik besonders vorteilhaft.

- Ein großer Vorteil von dreiphasigen Spannungen, die zeitlich um 120°
  (elektrisch) gegeneinander verschoben sind, ist die Möglichkeit, damit
  magnetische "Drehfelder" zu erzeugen. Wird damit ein System von drei
  Wicklungen gespeist (z.B. in einem elektrischen Motor), die räumlich
  ebenfalls um 120° gegeneinander versetzt sind, so entsteht ein Magnetfeld, das sich gegenüber dem stehenden Spulensystem dreht. Daher rührt
  die Bezeichnung "Drehstromsystem". Obwohl die Spulen sich nicht bewegen, entsteht also ein magnetisches Drehfeld, mit dem ein Drehmoment
  in einem Motor erzeugt werden kann. Die robustesten und wirtschaftlich-
  sten elektrischen Motoren, die folglich die weiteste Verbreitung gefunden
  haben, sind die Asynchronmotoren, die mit Drehstrom gespeist werden.

12.2. Spannungen an symmetrischen Drehstromgeneratoren

Das von Drehstromgeneratoren erzeugte Spannungssystem ist in der Regel *sym-metrisch*, d.h. die Spannungen haben gleiche Amplitude und Frequenz und sind gegeneinander um jeweils $120° = 2\dfrac{\pi}{3}$ phasenverschoben. Diese Symmetrie der Generatoren wird im Folgenden vorausgesetzt; dagegen kann der dreiphasige Verbraucher auch unsymmetrisch sein.
Die Zeitfunktionen der 3 Spannungen sind:

$$
\begin{aligned}
u_1(t) &= U\sqrt{2}\cos\omega t \\
u_2(t) &= U\sqrt{2}\cos(\omega t - \frac{2\pi}{3}) \\
u_3(t) &= U\sqrt{2}\cos(\omega t - \frac{4\pi}{3}) = U\sqrt{2}\cos(\omega t + \frac{2\pi}{3})
\end{aligned}
\tag{12.5}
$$

Bemerkungen:
- Statt cos-Funktionen hätten genauso gut sin-Funktionen angegeben werden
können (im Abschnitt "Wechselstromschaltungen"wurden sin-Funktionen benutzt, hier - wie in der Literatur meist üblich bei Drehstrom - cos-Funktionen);
- Ein solches System, bei dem die Spannung u_2 um $\dfrac{2\pi}{3}$ *hinter* der Spannung

u_1 und u_3 um $\dfrac{2\pi}{3}$ hinter u_2 liegt (Abb. 12.4), nennt man *direkt* (auch *Mitsystem* oder *Rechtssystem* oder *System in normaler Phasenfolge*). Genauso gut könnte man ein *inverses* System (*Gegensystem* oder *Linkssystem* oder *System im gegenläufigen Umlauf*) benutzen, bei dem u_2 vor u_1 liegt, usw. Der Unterschied liegt nur in der Bezeichnung der 3 Klemmen 1, 2, 3, sodass solange nur *ein* dreiphasiges System vorliegt, immer die Zuordnung "direkt" gewählt werden kann. Im Folgenden wird ausschließlich das von dem Gleichungssystem

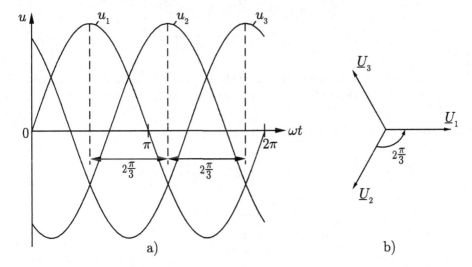

a) b)

Abbildung 12.4.: Strangspannungen eines symmetrischen Drehstromgenerators
(a) Zeit-(oder Linien-)diagramm (b) Zeigerdiagramm

(12.5) definierte und auf Abb. 12.4 dargestellte Generator-Spannungssystem (allerdings ist hier u_1 als Sinusfunktion dargestellt) benutzt. Benutzt man für die Spannungen $u_1(t)$, $u_2(t)$, $u_3(t)$ die komplexe Schreibweise (mit komplexen Effektivwerten), so wird aus (12.5):

$$
\begin{aligned}
\underline{U}_1 &= U \\[2mm]
\underline{U}_2 &= U \cdot e^{-j\frac{2\pi}{3}} \\[2mm]
\underline{U}_3 &= U \cdot e^{-j\frac{4\pi}{3}} = U \cdot e^{+j\frac{2\pi}{3}} .
\end{aligned}
\tag{12.6}
$$

Zur Erinnerung: Die Zeitfunktionen erreicht man aus den komplexen durch die Rücktransformation, wie z.B.:

$$
u_2(t) = \mathcal{R}e\{\sqrt{2} \cdot e^{j\omega t} \cdot \underline{U}_2\} .
$$

Bemerkung: In manchen Büchern werden statt komplexe Effektivwerte komplexe Amplituden benutzt (immer seltener). Dann wird die Rücktransformation ohne den Faktor $\sqrt{2}$ durchgeführt.

Oft benutzt man einen speziellen komplexen Operator, um die Schreibweise (12.6) weiter zu vereinfachen. Man kann den Ausdruck $e^{j\frac{2\pi}{3}}$ abkürzen, wenn man einen "120° -Phasen-Operator":

$$a = e^{j\frac{2\pi}{3}} = \frac{1}{2}\left(-1 + j\sqrt{3}\right)$$ (12.7)

definiert.

Bemerkung: Obwohl a eine komplexe Zahl ist, lässt man meist die Unterstreichung weg, wie bei dem "90°-Phasen-Operator" $j = e^{j\frac{\pi}{2}}$.

Einige Rechenregeln für a werden oft angewendet:

$$
\begin{aligned}
a^2 &= e^{j\frac{4\pi}{3}} = e^{-j\frac{2\pi}{3}} = a^{-1} = \frac{1}{2}(-1 - j\sqrt{3}) = a^* \\
a^3 &= e^{j2\pi} = 1
\end{aligned}
$$ (12.8)

$$\boxed{1 + a + a^2 = 0}.$$

Die Multiplikation eines beliebigen Zeigers $\underline{A}$ mit dem Operator a bedeutet eine Drehung um 120° im positiven Sinn, dagegen mit a^2 im negativen Sinn. Das Gleichungssystem (12.6) wird somit zu:

$$
\begin{aligned}
\underline{U}_1 &= U \\
\underline{U}_2 &= a^2 \cdot U \\
\underline{U}_3 &= a \cdot U
\end{aligned}
$$ (12.9)

und es gilt:

$$\boxed{\underline{U}_1 + \underline{U}_2 + \underline{U}_3 = 0}.$$ (12.10)

In der Technik der Drehstromsysteme spielt auch die *Differenz* von zwei Systemspannungen eine wichtige Rolle.

Mit Hilfe der Abb. 12.5 und der Formeln (12.8) erkennt man leicht:

- Die Differenz zwischen einer Spannung, z.B. $\underline{U}_1$, und der nächsten, $\underline{U}_2$, die um $\frac{2\pi}{3}$ nacheilt, ist im Betrag um den Faktor $\sqrt{3}$ größer und eilt der

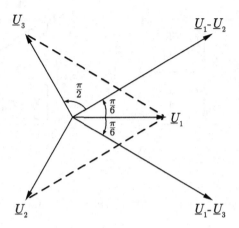

Abbildung 12.5.: Differenz zwischen zwei System-Spannungen

ersten Spannung um $\frac{\pi}{6}$ vor. In der Tat:

$$\underline{U}_1 - \underline{U}_2 = U(1 - a^2) = U(1 + \frac{1}{2} + j\frac{\sqrt{3}}{2}) = U(\frac{3}{2} + j\frac{\sqrt{3}}{2}) =$$

$$= U\sqrt{3}(\frac{\sqrt{3}}{2} + j\frac{1}{2}) = U\sqrt{3}e^{j\frac{\pi}{6}} \qquad (12.11)$$

- Die Differenz zwischen $\underline{U}_1$ und $\underline{U}_3$, die um $2\frac{\pi}{3}$ voreilt, ist ebenfalls um $\sqrt{3}$ größer und eilt $\underline{U}_1$ um $\frac{\pi}{6}$ nach:

$$\underline{U}_1 - \underline{U}_3 = U(1 - a) = U(1 + \frac{1}{2} - j\frac{\sqrt{3}}{2}) = U(\frac{3}{2} - j\frac{\sqrt{3}}{2}) =$$

$$= U\sqrt{3}(\frac{\sqrt{3}}{2} - j\frac{1}{2}) = U\sqrt{3}e^{-j\frac{\pi}{6}} . \qquad (12.12)$$

12.3. Generatorschaltungen

Die drei Generatorstränge können entweder in Stern oder in Dreieck (viel seltener) geschaltet werden, wie bereits auf Abb. 12.3 und nochmals auf Abb.12.6 gezeigt wird. Man bemerkt, dass bei der Dreieckschaltung die drei Stränge in Reihe geschaltet sind; da die Summe der drei Spannungen in jedem Augenblick gleich Null ist, fließt kein Strom.

Einige übliche Bezeichnungen sollen kurz erläutert werden:

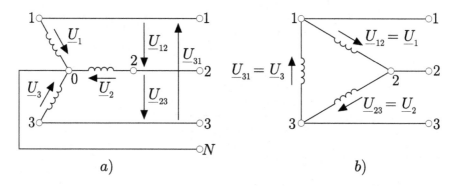

a)   b)

Abbildung 12.6.: Stern -(a) und Dreieck (b)- Generatorschaltung

- Die 3 Leiter, die den Generator mit dem Verbraucher verbinden, nennt man *Außenleiter*: *L*1, *L*2, *L*3, oder einfach 1, 2, 3. Bei der Sternschaltung wird noch ein vierter, *Neutralleiter* oder *Mittelpunktleiter* (meistens *N*) oder *Nullleiter* eingeführt.

- Die Spannungen zwischen den Außenleitern nennt man *Außenleiterspannungen* (sie werden manchmal mit $U_\triangle$ bezeichnet, da sie direkt an den Dreieckimpedanzen liegen - Abb. 12.6b, oft U_L), im Gegensatz zu den *Strangspannungen* an den Generatorwicklungen.

- Die Ströme, die entlang den Außenleitern fließen, sind die *Außenleiterströme* (oft mit $\underline{I}_L$ bezeichnet), diejenigen, die durch die Generatorwicklungen fließen, sind die *Strangströme* .

Bemerkung: Wenn bei einem Mehrphasensystem von der Spannung *U* oder von dem Strom *I* - ohne weitere Bezeichnung - gesprochen wird, sind stets die *Außenleiterspannung* oder der *Außenleiterstrom* gemeint. Das ist verständlich, da diese messtechnisch immer erfassbar sind, während die Stranggrößen oft unzugänglich sind.
Im Folgenden sollen die Strang- und Außenleiterspannungen bei Stern- und Dreieckschaltung anhand der Abb. 12.6 und den Gl. (12.9) abgeleitet werden.

12.3.1. Generatorsternschaltung

Das Zeigerdiagramm aller Spannungen bei *Sternschaltung* ist auf Abb. 12.7, links dargestellt. Man sieht, dass die Außenleiterspannungen nicht gleich den Strangspannungen sind, sondern aus Maschengleichungen abgeleitet werden

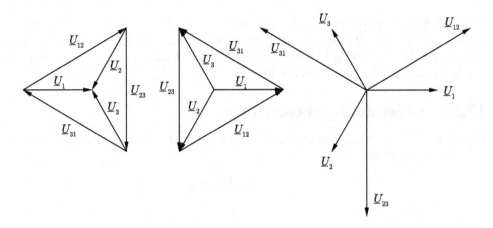

Abbildung 12.7.: Spannungszeigerdiagramme bei Sternschaltung

müssen (Abb. 12.6a). Mit (12.8) und (12.11) wird:

$$\underline{U}_{12} = \underline{U}_1 - \underline{U}_2 = U(1 - a^2) = U\sqrt{3} \cdot e^{j\frac{\pi}{6}}$$

$$\underline{U}_{23} = \underline{U}_2 - \underline{U}_3 = U(a^2 - a) = U\frac{1}{2}(-1 - j\sqrt{3} + 1 - j\sqrt{3})$$

$$= -j\sqrt{3} \cdot U = U\sqrt{3} \cdot e^{-j\frac{\pi}{2}} \qquad (12.13)$$

$$\underline{U}_{31} = \underline{U}_3 - \underline{U}_1 = U(a - 1) = U(-\frac{1}{2} + j\frac{\sqrt{3}}{2} - 1) =$$

$$= U\sqrt{3}(-\frac{\sqrt{3}}{2} + j\frac{1}{2}) = U\sqrt{3} \cdot e^{j5\frac{\pi}{6}}.$$

Die Außenleiterspannungen bei der Generatorsternschaltung bilden ebenfalls ein symmetrisches, (direktes) Spannungssystem, wobei die Spannungen um $\sqrt{3}$ *größer* als die Strangspannungen sind und das System um 30° *voreilt*.

Bemerkung: Außer der Darstellung auf der Abb.12.7 links werden auch die Zeigerdiagramme auf Abb.12.7 Mitte und rechts oft benutzt, die eigentlich dieselben 6 Spannungszeiger, jedoch in anderen Gruppierungen darstellen, die manchmal übersichtlichere graphische Konstruktionen ermöglichen. In der Tat haben alle Zeiger: $\underline{U}_1$, $\underline{U}_2$ ... , $\underline{U}_{12}$, usw. auf allen 3 Diagrammen jeweils dieselbe Länge und denselben Phasenwinkel, sie wurden lediglich durch parallele Verschiebung anders platziert. Es leuchtet ein, dass mit der Darstellung auf der Abb. 12.7 rechts (alle Zeigeranfänge im selben Punkt) Additionen oder Subtraktionen leichter zu konstruieren sind, als mit der linken Darstellung. Man kann z.B. leicht überprüfen, dass die Maschengleichungen auf allen 3 Zeigerdiagrammen (Abb. 12.7 links, Mitte und rechts) erfüllt sind. Die Tatsache, dass die Spannungszeiger $\underline{U}_1$, $\underline{U}_2$, $\underline{U}_3$ auf den Abb. 12.7 Mitte und rechts nicht mehr zum Mittelpunkt hin gerichtet sind, sollte keine Verwirrung stiften: Zeiger können in der Ebene beliebig verschoben werden, solange ihre Länge und ihr Nullphasenwinkel unverändert bleiben.

12.3.2. Generatordreieckschaltung

Hier sind die Außenleiterspannungen *identisch* mit den Strangspannungen, wie man auf Abb. 12.6b sieht.

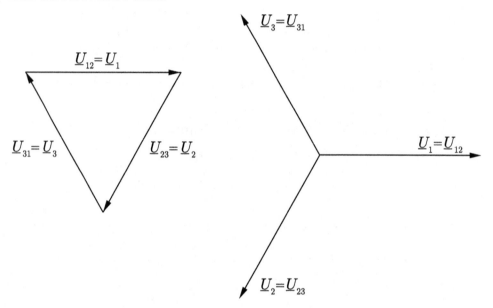

Abbildung 12.8.: Spannungszeigerdiagramme bei Dreieckschaltung

$$
\begin{aligned}
\underline{U}_{12} &= \underline{U}_1 = U \\
\underline{U}_{23} &= \underline{U}_2 = a^2 \cdot U \\
\underline{U}_{31} &= \underline{U}_3 = a \cdot U
\end{aligned}
\tag{12.14}
$$

Die entsprechenden Zeiger können wie auf Abb.12.8 links, aber auch alle mit den Anfängen im selben Punkt, wie auf Abb.12.8 rechts, dargestellt werden. Die rechte Darstellung erleichtert graphische Konstruktionen; der Mittelpunkt hat keine physikalische Bedeutung.

Zwischen den Außenleiterspannungen der Stern- und der Dreieckschaltung besteht demzufolge die Beziehung:

$$
U_{12} = U_{23} = U_{31} = \sqrt{3}U_{12_\Delta} = \sqrt{3}U_{23_\Delta} = \sqrt{3}U_{31_\Delta} \, .
\tag{12.15}
$$

12.4. Symmetrische Verbraucher

Als symmetrisch wird ein Verbraucher in Sternschaltung genannt, dessen Impedanzen gleichgroß sind: $\underline{Z}_1 = \underline{Z}_2 = \underline{Z}_3 = \underline{Z}$. Der Verbraucher kann nur drei Anschlussklemmen: 1, 2, 3 aufweisen (in diesem Fall liegt ein "Dreileiternetz" vor, ohne Neutralleiter), oder auch eine vierte Klemme N (wie auf Abb.12.9) haben, sodass die Leitung auch einen Neutralleiter haben kann ("Vierleiternetz").

Ein Verbraucher in Dreieckschaltung mit gleichen Impedanzen $\underline{Z}_\triangle$ ist ebenfalls symmetrisch, da er nach dem bekannten Umwandlungstheorem in einen äquivalenten Stern mit den gleichgroßen Impedanzen $\underline{Z} = \underline{Z}_\triangle/3$ umgewandelt werden kann.

Im Folgenden wird überall angenommen, dass die Impedanzen einzelner Phasen *nicht* induktiv miteinander gekoppelt sind. (Induktive Kopplungen entstehen dann, wenn das von einer Spule erzeugte Magnetfeld durch eine andere Spule, die in einem benachbarten Strang liegt, hindurch geht. Ein solches Kopplungsfeld erzeugt eine sogenannte induzierte Spannung, die hier außer Acht gelassen werden muss).

12.4.1. Symmetrischer Verbraucher in Sternschaltung

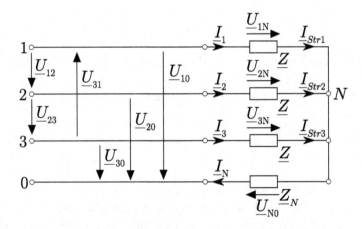

Abbildung 12.9.: Drehstrom-Vierleiternetz mit symmetrischem Verbraucher in Sternschaltung

Der Verbraucher wird mit einem symmetrischen Spannungssystem, z.B.:

$$\begin{aligned}
\underline{U}_{10} &= U \cdot e^{j0°} \\
\underline{U}_{20} &= a^2 U = U \cdot e^{-j\frac{2\pi}{3}} \\
\underline{U}_{30} &= aU = U \cdot e^{j\frac{2\pi}{3}}
\end{aligned}$$

(12.16)

gespeist. Die Verbraucherimpedanzen sind:

$$\underline{Z}_1 = \underline{Z}_2 = \underline{Z}_3 = \underline{Z} = Z \cdot e^{j\varphi} \,, \qquad (12.17)$$

wo φ der Phasenwinkel zwischen dem Strom $\underline{I}_1$ und der Spannung $\underline{U}_{1N}$, wie auch zwischen $\underline{I}_2$ und $\underline{U}_{2N}$ und $\underline{I}_3$ und $\underline{U}_{3N}$, bedeutet. Die Impedanz des Neutralleiters soll:

$$\underline{Z}_N = Z_N \cdot e^{j\varphi_N} \qquad (12.18)$$

sein. Sollen die Impedanzen der Leiter, die den Generator mit dem Verbraucher verbinden, nicht vernachlässigbar sein, so werden sie zu den Impedanzen (12.17) dazuaddiert (also in Reihe geschaltet).

Da die Außenleiter in Reihe mit den Sternimpedanzen geschaltet sind, gilt hier: *Die Außenleiterströme sind identisch mit den Strangströmen:*

$$\underline{I}_1 = \underline{I}_{Str1}, \quad \underline{I}_2 = \underline{I}_{Str2}, \quad \underline{I}_3 = \underline{I}_{Str3} \,.$$

Sie sind einfach aus den Maschengleichungen ableitbar:

$$\underline{I}_1 = \frac{\underline{U}_{1N}}{\underline{Z}} = \frac{\underline{U}_{10} - \underline{U}_{N0}}{\underline{Z}} \quad ; \quad \underline{I}_2 = \frac{\underline{U}_{2N}}{\underline{Z}} = \frac{\underline{U}_{20} - \underline{U}_{N0}}{\underline{Z}} \quad ; \qquad (12.19)$$

$$\underline{I}_3 = \frac{\underline{U}_{3N}}{\underline{Z}} = \frac{\underline{U}_{30} - \underline{U}_{N0}}{\underline{Z}} \,.$$

Der Strom in dem Neutralleiter ergibt sich aus der Knotengleichung:

$$\underline{I}_N = \frac{\underline{U}_{N0}}{\underline{Z}_N} = \underline{I}_1 + \underline{I}_2 + \underline{I}_3 \,. \qquad (12.20)$$

Die 4 Gleichungen (12.19) und (12.20) bestimmen die 4 Unbekannten : $\underline{I}_1$, $\underline{I}_2$, $\underline{I}_3$ und $\underline{U}_{N0}$.

Zunächst soll bewiesen werden, dass in dem vorliegenden Falle des symmetrischen Generators und symmetrischen Sternverbrauchers, *der Strom im Neutralleiter $\underline{I}_N$ und die Spannung $\underline{U}_{N0}$ zwischen Generator- und Verbraucher-Sternpunkt gleich Null sind.*

Setzt man in (12.20) die Ausdrücke (12.19) für die drei Ströme ein, so wird:

$$(\underline{U}_{10} + \underline{U}_{20} + \underline{U}_{30})\frac{1}{\underline{Z}} = \underline{U}_{N0}(\frac{3}{\underline{Z}} + \frac{1}{\underline{Z}_N}).$$ (12.21)

Die linke Seite der Gleichung ist gleich Null, da bei symmetrischen Spannungssystemen:

$$\underline{U}_{10} + \underline{U}_{20} + \underline{U}_{30} = 0$$

gilt. Der Ausdruck in der Klammer auf der rechten Seite kann nicht Null sein, da der Realteil der Impedanzen und Admittanzen nicht Null sein kann. Es bleibt:

$$\boxed{\underline{U}_{N0} = 0}$$ (12.22)

$$\boxed{\underline{I}_N = \frac{\underline{U}_{N0}}{\underline{Z}_N} = 0}$$

und weiter:

$$\underline{U}_{1N} = \underline{U}_{10} \quad , \quad \underline{U}_{2N} = \underline{U}_{20} \quad , \quad \underline{U}_{3N} = \underline{U}_{30}.$$ (12.23)

Bemerkung: Bei symmetrischen Sternverbrauchern fließt durch den Neutralleiter kein Strom, sodass man auf diesen vierten Leiter verzichten kann, was eine bedeutende Einsparung darstellt.

Die Strang- (und Außenleiter-) Ströme sind also:

$$\underline{I}_1 = \frac{\underline{U}_{10}}{\underline{Z}} = \frac{U}{Z} \cdot e^{-j\varphi}$$

$$\underline{I}_2 = \frac{\underline{U}_{20}}{\underline{Z}} = \frac{U}{Z} \cdot e^{-j(\varphi+\frac{2\pi}{3})} = a^2 \cdot \underline{I}_1$$ (12.24)

$$\underline{I}_3 = \frac{\underline{U}_{30}}{\underline{Z}} = \frac{U}{Z} \cdot e^{-j(\varphi+\frac{4\pi}{3})} = a \cdot \underline{I}_1$$

und bilden ebenfalls ein symmetrisches (direktes) System, wie die Spannungen. Alle Ströme haben den Betrag:

$$|\underline{I}_1| = |\underline{I}_2| = |\underline{I}_3| = \frac{U}{Z}$$ (12.25)

wo U der Effektivwert der Generator-Strangspannung ist. Zur Erinnerung: Der Phasenverschiebungswinkel φ zwischen Strangstrom und Strangspannung wird vom *Stromzeiger aus* in Gegenuhrzeigersinn positiv gezählt.
Die Gleichungen (12.23) und (12.25) führen zu dem Schluss, dass die Ströme in einem symmetrischen dreiphasigen Sternverbraucher genauso wie in einem

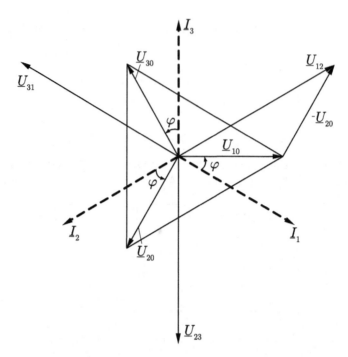

Abbildung 12.10.: Zeigerdiagramme der Spannungen und Ströme für das Netz
von Abb.12.9

einphasigen System berechnet werden können, das mit der Strangspannung
des Generators gespeist wird.

Es bleiben die Außenleiterspannungen, die sich aus Maschengleichungen und
(12.11) ergeben:

$$
\begin{aligned}
\underline{U}_{12} &= \underline{U}_{10} - \underline{U}_{20} = \sqrt{3} \cdot U e^{j\frac{\pi}{6}} \\
\underline{U}_{23} &= \underline{U}_{20} - \underline{U}_{30} = a^2 \sqrt{3} \cdot U e^{j\frac{\pi}{6}} = a^2 \cdot \underline{U}_{12} \qquad (12.26)\\
\underline{U}_{31} &= \underline{U}_{30} - \underline{U}_{10} = a \sqrt{3} \cdot U e^{j\frac{\pi}{6}} = a \cdot \underline{U}_{12}.
\end{aligned}
$$

Die Beträge der Außenleiterspannungen sind um den *Faktor* $\sqrt{3}$ größer als die
der Strangspannungen. Sie bilden, wie auf Abb.12.10 ersichtlich, wieder ein
symmetrisches System, das dem der Strangspannungen um $\dfrac{\pi}{6}$ *voreilt.*

12.4.2. Symmetrischer Verbraucher in Dreieckschaltung

Hier wird das System der Außenleiterspannungen $\underline{U}_{12}$, $\underline{U}_{23}$, $\underline{U}_{31}$ und es werden
die Strangimpedanzen:

$$
\underline{Z}_{12} = \underline{Z}_{23} = \underline{Z}_{31} = \underline{Z} = Z \cdot e^{j\varphi}
$$

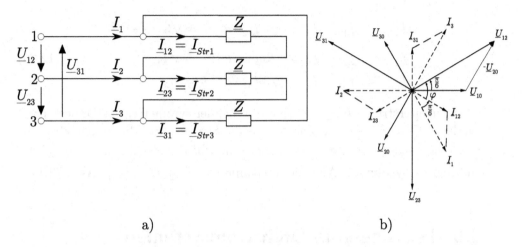

a)   b)

Abbildung 12.11.: Symmetrischer Dreieckverbraucher,
(a) Schaltung, (b) Zeigerdiagramme der Ströme und Spannungen.

als bekannt betrachtet. Unbekannt sind dann die drei Außenleiterströme $\underline{I}_1$, $\underline{I}_2$, $\underline{I}_3$ und die drei Strangströme $\underline{I}_{12}$, $\underline{I}_{23}$, $\underline{I}_{31}$.

Auf Abb. 12.11 sieht man, dass hier *die Außenleiterspannungen identisch mit den Strangspannungen sind*, da sie unmittelbar an den Strangimpedanzen $\underline{Z}$ liegen. Somit kann man die Strangströme direkt schreiben;

$$\underline{I}_{12} = \frac{\underline{U}_{12}}{\underline{Z}} = \frac{\sqrt{3}\,U}{Z}e^{j(\frac{\pi}{6}-\varphi)}\,; \quad \underline{I}_{23} = \frac{\underline{U}_{23}}{\underline{Z}} = a^2\underline{I}_{12}\,; \quad \underline{I}_{31} = \frac{\underline{U}_{31}}{\underline{Z}} = a\underline{I}_{12}$$

(12.27)

wenn U wieder den Effektivwert der Strangspannung beim Generator (der in der Regel eine Sternschaltung hat) bedeutet.

Die Strangströme bilden ein symmetrisches System mit den Effektivwerten

$$|\underline{I}_{12}| = |\underline{I}_{23}| = |\underline{I}_{31}| = \frac{\sqrt{3}U}{Z}\,.$$

(12.28)

Jeder Strangstrom hat die Phasenverschiebung φ gegenüber der entsprechenden Strangspannung: $\underline{I}_{12}$ gegenüber $\underline{U}_{12}$, usw.

Die Außenleiterströme ergeben sich aus dem Knotensatz, dreimal an den Anschlussklemmen des Verbrauchers angewendet. Mit (12.12) und (12.27) wird also:

$$
\begin{aligned}
\underline{I}_1 &= \underline{I}_{12} - \underline{I}_{31} = \sqrt{3}\,\underline{I}_{12} \cdot e^{-j\frac{\pi}{6}} = \sqrt{3}\frac{\sqrt{3}U}{Z}e^{-j\varphi} \\
\underline{I}_2 &= \underline{I}_{23} - \underline{I}_{12} = \sqrt{3}\,\underline{I}_{23} \cdot e^{-j\frac{\pi}{6}} = a^2\underline{I}_1 \qquad\qquad (12.29) \\
\underline{I}_3 &= \underline{I}_{31} - \underline{I}_{23} = \sqrt{3}\,\underline{I}_{31} \cdot e^{-j\frac{\pi}{6}} = a\underline{I}_1\,.
\end{aligned}
$$

Die Außenleiterströme $\underline{I}_1$, $\underline{I}_2$, $\underline{I}_3$ sind also bei der symmetrischen Dreieckschaltung des Verbrauchers um $\sqrt{3}$ *größer als die Strangströme*. Sie bilden ebenfalls ein symmetrisches (direktes) System, das die Phasenverschiebung $(\varphi + \frac{\pi}{6})$ gegenüber dem System der Außenleiterspannungen $\underline{U}_{12}$, $\underline{U}_{23}$, $\underline{U}_{31}$ (Abb. 12.11b) hat.

12.5. Leistungen in Drehstromsystemen

Die Wirk- und die Blindleistung des Drehstromsystems ergeben sich als Summe der in den Strängen auftretenden Teilleistungen:

$$
P = \sum_{k=1}^{3} P_{Str_k} \quad , \quad Q = \sum_{k=1}^{3} Q_{Str_k} \qquad\qquad (12.30)
$$

wobei P und Q durch die vom Einphasen-Wechselstrom bekannten Gleichungen (siehe Abschnitt 9.10):

$$
\begin{aligned}
P &= U I \cos\varphi \\
Q &= U I \sin\varphi
\end{aligned}
$$

definiert werden.

Für die komplexe Leistung gilt somit:

$$
\underline{S} = P + jQ = \sum_{k=1}^{3} P_{Str_k} + j\sum_{k=1}^{3} Q_{Str_k} = \sum_{k=1}^{3} \underline{S}_{Str_k} = \sum_{k=1}^{3} \underline{U}_{Str_k} \cdot \underline{I}^*_{Str_k} \quad (12.31)
$$

Bemerkung: Es gilt pro Strang: $S_{Str} = \sqrt{P^2 + Q^2}$, aber:

$$
S \neq \sum_{k=1}^{3} S_{Str_k} \quad , \quad S \neq \sqrt{\sum_{k=1}^{3} S^2_{Str_k}} \quad !
$$

Es gilt also in Drehstromsystemen allgemein:

$$P = \sum_{k=1}^{3} U_{Str_k} \cdot I_{Str_k} \cdot \cos\varphi_{Str_k} \qquad , \qquad Q = \sum_{k=1}^{3} U_{Str_k} \cdot I_{Str_k} \cdot \sin\varphi_{Str_k}$$

$$(12.32)$$

Hier ist φ_{Str_k} die Phasenverschiebung zwischen dem Strangstrom und der Strangspannung in der Phase k. Für *symmetrische* Systeme vereinfachen sich die Gleichungen (12.32) zu:

$$P = 3\,U_{Str} \cdot I_{Str} \cdot \cos\varphi_{Str} \qquad , \qquad Q = 3\,U_{Str} \cdot I_{Str} \cdot \sin\varphi_{Str} \qquad (12.33)$$

und zwar unabhängig davon, ob der Verbraucher in Stern oder in Dreieck geschaltet ist.

Noch eine Bemerkung zur gesamten Augenblickleistung $p(t)$ in einem symmetrischen Drehstromsystem.
In einem Einphasensystem mit:

$$\begin{aligned} u &= U\sqrt{2}\,\cos\omega t \\ i &= I\sqrt{2}\,\cos(\omega t - \varphi) \end{aligned}$$

ist die Leistung:

$$p(t) = u \cdot i = 2UI \cdot \cos\omega t \cdot \cos(\omega t - \varphi)$$

was, mit dem Additionstheorem:

$$\cos\alpha \cdot \cos\beta = \frac{1}{2}[\cos(\alpha - \beta) + \cos(\alpha + \beta)]$$

ergibt:

$$p(t) = UI[\cos\varphi + \cos(2\omega t - \varphi)].$$

Die Leistung hat einen zeitunabhängigen Teil: $U \cdot I \cdot \cos\varphi$ (Wirkleistung P) und einen mit der doppelten Kreisfrequenz schwankenden Teil.
Dagegen ist in dem Drehstromsystem mit den Spannungen (12.5):

$$u_1(t) = U\sqrt{2}\cdot\cos\omega t \quad ; \quad u_2(t) = U\sqrt{2}\cdot\cos(\omega t - \frac{2\pi}{3}) \quad ; \quad u_3(t) = U\sqrt{2}\cdot\cos(\omega t - \frac{4\pi}{3})$$

und den Strömen:

$$i_1(t) = I\sqrt{2}\cdot\cos(\omega t - \varphi); \quad i_2(t) = I\sqrt{2}\cdot\cos(\omega t - \frac{2\pi}{3} - \varphi); \quad i_3(t) = I\sqrt{2}\cdot\cos(\omega t - \frac{4\pi}{3} - \varphi)$$

die Augenblickleistung:

$$
\begin{aligned}
p(t) \;=\; & u_1 \cdot i_1 + u_2 \cdot i_2 + u_3 \cdot i_3 = 2UI[\cos\omega t \cdot \cos(\omega t - \varphi) + \\
& + \cos(\omega t - \frac{2\pi}{3}) \cdot \cos(\omega t - \frac{2\pi}{3} - \varphi) + \cos(\omega t - \frac{4\pi}{3}) \cdot \cos(\omega t - \frac{4\pi}{3} - \varphi)]
\end{aligned}
$$

und, gemäß demselben Additionstheorem wie vorher:

$$
p(t) = UI\left\{ \cos[2\omega t - \varphi] + \cos[2(\omega t - \frac{2\pi}{3}) - \varphi] + \cos[2(\omega t - \frac{4\pi}{3}) - \varphi] + 3 \cdot \cos\varphi \right\}.
$$

Die Summe der drei zeitabhängigen cos-Funktionen ist hier *gleich Null*, da sie gegeneinander um $\dfrac{2\pi}{3}$ verschoben sind, sodass die Leistung:

$$
p(t) = 3UI\cos\varphi \tag{12.34}
$$

zeitlich konstant ist. Obwohl die Leistung in jedem Strang "schwingt", kompensieren sich also im Gesamtsystem die Schwingungen. Das ist ein großer Vorteil der symmetrischen Drehstromsysteme in der Energietechnik. (Z.B. sollen die Dampfturbinen oder die Verbrennungsmotoren, die die großen Generatoren in Kraftwerken antreiben, zeitlich konstant belastet werden).

■ Beispiel 12.1
Symmetrischer Verbraucher in Dreieck- und Sternschaltung

Ein symmetrisches 3-Phasenspannungssystem mit der Außenleiterspannung $U_\Delta = 400\,V$, ($f = 50\,Hz$) speist einen symmetrischen Verbraucher in Dreieckschaltung mit den Impedanzen $\underline{Z} = R + jX = (8,4 + j11,1)\,\Omega$. Die Leiter der Leitung weisen jeweils die Impedanz $\underline{Z}_l = R_l + jX_l = (0,2 + j0,3)\,\Omega$ auf.

Gesucht sind:

1. Die Außenleiterströme (Betrag und Phasenwinkel)

2. Die Strangspannungen an dem Dreieckverbraucher (Betrag)

3. Die Strangströme (Betrag)

4. Welche Wirkleistung P geht auf der Leitung verloren?

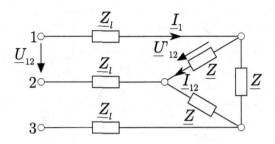

Lösung

1. Um die Leitungsimpedanz $\underline{Z}_l$ und die Verbraucherimpedanz $\underline{Z}$ zusammenzuschalten, muss zunächst das Dreieck in einen Stern mit den Impedanzen $\underline{Z}/3$ umgewandelt werden. Nur auf diese Weise können die Leitungsimpedanz und die Verbraucherimpedanz in Reihe geschaltet werden. Jeder Phase entspricht jetzt eine Gesamtimpedanz (siehe nächstes Bild):

$$\underline{Z}' = \underline{Z}_l + \frac{\underline{Z}}{3} = (0,2 + j0,3)\Omega + (2,8 + j3,7)\Omega = (3 + 4j)\Omega.$$

$$\underline{Z}' = 5\,\Omega\,e^{j53°}.$$

Die 3 Außenleiterströme lassen sich direkt berechnen, wenn man z.B., wie üblich, der Generatorspannung $\underline{U}_1$ den Nullphasenwinkel 0° zuordnet:

$$\underline{U}_1 = \frac{U_\Delta}{\sqrt{3}}e^{j0°}$$

$$\underline{I}_1 = \frac{\underline{U}_1}{\underline{Z}'} = \frac{400V}{\sqrt{3}\cdot 5\Omega}e^{-j53°} = \boxed{46,19\,A\cdot e^{-j53°}}.$$

Die anderen zwei Außenleiterströme haben denselben Betrag und eilen um jeweils 120° nach:

$$\boxed{\underline{I}_2 = 46,19\,Ae^{-j173°} \quad , \quad \underline{I}_3 = 46,19\,Ae^{j67°}}.$$

2. Gesucht wird jetzt die Spannung $\underline{U}'_{12}$, die am Dreieck als Strangspannung erscheint. Man kann an dem Sternverbraucher $\underline{Z}/3$ die Strangspannung $\underline{U}'_{1N}$ mit Hilfe des jetzt bekannten Stromes $\underline{I}_1$ bestimmen:

$$\underline{U}'_{1N} = \underline{I}_1 \cdot \frac{\underline{Z}}{3} = 46,19\,A\cdot e^{-j53°}\cdot(2,8 + j3,7)\,\Omega$$

$$U'_{1N} = 214\,V$$

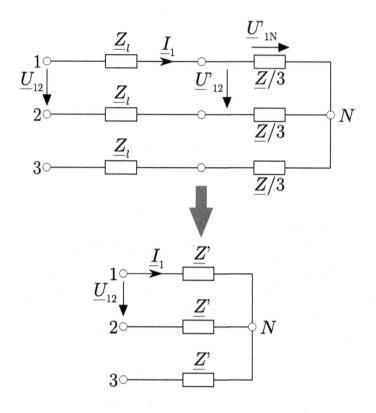

$$U'_{12} = \sqrt{3}\,U'_{1N} \approx \boxed{370\,V}\,.$$

Von den $400\,V$ Außenleiterspannung am Generator gelangen also $370\,V$ am Verbraucher.

3. Die Strangströme des Dreieckverbrauchers sind um $\sqrt{3}$ kleiner als die Außenleiterströme:

$$I_{12} = \frac{46,19\,A}{\sqrt{3}} = \boxed{26,67\,A}\,,$$

oder:

$$I_{12} = \frac{U_{12}}{Z} = \frac{370\,V}{\sqrt{8,4^2 + 11,1^2}\,\Omega} = 26,63\,A\,.$$

4.

$$P = 3R_l I_1^2 = 3 \cdot 0,2\,\Omega \cdot (46,19\,A)^2 = \boxed{1280\,W}\,.$$

■

■ **Beispiel 12.2**

Symmetrische Drehstromverbraucher in Stern und Dreieck und Blindleistungs-kompensation

Ein Drehstrom-Vierleiternetz mit der Außenleiterspannung $U_\Delta = 400\,V$, $50\,Hz$ speist einen Drehstromverbraucher in Dreieckschaltung (*V*), mit den Impedanzen $\underline{Z} = R + jX$. Der Verbraucher (dreiphasiger Asynchronmotor) nimmt insgesamt die Wirkleistung $P = 40\,kW$ mit dem Leistungsfaktor $\cos\varphi = 0,75$ (induktiv) auf.

Dem Verbraucher parallel geschaltet ist eine Kondensatorbatterie (*C*) in Sternschaltung, die den Leistungsfaktor der Gesamtanlage auf $\cos\varphi' = 0,95$ erhöht.

1. Zeichnen Sie den Schaltplan der Anlage (Vierleiternetz, Verbraucher, Kondensatorbatterie).

2. Berechnen Sie für den Verbraucher V:

   - Die Außenleiterströme (Betrag)

   - Die Strangströme

   - Die Strangwiderstände (Wirk- und Blindkomponente).

3. Skizzieren Sie das Diagramm aller Spannungen, wenn $\underline{U}_{1N} = U_{1N} \cdot e^{j0°}$ ist und das Zeigerdiagramm der Strangströme des Verbrauchers (ohne Batterie).

4. Berechnen Sie die in der Kondensatorbatterie installierte Blindleistung Q_C, sowie die Ströme und Kapazitäten je Strang der Batterie.

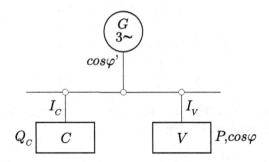

Lösung

1. *Der Schaltplan der Anlage:*

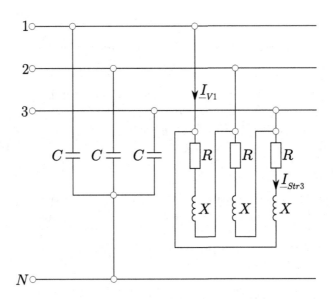

2. Da die Impedanz $\underline{Z}$ nicht bekannt ist, dagegen die Wirkleistung P und der Leistungsfaktor $\cos\varphi$, geht man von:

$$P = 3 U_{Str} \cdot I_{Str} \cdot \cos\varphi$$

aus, wobei $U_{Str} = U_\Delta = 400\,V$ ist.
Es ergibt sich:

$$I_{Str} = \frac{P}{3 U_{Str} \cdot \cos\varphi} = \frac{40 \cdot 10^3\,W}{3 \cdot 400\,V \cdot 0,75} = \boxed{44,\tilde{4}\,A} \ .$$

Die Außenleiterströme sind um $\sqrt{3}$ größer:

$$I_V = I_{Str} \cdot \sqrt{3} = \boxed{77\,A} \ .$$

Der Betrag der Strangimpedanz ist:

$$Z_{Str} = \frac{U_{Str}}{I_{Str}} = \frac{400\,V}{44,\tilde{4}\,A} = 9\,\Omega \ .$$

Die Wirk- und Blindkomponente ergeben sich mit dem bekannten Phasenverschiebungswinkel φ zu:

$$R_{Str} = Z_{Str} \cdot \cos\varphi = 9\,\Omega \cdot 0,75 = \boxed{6,75\,\Omega}$$

$$X_{Str} = Z_{Str} \cdot \sin\varphi = 9\,\Omega \cdot 0,661 = \boxed{5,95\,\Omega} \ .$$

3.

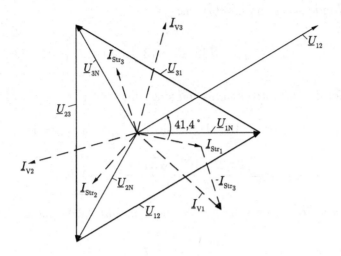

Man zeichnet das System der Generatorstrangspannungen mit $\underline{U}_{1N}$ in der reellen Achse und anschließend die Außenleiterspannungen $\underline{U}_{12}$, usw.

Es folgt der Strangstrom $\underline{I}_{Str1}$, der der Spannung $\underline{U}_{12}$ um $41,4°$ ($\cos\varphi = 0,75 \Rightarrow \varphi = 41,4°$) nacheilt. Die anderen Strangströme bilden ein symmetrisches System. Schließlich konstruiert man den Außenleiterstrom $\underline{I}_{V1} = \underline{I}_{Str_1} - \underline{I}_{Str_3}$ (Knotensatz) und die übrigen zwei Ströme $\underline{I}_{V2}$ und $\underline{I}_{V3}$.

4. Ohne Batterie hat die Anlage die Wirkleistung $P = 40\,kW$ und die Blindleistung:

$$Q_v = 3 \cdot U_{Str} \cdot I_{Str} \sin\varphi = 3 \cdot 400\,V \cdot 44,\tilde{4}\,A \cdot 0,661 =$$
$$= 35,25\,kvar$$

verbraucht.

Mit Batterie (die als ideal angenommen wird) ändert sich die Wirkleistung nicht, $P_{ges} = 40\,kW$. Man kennt $\cos\varphi_{ges} = 0,95 \Rightarrow \varphi_{ges} = 18,2°$, also kann man schreiben:

$$P_{ges} = S_{ges} \cdot \cos\varphi_{ges}$$
$$Q_{ges} = S_{ges} \cdot \sin\varphi_{ges} = \frac{P_{ges}}{\cos\varphi_{ges}} \cdot \sin\varphi_{ges} = P_{ges} \cdot \tan\varphi_{ges}$$

$$Q_{ges} = 40 \cdot 10^3 \cdot 0,329\,var = 13,16\,kvar\,.$$

Die Differenz zwischen Q_V und der neuen Blindleistung Q_{ges} wird von den Kondensatoren aufgebracht:

$$Q_C = Q_{ges} - Q_V = (35,25 - 13,16)\,kvar = \boxed{22,12\,kvar}\,.$$

Die Kondensatorströme ergeben sich aus:

$$Q_c = 3I_C \cdot U_{Str} \cdot \sin\varphi_c \quad mit \ \sin\varphi_c = 1$$

$$I_C = \frac{22,12 \cdot 10^3 \cdot \sqrt{3}\,var}{3 \cdot 400\,V} = \boxed{31,93\,A}\,.$$

Die Kapazitäten bestimmt man aus dem Blindwiderstand:

$$X_C \ = \ \frac{U_{Str}}{I_C} = \frac{400\,V}{\sqrt{3} \cdot 31,93\,A} = 7,23\,\Omega$$

$$X_C \ = \ \frac{1}{\omega C} \Rightarrow C = \frac{1}{X_C \cdot \omega} = \frac{1}{7,23\,\Omega \cdot 2\pi \cdot 50 s^{-1}} = \boxed{440\,\mu F}\,.$$

■

12.6. Zusammenfassende Betrachtung symmetrischer Drehstromsysteme

Im Prinzip gibt es vier mögliche Kombinationen symmetrischer Generatoren mit symmetrischen Verbrauchern:

	Generator	Verbraucher
1.	Stern	Stern
2.	Stern	Dreieck
3.	Dreieck	Stern
4.	Dreieck	Dreieck

Die Kombinationen 1 und 2 sollen miteinander verglichen werden.

Im folgenden wird von einem Netz mit der Außenleiterspannung U_L und dem Außenleiterstrom I_L und von gleichen Impedanzen $\underline{Z}$ ausgegangen. Die Stranggrößen werden U_{Str}, I_{Str} genannt.

$$\boxed{\underline{I}_{Str} = \underline{I}_L} = \frac{U_{Str}}{\underline{Z}} = \frac{U_L}{\sqrt{3}\,\underline{Z}} \qquad \boxed{\underline{I}_{Str} = \frac{\underline{I}_L}{\sqrt{3}}} = \frac{U_{Str}}{\underline{Z}} = \frac{U_L}{\underline{Z}}$$

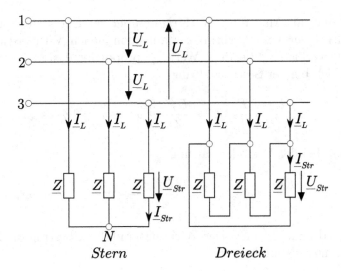

Stern   *Dreieck*

$$\boxed{\underline{U}_{Str} = \frac{\underline{U}_L}{\sqrt{3}}}$$

$$\boxed{\underline{U}_{Str} = \underline{U}_L}$$

$$S = 3\,I_{Str} \cdot U_{Str} = \frac{U_L^2}{Z}$$

$$P = 3\,I_{Str} \cdot U_{Str} \cos\varphi = \sqrt{3}U_L I_L \cos\varphi$$

$$Q = 3\,I_{Str} \cdot U_{Str} \sin\varphi = \sqrt{3}U_L I_L \sin\varphi$$

$$S = 3\,I_{Str} \cdot U_{Str} = 3\frac{U_L^2}{Z}$$

$$P = 3\,I_{Str} \cdot U_{Str} \cos\varphi = \sqrt{3}U_L I_L \cos\varphi$$

$$Q = 3\,I_{Str} \cdot U_{Str} \sin\varphi = \sqrt{3}U_L I_L \sin\varphi$$

Bemerkungen:

- In den letzten Formeln für die Wirkleistung P und für die Blindleistung Q ist φ nicht der Winkel zwischen $\underline{U}_L$ und $\underline{I}_L$, sondern φ ist immer der Winkel zwischen den *Strang*größen $\underline{I}_{Str}$ und $\underline{U}_{Str}$.

- Die Wirkleistungen können auch als:

$$P = 3I_{Str}^2 \cdot R = 3\,I_{str}^2 \cdot Z \cos\varphi$$

berechnet werden. Dann ist die von dem Sternverbraucher aufgenommene Wirkleistung:

$$P = 3 \cdot \frac{U_L^2}{3Z^2} \cdot Z \cos\varphi = \frac{U_L^2}{Z} \cos\varphi$$

während der Dreiecksverbraucher die Leistung:

$$P_\Delta = 3 \cdot \frac{U_L^2}{Z^2} \cdot Z \cos\varphi = 3 \cdot \frac{U_L^2}{Z} \cos\varphi,$$

also die *dreifache* Wirkleistung aufnimmt.

- Wenn man als Maß für den *Wirkungsgrad* der Energieübertragung das Verhältnis der vom Verbraucher aufgenommenen Wirkleistung zu den Leitungsverlusten (die dem Wert I_L^2 proportional sind) betrachtet, so ergibt sich bei der Sternschaltung:

$$\frac{P}{I_L^2} = \frac{P}{U_L^2} 3Z^2 = \frac{U_L^2}{Z} \cdot \frac{3Z^2}{U_L^2} \cos\varphi = 3Z \cos\varphi,$$

während bei der Dreieckschaltung:

$$\frac{P_\Delta}{I_L^2} = \frac{P_\Delta}{3U_L^2} \cdot Z^2 = 3\frac{U_L^2}{Z} \cdot \frac{Z^2}{3U_L^2} \cos\varphi = Z \cos\varphi,$$

ist, also dreimal kleiner. Der Wirkungsgrad der Übertragung ist also bei der Sternschaltung besser.

Diese Eigenschaften werden in der Technik benutzt, indem man bei verschiedenen Verbrauchern die Möglichkeit der $Y - \Delta$- Umschaltung vorsieht. Dann kann man durch die Wahl der Schaltung bestimmen, ob der Motor einen großen Strom und somit eine große Wirkleistung aufnehmen soll (Dreieckschaltung), oder ob ein hoher Wirkungsgrad der Energieübertragung erzielt werden sollte (Sternschaltung).

12.7. Unsymmetrische Drehstromsysteme

12.7.1. Elektrische Energieverteilung

Drehstrom wird bis auf wenige Ausnahmen mit großen Synchrongeneratoren erzeugt, deren Leistung heute bis zu $2\,GVA$ und deren Spannung bis zu $30\,kV$ gehen kann. Die elektrische Energie wird mittels Transformatoren auf Spannungen von z.B. $20\,kV$, $60\,kV$, $110\,kV$, $220\,kV$, $400\,kV$ (in Europa) und sogar $700\,kV$ (Russland, Kanada) hochtransformiert und über *Dreileiter*netze zu Verteilungstransformatoren geleitet. Sekundärseitig weisen diese meistens *Vierleiter*netze (Abb.12.12) auf. Solche Netze liefern 6 Spannungen: 3 Außen-leiterspannungen (üblicherweise $400\,V$) und 3 Nullleiterspannungen ($230\,V$). Die Einphasenverbraucher werden an $230\,V$, die Drehstromverbraucher (auf Abb. 12.12 ein Asynchromotor) an $400\,V$ gelegt. Die Belastung der Phasen kann unterschiedlich sein, wobei Unsymmetrien sowohl bezüglich der Phasen-winkel als auch infolge ungleicher Beträge der Impedanzen auftreten können. Auf Abbildung 12.12 is ein Beispiel für eine unsymmetrische Belastung eines symmetrischen Spannungssystems gezeigt. Zwischen dem Strang 3 und dem Nullleiter sind zwei einphasige Verbraucher parallel geschaltet.

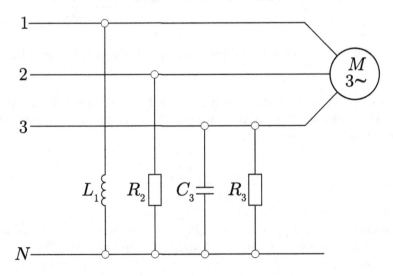

Abbildung 12.12.: Vierleiternetz mit Einphasen- und Dreiphasenlasten

Es genügt nicht mehr die Betrachtung nur eines Stranges, wie es bei vollkom-mener Symmetrie der Fall war.

12.7.2. Sternverbraucher: Die Spannung zwischen Generator- und Verbraucher-Sternpunkt

Im Abschn. 12.4.1 wurde gezeigt, dass bei einem symmetrischen Sternverbraucher (die Generatoren werden immer als symmetrisch vorausgesetzt) die Spannung $\underline{U}_{N0} = 0$ ist (Abb. 12.9). Ist der Verbraucher nicht mehr symmetrisch (Abb. 12.13), so tritt eine *Verlagerungsspannung* $\underline{U}_{N0}$ auf, die hier untersucht werden sollte.

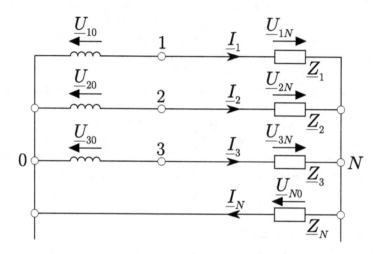

Abbildung 12.13.: Generator mit unsymmetrischem Sternverbraucher

Die Spannung $\underline{U}_{N0}$ läßt sich einfach mit der Methode der Ersatzstromquelle (Norton-Theorem) bestimmen, da der Kurzschlussstrom an den Klemmen $0-N$ direkt geschrieben werden kann:

$$\underline{I}_k = \frac{\underline{U}_{10}}{\underline{Z}_1} + \frac{\underline{U}_{20}}{\underline{Z}_2} + \frac{\underline{U}_{30}}{\underline{Z}_3}$$

(die Spannungen $\underline{U}_{10}$, $\underline{U}_{20}$, $\underline{U}_{30}$ sind *Quellen*spannungen, auch wenn man für sie, wie üblich, das Schaltsymbol für Induktivitäten und nicht für Spannungsquellen benutzt).

Die *Innen*admittanz der Ersatzstromquelle ist:

$$\underline{Y}_i = \frac{1}{\underline{Z}_1} + \frac{1}{\underline{Z}_2} + \frac{1}{\underline{Z}_3}$$

und somit ist die Spannung $\underline{U}_{N0}$, gemäß dem Norton-Theorem:

$$\underline{U}_{N0} = \frac{\underline{I}_k}{\underline{Y}_i + \underline{Y}_N} = \boxed{\frac{\dfrac{U_{10}}{\underline{Z}_1} + \dfrac{U_{20}}{\underline{Z}_2} + \dfrac{U_{30}}{\underline{Z}_3}}{\dfrac{1}{\underline{Z}_1} + \dfrac{1}{\underline{Z}_2} + \dfrac{1}{\underline{Z}_3} + \dfrac{1}{\underline{Z}_N}}}. \qquad (12.35)$$

Die Außenleiterströme ergeben sich aus Maschengleichungen:

$$\underline{I}_1 = \frac{\underline{U}_{10} - \underline{U}_{N0}}{\underline{Z}_1} \quad , \quad \underline{I}_2 = \frac{\underline{U}_{20} - \underline{U}_{N0}}{\underline{Z}_2} \quad , \quad \underline{I}_3 = \frac{\underline{U}_{30} - \underline{U}_{N0}}{\underline{Z}_3}. \qquad (12.36)$$

Diskussion:

Gl. (12.35) zeigt, dass bei unsymmetrischer Belastung $\underline{U}_{N0} \neq 0$ wird (der Nullpunkt "verlagert" sich), auch wenn die Generatorspannungen symmetrisch sind. Ist jedoch Z_N sehr klein, so geht $U_{N0} \to 0$, d.h.: in Netzen mit genügend starkem Neutralleiter bleibt das Spannungssystem am Verbraucher ($\underline{U}_{1N} = \underline{U}_{10} - \underline{U}_{N0} \approx \underline{U}_{10}$, $\underline{U}_{2N} = \underline{U}_{20} - \underline{U}_{N0} \approx \underline{U}_{20}$, $\underline{U}_{3N} = \underline{U}_{30} - \underline{U}_{N0} \approx \underline{U}_{30}$) praktisch symmetrisch. Das ist besonders wichtig bei Niederspannungsnetzen mit vielen einphasigen Verbrauchern.

Andererseits, wenn Z_N groß ist oder sogar $Z_N = \infty$ (der Nullleiter fehlt oder ist unterbrochen), so kann die Verlagerungsspannung U_{N0} groß werden und die Spannungen an den Verbrauchern werden stark unterschiedlich. Damit können einige Verbraucher viel zu große Spannungen bekommen, - was gefährlich sein kann -, andere dagegen bekommen zu niedrige Spannungen, was ihre Funktionsweise beeinträchtigen kann.

Das folgende Beispiel soll zeigen, was die Verlagerungsspannung bewirken kann.

■ **Beispiel 12.3**
Verlagerungsspannung an einem unsymmetrischen ohmschen Sternverbraucher

Gegeben ist ein rein ohmscher Verbraucher, aus drei Glühlampen mit $R_1 = 100\,\Omega$, $R_2 = R_3 = 10\,\Omega$.
(Diese Widerstände enthalten auch die Leitungswiderstände, die Leitungsinduktivitäten sind hier vernachlässigbar). Die Sternschaltung wird mit einem symmetrischen Spannungssystem $400\,V/230\,V$, $50\,Hz$ gespeist.
Gesucht sind die Verlagerungsspannung $\underline{U}_{N0}$ und die drei Spannungen an den Verbrauchersträngen, in zwei Fällen:

1. *Der Nullleiter hat den Widerstand $R_N = 0,6\,\Omega$ $(L_N \approx 0)$.*

2. *Der Nullleiter fehlt.*

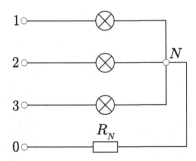

Lösung

1. $\underline{Y}_1 = 0,01\,S$, $\underline{Y}_2 = \underline{Y}_3 = 0,1\,S$, $\underline{Y}_N = 1,67\,S$; $\underline{U}_{10} + \underline{U}_{20} + \underline{U}_{30} = 0 \Rightarrow$
$\underline{U}_{20} + \underline{U}_{30} = -\underline{U}_{10}$.

$$\underline{U}_{N0} = \frac{0,01\underline{U}_{10} - 0,1\underline{U}_{10}}{0,01 + 0,1 + 0,1 + 1,67} = -0,048 \cdot \underline{U}_{10}$$

$$|U_{N0}| = 0,048 \cdot 230\,V = \boxed{11,04\,V} \ .$$

Die Verlagerungsspannung liegt unter 5%, so dass die Verbraucherspannungen praktisch symmetrisch und gleichgroß wie die Netzspannungen sind.

2. $\underline{Y}_N = 0$; $\underline{U}_{N0} = \dfrac{0,01\underline{U}_{10} - 0,1\underline{U}_{10}}{0,01 + 0,1 + 0,1} = -0,43\,\underline{U}_{10}$

$$|U_{N0}| = 0,43 \cdot 230\,V = \boxed{98,9\,V} \ .$$

Die Verlagerungsspannung beträgt jetzt 43% (!) von der angelegten Spannung. An den 3 Glühlampen liegen jetzt die Spannungen:

$\underline{U}_{1N} = \underline{U}_{10} - \underline{U}_{N0} = 1,43\,\underline{U}_{10}$; $\boxed{U_{1N} = 329\,V}$ (*viel zu groß*)

$\underline{U}_{2N} = \underline{U}_{20} - \underline{U}_{N0} =$ $U_{2N} = 230\,V \cdot 0,868 = \boxed{199,6\,V}$

$\qquad U_{10}(e^{-j120°} + 0,43)$

$\underline{U}_{3N} = \underline{U}_{30} - \underline{U}_{N0} =$ $U_{3N} = \boxed{199,6\,V}$.

$\qquad U_{10}(e^{j120°} + 0,43)$

Die Glühlampen der Phase 1, die weniger belastet ist, werden einer viel zu hohen Spannung ausgesetzt.

∎

Dieses Beispiel weist auf die Notwendigkeit des Neutralleiters bei dreiphasigen Netzen mit einphasigen Verbrauchern (meistens sind es Niederspannungsnetze) hin. Der Neutralleiter darf nie unterbrochen werden.

∎ Beispiel 12.4
Unsymmetrischer Sternverbraucher

Gegeben ist ein Vierleiternetz mit einem symmetrischen Spannungssystem $400\,V/230\,V$, $50\,Hz$. Die Last in Sternschaltung ist unsymmetrisch:

$$R_1 = 200\,\Omega, \quad R_2 = 173\,\Omega, \quad C_2 = 31{,}8\,\mu F, \quad L_3 = 318\,mH$$

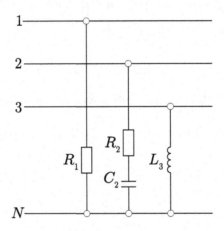

1. *Gesucht sind die komplexen Strang- und Außenleiterströme, der Neutralleiter-Strom, sowie die komplexen Leistungen der Verbraucherstränge und die Gesamtleistung $\underline{S}$. Es gilt:* $\underline{U}_{1N} = 230\,V \cdot e^{j0°}$.

2. *Das Zeigerdiagramm für die Ströme soll mit dem Maßstab $m_I = 0{,}5\,A/cm$ dargestellt werden. Der Strom im Neutralleiter soll graphisch überprüft werden.*

Lösung:

1. *Strang und Außenleiterströme sind bei der Sternschaltung identisch.*

$$\underline{I}_1 \;=\; \frac{\underline{U}_{1N}}{\underline{Z}_1} = \frac{230\,V \cdot e^{j0°}}{200\,\Omega} = \underline{1,15\,A \cdot e^{j0°}}$$

$$\underline{I}_2 \;=\; \frac{\underline{U}_{2N}}{\underline{Z}_2} = \frac{230\,V \cdot e^{-j120°}}{200\,\Omega e^{-j30°}} = \underline{1,15\,A \cdot e^{-j90°}}$$

$$mit \quad \underline{Z}_2 \;=\; R_2 + \frac{1}{j\omega C_2} = 173\,\Omega - j\frac{1}{2\pi \cdot 50 \cdot s^{-1} \cdot 31,8 \cdot 10^{-6}F}$$

$$= \; 173\,\Omega - j100,1\,\Omega$$

$$\underline{Z}_2 \approx 200\,\Omega \cdot e^{-j30°}$$

$$\underline{I}_3 = \frac{\underline{U}_{3N}}{\underline{Z}_3} = \frac{230\,V \cdot e^{j120}}{2\pi \cdot 50 \cdot s^{-1} \cdot 318 \cdot 10^{-3}H \cdot e^{j90°}} = \frac{230\,V}{100\,\Omega}\cdot e^{j30°} = \underline{2,3\,A \cdot e^{j30°}}\,.$$

Der Strom im Neutralleiter $\underline{I}_N$ ist:

$$\underline{I}_N = \underline{I}_1 + \underline{I}_2 + \underline{I}_3\,.$$

Zur Addition ist die Komponentenform der komplexen Ströme geeignet:

$$\underline{I}_1 = 1,15\,A + j0 \quad ; \quad \underline{I}_2 = 0 - j1,15\,A \quad ; \quad \underline{I}_3 = 2\,A + j1,15\,A$$

$$\underline{\underline{I}_N = 3,15\,A \cdot e^{j0°}}$$

Leistungen: $\quad \underline{S}_1 = \underline{U}_1 \cdot \underline{I}_1^* = 230\,V \cdot e^{j0°} \cdot 1,15\,A \cdot e^{j0°} = \underline{264,5\,VA \cdot e^{j0°}}$

$$\underline{S}_2 = \underline{U}_2 \cdot \underline{I}_2^* = 230\,V \cdot e^{-j120°} \cdot 1,15\,A \cdot e^{j90°} = \underline{264,5\,VA \cdot e^{-j3}}$$

$$\underline{S}_3 = \underline{U}_3 \cdot \underline{I}_3^* = 230\,V \cdot e^{j120°} \cdot 2,3\,A \cdot e^{-j30°} = \underline{529\,VA \cdot e^{j90°}}$$

$$\underline{S} = \underline{S}_1 + \underline{S}_2 + \underline{S}_3 = 633,23\,VA \cdot e^{j38,8°} = (493,5 + j \cdot 396,8)\,VA.$$

Überprüfung:

$$P \;=\; 200\,\Omega\,(1,15\,A)^2 + 173\,\Omega\,(1,15\,A)^2 = (264,5 + 228,8)\,W = 493,3\,W.$$

2. $\underline{I}_N \approx 6,3\,cm \approx 3,15\,A$.

■

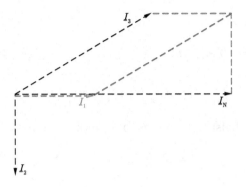

12.7.3. Unsymmetrischer Dreieck-Verbraucher

Man geht von bekannten Außenleiterspannungen $\underline{U}_{12}$, $\underline{U}_{23}$, $\underline{U}_{31}$ aus, wobei dieses System nicht symmetrisch sein muss (z.B. weil die Impedanzen der drei Leiter, die den Generator mit dem Verbraucher verbinden, nicht gleich sind). Die Summe der 3 Spannungen muss allerdings *immer* gleich Null sein, gemäß des Maschensatzes.

Die 3 Strangströme ergeben sich direkt aus den bekannten Spannungen:

$$\underline{I}_{12} = \frac{\underline{U}_{12}}{\underline{Z}_{12}} \quad , \quad \underline{I}_{23} = \frac{\underline{U}_{23}}{\underline{Z}_{23}} \quad , \quad \underline{I}_{31} = \frac{\underline{U}_{31}}{\underline{Z}_{31}} \tag{12.37}$$

und die Außenleiterströme aus Knotengleichungen (s. Abb. 12.14):

$$\underline{I}_1 = \underline{I}_{12} - \underline{I}_{31} \quad , \quad \underline{I}_2 = \underline{I}_{23} - \underline{I}_{12} \quad , \quad \underline{I}_3 = \underline{I}_{31} - \underline{I}_{23} \tag{12.38}$$

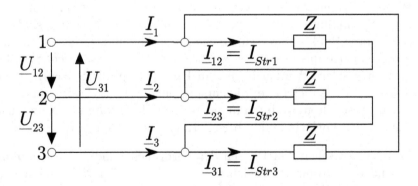

Abbildung 12.14.: Unsymmetrischer Verbraucher in Dreieck

Die Scheinleistung kann entweder mit den Strang- oder mit den Außenleitergrößen ausgedrückt werden:

$$\underline{S} \;=\; \underline{U}_{Str_1} \cdot \underline{I}^*_{Str_1} + \underline{U}_{Str_2} \cdot \underline{I}^*_{Str_2} + \underline{U}_{Str_3} \cdot \underline{I}^*_{Str_3}$$

$$\underline{S} \;=\; \underline{U}_{12} \cdot \underline{I}^*_{12} + \underline{U}_{23} \cdot \underline{I}^*_{23} + \underline{U}_{31} \cdot \underline{I}^*_{31}$$

(12.39)

Die Wirk- und Blindleistung des Systems sind:

$$P = \mathcal{R}e\underline{S} \quad ; \quad Q = \mathcal{I}m\underline{S} .$$

(12.40)

12.7.4. Diskussion zur Behandlung besonderer unsymmetrischer Systeme

Es soll noch kurz die rechnerische Behandlung von einigen unsymmetrischen Drehstromsystemen diskutiert weden, die nicht immer direkt mit den in diesem Abschnitt angegebenen Formeln möglich ist.

- Wenn ein Verbraucher in Dreieckschaltung über eine Leitung gespeist wird, deren Phasenimpedanzen nicht vernachläßigbar sind, dann müssen auch die Spannungsabfälle an der Leitung mitberücksichtigt werden. Das lässt sich nur bewerkstelligen, wenn das Dreieck in einen Stern umgewandelt wird (s. auch Beispiel 12.1). Die erzielten Impedanzen der Sternstränge werden mit denen der Leitung phasenweise in Reihe geschaltet (addiert), wodurch sich ein unsymmetrischer Sternverbraucher ergibt, der mit den Formeln vom Abschnitt 12.7.2. behandelt werden kann. Mit den berechneten Strömen kann man gegebenenfalls zurück zu dem ursprünglichen Dreieck kehren.

- Wenn ein Generator mehrere unsymmetrische Sternverbraucher speist, deren Sternpunkte isoliert und nicht miteinander verbunden sind, so besitzen diese Punkte unterschiedliche Potentiale und somit dürfen die entsprechenden Impedanzen der Sternseiten (1, 2 und 3) *nicht* parallel geschaltet werden. Werden in diesem Falle jedoch alle Sterne in Dreiecke umgewandelt, so *darf* man die entsprechenden Dreieckseiten (1-2, 2-3, 3-1) parallelschalten, wodurch man ein Ersatzdreieck für das Netz aufstellt, das mit den Formeln vom Abschn. 12.7.3. behandelt werden kann.

- Bestehen zwischen den Phasen der Verbraucher induktive Kopplungen, so sind die Lösungsstrategien vom Abschn. 12.7 im allgemeinen nicht anwendbar und man muss von den Kirchhoffschen Sätzen (unter Berücksichtigung der Gegeninduktivitäten) ausgehen.

13. Lösungen zu den Aufgaben

Ausführliche Lösungen finden Sie im Internet als Online-Service unter:
viewegteubner.de

A. Rechenregeln für Zeiger

Nachdem man festgelegt hat, wie Sinusgrößen durch Zeiger dargestellt werden können, soll untersucht werden, welche Rechenregeln für Zeiger gebraucht werden. Diese sind: Addition, Multiplikation mit einem Skalar, Differentiation und Integration. Wenn die Operationen leichter und anschaulicher mit Zeigern durchzuführen sind, dann ist diese symbolische Darstellung sinnvoll.
Man kann leicht zeigen:

1. Der **Addition** (und Subtraktion) von zwei Sinusgrößen entspricht eineindeutig die geometrische Addition (Subtraktion) von zwei Zeigern. In der Tat: Wenn man die zwei Zeiger geometrisch addiert (Abbildung A.1), so ergibt sich für den resultierenden Zeiger der Betrag:

$$I\sqrt{2} = \sqrt{2}\sqrt{I_1^2 + I_2^2 + 2I_1I_2\cos(\varphi_1 - \varphi_2)}$$

und der Phasenwinkel:

$$\tan\varphi = \frac{I_1\sin\varphi_1 + I_2\sin\varphi_2}{I_1\cos\varphi_1 + I_2\cos\varphi_2} \quad ,$$

also exakt dieselben Ergebnisse wie für die entsprechenden Sinusgrößen (siehe Abschnitt 9.7, Gleichungen (9.19) und (9.18)).

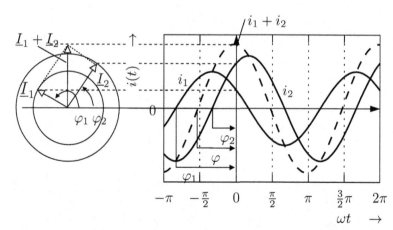

Abbildung A.1.: Addition zweier Sinusgrößen und der entsprechenden Zeiger

2. Der **Multiplikation** (bzw. Division) einer Sinusgröße mit einem Skalar entspricht eineindeutig die Multiplikation (Division) des sie darstellenden

Zeigers mit demselben Skalar. Diese Eigenschaft ergibt sich direkt aus der Vorschrift, dass der Betrag des Zeigers gleich dem Scheitelwert der Sinusgröße sein muss. Die Multiplikation mit einem Skalar $-\lambda$ entspricht der Multiplikation mit λ und der Änderung des Nullphasenwinkels der Sinusfunktion um den Winkel π. Beim entsprechenden Zeiger bedeutet dies, dass seine Richtung entgegengesetzt ist.

3. Die **Differentiation** einer Sinusgröße entspricht eineindeutig einer *Drehung* des entsprechenden Zeigers *um $\frac{\pi}{2}$ in positiver Richtung* und der *Multiplikation* seines Betrages *mit ω* (siehe Abbildung A.2).

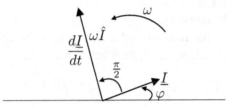

Abbildung A.2.: Differentiation

4. Die **Integration** einer Sinusgröße über die Zeit entspricht eineindeutig einer *Drehung* des Ausgangszeigers *um $\frac{\pi}{2}$ in negativer Richtung* (Uhrzeigersinn), wobei sein Betrag *durch ω dividiert* wird (Abbildung A.3).

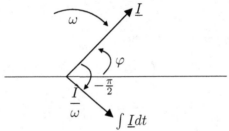

Abbildung A.3.: Integration

B. Rechenregeln für komplexe Zahlen

Im Folgenden sollen die für die Wechselstromtechnik wichtigen Regeln und Begriffe kurz zusammengefasst werden.

Die Summe (und Differenz)

Man benutzt dazu die Komponentenform. (Liegen die Zeiger in Exponentialform vor, so müssen sie zunächst überführt werden.)

$$\underline{A} = A_1 + jA_2 \quad ; \quad \underline{B} = B_1 + jB_2$$

$$\begin{aligned} \underline{A} + \underline{B} &= (A_1 + B_1) + j(A_2 + B_2) \\ \underline{A} - \underline{B} &= (A_1 - B_1) + j(A_2 - B_2) \quad . \end{aligned} \tag{B.1}$$

Das Produkt (bzw. der **Quotient**) wird vorzugsweise in Exponentialform durchgeführt.

$$\underline{A} \cdot \underline{B} = A \cdot B \cdot e^{j(\alpha+\beta)} \tag{B.2}$$

$$\frac{\underline{A}}{\underline{B}} = \frac{A}{B} \cdot e^{j(\alpha-\beta)} \tag{B.3}$$

In der Komponentenform ergibt sich:

$$(A_1 + jA_2) \cdot (B_1 + jB_2) = (A_1B_1 - A_2B_2) + j(B_1A_2 + A_1B_2) \tag{B.4}$$

$$\frac{A_1 + jA_2}{B_1 + jB_2} = \frac{(A_1 + jA_2)(B_1 - jB_2)}{B_1^2 + B_2^2} = \frac{A_1B_1 + A_2B_2}{B_1^2 + B_2^2} + j\frac{A_2B_1 - A_1B_2}{B_1^2 + B_2^2} \quad . \tag{B.5}$$

Hier wurde der Imaginärteil im Nenner durch eine konjugiert komplexe Erweiterung reell gemacht.

Ähnlich erhält man den Kehrwert eines komplexen Ausdruckes in Komponentenform:

$$\frac{1}{A_1 \pm jA_2} = \frac{A_1 \mp jA_2}{A_1^2 + A_2^2} \quad . \tag{B.6}$$

Besonders wichtig ist die Multiplikation einer komplexen Zahl mit dem Einheitsvektor $e^{j\theta} = \cos\theta + j\sin\theta$, die eine Drehung um den Winkel θ bedeutet:

$$\begin{aligned} \underline{A} &= A\,e^{j\alpha} \\ \underline{A} \cdot e^{j\theta} &= A\,e^{j(\alpha+\theta)} \quad . \end{aligned}$$

Für einige häufig vorkommende Winkel gilt:

$$
\begin{aligned}
e^{j0} &= \cos 0^o + j \sin 0^o &&= 1 \\
e^{j\frac{\pi}{2}} &= \cos \tfrac{\pi}{2} + j \sin \tfrac{\pi}{2} &&= j \\
e^{-j\frac{\pi}{2}} &= \cos(-\tfrac{\pi}{2}) + j \sin(-\tfrac{\pi}{2}) &&= -j \\
e^{j\pi} &= \cos \pi + j \sin \pi &&= -1 \quad .
\end{aligned} \tag{B.7}
$$

Die Multiplikation mit j bedeutet also eine Drehung um $\frac{\pi}{2}$ im positiven Sinne, die Division durch j (Multiplikation mit $-j$) bedeutet eine Drehung um $\frac{\pi}{2}$ im negativen Sinne.

Die Multiplikation mit dem eigenen konjugierten Ausdruck ergibt eine reelle Zahl:

$$
\underline{A} \cdot \underline{A}^* = A^2 \quad . \tag{B.8}
$$

Die Potenz

$$
\underline{A}^n = A^n \left(\cos n\alpha + j \sin n\alpha \right) = A^n \cdot e^{jn\alpha} \quad . \tag{B.9}
$$

Die Differentiation eines komplexen Zeigers nach der Zeit ergibt sich durch Multiplikation des Betrages mit dem Faktor ω und eine Drehung um $\frac{\pi}{2}$ in positive Richtung:

$$
\frac{d}{dt}\left[A\, e^{j(\omega t + \alpha)} \right] = j\omega A e^{j(\omega t + \alpha)} = \omega A e^{j(\omega t + \alpha + \frac{\pi}{2})} \quad . \tag{B.10}
$$

Das **zeitliche Integral** eines komplexen Zeigers ergibt einen um $\frac{\pi}{2}$ in negative Richtung gedrehten Zeiger, dessen Betrag durch ω dividiert wird:

$$
\int \underline{A}\, dt = \frac{A}{j\omega}\, e^{j(\omega t + \alpha)} = \frac{A}{\omega}\, e^{j(\omega t + \alpha - \frac{\pi}{2})} \quad . \tag{B.11}
$$

Bemerkungen:

- Berechnet man das Produkt von zwei Sinusgrößen:

$$
\begin{aligned}
i_1 &= I_1\sqrt{2}\sin(\omega t + \varphi_1) \\
i_2 &= I_2\sqrt{2}\sin(\omega t + \varphi_2)
\end{aligned}
$$

so erhält man (analog zu (9.25)):

$$
i_1 \cdot i_2 = I_1 I_2 \cos(\varphi_1 - \varphi_2) - I_1 I_2 \cos(2\omega t + \varphi_1 + \varphi_2).
$$

Multipliziert man jetzt die diese Sinusgrößen symbolisierenden komplexen Zeiger:

$$
\begin{aligned}
\underline{I_1} &= I_1\sqrt{2}\, e^{j(\omega t + \varphi_1)} \\
\underline{I_2} &= I_2\sqrt{2}\, e^{j(\omega t + \varphi_2)}
\end{aligned}
$$

so ergibt sich:

$$\underline{I}_1 \cdot \underline{I}_2 = 2 I_1 I_2 \, e^{j(2\omega t + \varphi_1 + \varphi_2)} \quad .$$

Der Imaginärteil dieses Produktes ist:

$$Im[\underline{I}_1 \cdot \underline{I}_2] = 2 I_1 I_2 \sin(2\omega t + \varphi_1 + \varphi_2) \neq i_1 \cdot i_2 \quad .$$

Die komplexe Darstellung darf nur dann uneingeschränkt verwendet werden, wenn durch die entsprechende Operation die Frequenz nicht verändert wird. Multiplizieren und Dividieren zweier Zeiger, die Sinusgrößen symbolisieren, ist nur unter ganz bestimmten Voraussetzungen gestattet.

- Für die Untersuchung von Wechselstromkreisen hat das folgende Produkt eine spezielle Bedeutung:

$$
\begin{aligned}
\frac{1}{2}\underline{I}_1 \cdot \underline{I}_2^* &= \frac{1}{2}I_1\sqrt{2}e^{j(\omega t + \varphi_1)} \cdot I_2\sqrt{2}\,e^{-j(\omega t + \varphi_2)} \\
&= I_1 I_2 e^{j(\varphi_1 - \varphi_2)} \\
&= I_1 I_2 \cos(\varphi_1 - \varphi_2) + j I_1 I_2 \sin(\varphi_1 - \varphi_2) \quad .
\end{aligned}
\tag{B.12}
$$

Dieses Produkt hat interessante Eigenschaften: Es ist nicht mehr zeitabhängig, hängt nur von den Effektivwerten und von der Phasenverschiebung, nicht von dem Zeitursprung, ab; sein Realteil ist gleich dem Mittelwert des Produktes der Augenblickswerte:

$$Re[\frac{1}{2}\underline{I}_1 \cdot \underline{I}_2^*] = I_1 I_2 \cos(\varphi_1 - \varphi_2) = \widetilde{i_1 i_2} = \frac{1}{T}\int_0^T i_1 \cdot i_2 \, dt \quad . \tag{B.13}$$

Literaturverzeichnis

[1] Albach, M.: Grundlagen der Elektrotechnik 1. Erfahrungssätze, Bauelemente, Gleichstromschaltungen.
Pearson Studium, 2005

[2] Albach, M.: Grundlagen der Elektrotechnik 2. Periodische und nichtperiodische Signalformen.
Pearson Studium, 2005

[3] Altmann, S.; Schlayer, D: Lehr- und Übungsbuch Elektrotechnik.
Fachbuchverlag Leipzig im Carl-Hanser Verlag, 4. Auflage, 2008

[4] Clausert, H.; Wiesemann,G.: Grundgebiete der Elektrotechnik 1
Oldenbourg Verlag, 10. Auflage, 2008

[5] Clausert, H.; Wiesemann,G.: Grundgebiete der Elektrotechnik 2
Oldenbourg Verlag, 10. Auflage, 2007

[6] Fricke, H.; Vaske, P.: Elektrische Netzwerke.
Grundlagen der Elektrotechnik Teil 1.
B.G. Teubner, Stuttgart

[7] Führer, A; Heidemann, K.; u.a.: Grundgebiete der Elektrotechnik.
Band 1: Stationäre Vorgänge
Carl-Hanser Verlag, München

[8] Führer, A; Heidemann, K.; u.a.: Grundgebiete der Elektrotechnik.
Band 2: Zeitabhängige Vorgänge
Carl Hanser Verlag

[9] Frohne, H; Löchner, K.-H.; Müller, H.: Grundlagen der Elektrotechnik.
B.G. Teubner, Stuttgart

[10] Frohne, H.: Einführung in die Elektrotechnik.
Band 1: Grundlagen und Netzwerke. Band 3: Wechselstrom.
B. G. Teubner, Stuttgart

[11] Hagmann, G.: Grundlagen der Elektrotechnik.
AULA–Verlag Wiesbaden

[12] Hagmann, G.: Aufgabensammlung zu den Grundlagen der Elektrotechnik.
     AULA–Verlag Wiesbaden

[13] Lunze, K.: Theorie der Wechselstromschaltungen.
     Verlag Technik, Berlin

[14] Lunze, K.: Berechnung elektrischer Stromkreise.
     Verlag Technik, Berlin Springer Verlag, Berlin/Heidelberg/New York

[15] Lunze, K.; Wagner, W.: Einführung in die Elektrotechnik (Arbeitsbuch)
     Hütig Verlag, Heidelberg

[16] Marinescu, M.: Gleichstromtechnik. Grundlagen und Beispiele.
     Vieweg Verlag

[17] Marinescu, M.: Wechselstromtechnik. Grundlagen und Beispiele.
     Vieweg Verlag

[18] Marinescu, M.: Elektrische und magnetische Felder.
     Eine praxisorientierte Einführung. 2. Auflage
     Springer Verlag, 2009.

[19] Mattes, H.: Übungskurs Elektrotechnik 2. Wechselstromrechnung.
     Springer Verlag

[20] Moeller, F. u.a.: Grundlagen der Elektrotechnik
     Teubner Verlag, 19. Auflage, 2002.

[21] Paul, R.: Elektrotechnik 1. Felder und Stromkreise
     Springer–Lehrbuch

[22] Vaske, P.: Berechnung von Gleichstromschaltungen
     B.G. Teubner, Stuttgart

[23] Vaske, P.: Berechnung von Wechselstromschaltungen.
     B.G. Teubner, Stuttgart

[24] Vaske,P.: Beispiele und Aufgaben zu den Grundlagen der Elektrotechnik
     B.G. Teubner, Stuttgart

[25] Vömel, M.; Zastrow, D.: Aufgabensammlung Elektrotechnik.
     Band 1: Gleichstrom und elektrisches Feld,
     Vieweg Verlag, 4. Auflage, 2006
     Band 2: Wechselstrom und magnetisches Feld,
     Vieweg Verlag, 3. Auflage, 2006

[26] Weißgerber, W.: Elektrotechnik für Ingenieure
     Band 1: Gleichstromtechnik und Elektromagnetisches Feld,
     Vieweg Verlag, 7. Auflage, 2007
     Band 2: Wechselstromtechnik, Ortskurven, Transformator, Merphasensy-
     steme, Vieweg Verlag, 6. Auflage, 2007

[27] Weyh, U.; Benzinger, H.: Aufgaben zur Wechselstromlehre
     Oldenbourg Verlag

[28] Wolff, I.: Grundlagen der Elektrotechnik 2.
     Wechselstromrechnung und elektrische Netzwerke.
     Verlag H. Wolff, Aachen

[29] Zastrow, D.: Elektrotechnik
     Vieweg Verlag, 16. Auflage, 2006

Index

Energietechnik

Babiel, Gerhard
Elektrische Antriebe in der Fahrzeugtechnik
Lehr- und Arbeitsbuch
2., verb. u. erw. Aufl. 2009. XII, 194 S. mit 157 Abb. u. 7 Tab. Br. ca. EUR 24,90
ISBN 978-3-8348-0563-8

Flosdorff, René / Hilgarth, Günther
Elektrische Energieverteilung
9., durchges. und akt. Aufl. 2005. XIV, 390 S. mit 275 Abb. u. 47 Tab. Br. EUR 34,90
ISBN 978-3-519-36424-5

Fuest, Klaus / Döring, Peter
Elektrische Maschinen und Antriebe
Lehr- und Arbeitsbuch für Gleich-, Wechsel- und Drehstrommaschinen
sowie Elektronische Antriebstechnik
7., akt. Aufl. 2007. X, 224 S. mit 265 Abb. Br. EUR 23,90
ISBN 978-3-8348-0098-5

Heuck, Klaus / Dettmann, Klaus-Dieter / Schulz, Detlef
Elektrische Energieversorgung
Erzeugung, Übertragung und Verteilung elektrischer Energie für Studium und Praxis
8., überarb. u. akt. Aufl. 2010. XXIV, 783 S. mit 540 Abb. Geb. EUR 54,95
ISBN 978-3-8348-0736-6

Heier, Siegfried
Windkraftanlagen
Systemauslegung, Netzintegration und Regelung
5., überarb. und akt. Aufl. 2009. X, 482 S. mit 334 Abb. und 15 Tab. Geb. EUR 39,90
ISBN 978-3-8351-0142-5

Ulrich Riefenstahl
Elektrische Antriebssysteme
Grundlagen, Komponenten, Regelverfahren, Bewegungssteuerung
3., durchges. u. verb. Aufl. 2010. XIV, 444 S. mit 335 Abb. und 12 Tab. Br. EUR 39,95
ISBN 978-3-8348-1331-2

VIEWEG+ TEUBNER
Abraham-Lincoln-Straße 46
65189 Wiesbaden
Fax 0611.7878-400
www.viewegteubner.de

Stand Januar 2011.
Änderungen vorbehalten.
Erhältlich im Buchhandel oder im Verlag.

Regelungstechnik

Reuter, Manfred / Zacher, Serge
Regelungstechnik für Ingenieure
Analyse, Simulation und Entwurf von Regelkreisen
13., überarb u. erw. Aufl. 2010. XVI, 512 S. mit 400 Abb., 83 Beisp. und 34 Aufg.
Br. EUR 34,95
ISBN 978-3-8348-0900-1

Unbehauen, Heinz
Regelungstechnik I
Klassische Verfahren zur Analyse und Synthese linearer kontinuierlicher
Regelsysteme, Fuzzy-Regelsysteme
15., überarb. u. erw. Aufl. 2008. XXII, 402 S. mit 205 Abb. u. 25 Tab. (Studium Technik)
Br. EUR 34,95
ISBN 978-3-8348-0497-6

Unbehauen, Heinz
Regelungstechnik II
Zustandsregelungen, digitale und nichtlineare Regelsysteme
9., durchges. u. korr. Aufl. 2007. (korr. Nachdruck 2009) XIII, 447 S. mit 188 Abb. u.
9 Tab. Br. EUR 39,95
ISBN 978-3-528-83348-0

Heinz Unbehauen
Regelungstechnik III
Identifikation, Adaption, Optimierung
7., korr. Aufl. 2011. ca. XVI, 437 S. mit 123 Abb. und 11 Tab. Br. ca. EUR 39,95
ISBN 978-3-8348-1419-7

Zacher, Serge
Übungsbuch Regelungstechnik
Klassische, modell- und wissensbasierte Verfahren
4., überarb. u. erw. Aufl. 2010. XII, 262 S. mit 316 Abb. und und Online-Service.
Br. EUR 24,90
ISBN 978-3-8348-0462-4

**VIEWEG+
TEUBNER**
Abraham-Lincoln-Straße 46
65189 Wiesbaden
Fax 0611.7878-400
www.viewegteubner.de

Stand Januar 2011.
Änderungen vorbehalten.
Erhältlich im Buchhandel oder im Verlag.

Printed in the United States
By Bookmasters